# 20几岁要懂得的100条人生经验

李戡 编著

年轻人必知的人生经验百科

北京工业大学出版社

图书在版编目（CIP）数据

20几岁要懂得的100条人生经验 / 李戡编著. -- 北京：北京工业大学出版社，2011.1
　　ISBN 978-7-5639-2603-9

Ⅰ.①2… Ⅱ.①李… Ⅲ.①人生哲学-青年读物 Ⅳ.①B821-49

中国版本图书馆CIP数据核字（2010）第250576号

## 20几岁要懂得的100条人生经验

| | |
|---|---|
| 编　　著： | 李　戡 |
| 责任编辑： | 李兰丁 |
| 封面设计： | 蒋宏工作室 |
| 出版发行： | 北京工业大学出版社 |
| | （北京市朝阳区平乐园100号　100124） |
| | 010-67391722（传真）　　bgdcbs@sina.com |
| 出 版 人： | 郝　勇 |
| 经销单位： | 全国各地新华书店 |
| 承印单位： | 北京晨旭印刷厂 |
| 开　　本： | 787mm×1092mm　1/16 |
| 印　　张： | 21 |
| 字　　数： | 378 千字 |
| 版　　次： | 2011年1月第1版 |
| 印　　次： | 2011年1月第1次印刷 |
| 标准书号： | ISBN 978-7-5639-2603-9 |
| 定　　价： | 35.00 元 |

版权所有　翻印必究

（如发现印装质量问题，请寄本社发行部调换 010-67391106）

# 前 言
## PREFACE

20 JISUI YAO DONGDE DE 100 TIAO RENSHENG JINGYAN

这是一个人才辈出的时代,当"80后"从年轻的代名词到"全面奔三","90后"从初出茅庐到"全面上位",我们在最近的10年听到越来越多40多岁的总统,30出头的CEO,20多岁的钢琴家,十六七岁的大明星,他们能够在这么短的时间内,取得如此辉煌的成就,一定对于人生有着不一样的心得和体会。刚刚走出校门的年轻人,又该拿什么向自己的30岁汇报?自己到了而立之年,能够拥有怎样的人生?有没有什么捷径,可以让我们在最短的时间内取得最辉煌的战果?

一个重要的思路就是减少尝试。当今这样一个信息发达的社会,我们根本不要事事都通过直接经验去体会,如果我们吸取他人的成功经验,避开他人失败时所犯的错误,就不仅可以减轻摔倒时的疼痛,更能以最快的速度取得成功。到那时,我们不必钦羡于他人的成功,不必慨叹于自己的早生华发。

所以,应该学会聪明地做事。在真正属于自己的人生开始的时候,不要急着建功立业,想好了再行动,让前人的经验给你足够的引导。

要知道,这个世界从不缺少志存高远的青年,可惜最终成就伟业的只有其中为数不多的佼佼者。多数人在初入社会之后,处处碰壁,因为知识包装出来的年轻人在社会的大舞台面前还是一颗青涩的果子。在现实面前,无数人用金钱、名誉、幸福甚至生命去撞击才拾得一丝感叹,换来几番悔恨,而时间也已随之流逝,当年过三十,再回首的时候,发现一切都有点晚了。

能力、智慧、才华、远见……为人所知的常规因素往往难以成为最终分出胜负的关键,对于年轻人来说,获取这些因素的机会大体是均等的。只有经验,是一个弹性的因子,一旦为我所用,就会发挥出不可思议的力量,因而是成功的重要筹码。

正如一位伟大的文学泰斗所说,生活的经验是一些包含了永不消逝的温情与魅力的伟大东西,就像玫瑰色的晨星,闪烁在寂寞的清晨,那些对于人生经验的追寻是永恒的而且充满激情的探索。有这些温情和智慧陪伴,才不会觉得孤单无助。

《20几岁要懂得的99条人生经验》及其修订版在面市之后,有幸得到了众多读者的认可,他们认为这本书能够解决众多疑惑,也指导他们走出了不少误区。

时隔两年,社会形势又发生了新的变化,应广大读者要求,编者再度创作了《20几岁要懂得的100条人生经验》,希望能给青年朋友们奉上一席智慧的盛宴。

# 目录
## CONTENTS

### 001　卷 一

**打开自己，融入开放的时代** …………… 002
⊙ 没有人可以限制你，除了你自己 /002
⊙ 宁可在尝试中失败，也不在保守中成功 /004

**不迷信命运，也不坐等机遇** …………… 005
⊙ 取得成功靠的是实力而非运气 /005
⊙ 救赎你人生的只有自己 /007

**没有危机感是你面临的最大危机** …………… 008
⊙ 培养一颗感知忧患的心 /008
⊙ 长处有时也会变成短处 /010

**要为你的优势重新定位** …………… 011
⊙ 父母不是你的优势资本 /011
⊙ 在自己最熟悉的领域战斗 /012

**幸福不会光顾那些意志消沉的人** …………… 014
⊙ 只看我有的，不看我所没有的 /014
⊙ 无论怎样都不要失去热忱 /016

## 实现双赢比打败别人更重要 ……………… 017
⊙用"利"留住合作者 /017
⊙你的合作者是永远值得你尊敬的 /018

## 忙碌未必是苦,清闲未必是福 ……………… 019
⊙清闲的日子没有味道 /020
⊙主动者永远受重视 /020

## 事业是干出来的,不是跳出来的 ……………… 022
⊙跳槽也有风险,要三思而后行 /022
⊙把工作当事业,才能成就丰功伟业 /024

## 你的价值因别人的需要而存在 ……………… 025
⊙真正聪明的人宁愿让别人需要 /025
⊙要得到回报,先满足他人 /026

## "独行侠"通常举步维艰 ……………… 028
⊙在单打独斗的道路上累死 /028
⊙没有人能独自取得成功 /029

## "车到山前必有路"是懒人的借口 ……………… 031
⊙为消极等待制造的绝好借口 /031
⊙脚踏实地,成功才会不请自来 /032

## 每种性格都可能成功 ……………… 033
⊙也许你是下一个卡夫卡 /034
⊙走专属于自己的成功之路 /034

## 等待机遇的垂青不如去创造机遇 ……………… 035
⊙创造机遇才能更准确地把握机遇 /036
⊙摸准时代的脉搏,开辟掘金领地 /037

## 一切并没有你想象的那样难 ……………… 039
⊙困难来自内心深处的恐惧 /039
⊙绕过苦难直达目标需要积极暗示 /041

## 043 卷 二

### 手中的牌再坏也要玩下去 ……………………… 044
- ⊙生活的主体是你自己 /044
- ⊙不要半途而废，分步实现大目标 /045

### 不读书的人生没有未来 ……………………… 047
- ⊙一生都要不断地学习 /047
- ⊙像白岩松一样阅读 /048

### 拓展人脉是人生的一项长期任务 ……………… 050
- ⊙别错过值得上香的"冷庙" /051
- ⊙一回生，二回不一定熟 /052
- ⊙绕过人脉误区，增加成功筹码 /053

### 时代要求你"攀龙附凤" …………………… 056
- ⊙怀才若有遇，需靠贵人助 /056
- ⊙寻找贵人的几种捷径 /058

### 世界上没有绝对的公正 ……………………… 061
- ⊙这个世界不是根据公平的原则创造的 /061
- ⊙像骆驼一样坚忍 /062

### 你已经过了"叛逆"的年龄 ………………… 064
- ⊙不要表现得过于"特立独行" /064
- ⊙稳重才是你应贴上的标签 /066

### 身处就业危机，创业成了最好的避风港 ……… 067
- ⊙创富必须先找到适合自己的掘金之地 /068
- ⊙找一些志同道合的人一起去创业 /068

### 没钱更要学会像富人一样思考 ……………… 071
- ⊙没钱的年轻人不必自卑和恐慌 /071
- ⊙远见是一种看不见的素质 /073

## 把握时机，醒目地"秀"出你自己 …………… 074
- ⊙推销自己是一种才华和能力 /074
- ⊙选对时机才能"秀"得精彩 /076

## 成功也可以复制 …………………………………… 077
- ⊙成功无捷径，但是有方法 /077
- ⊙努力接近成功人士 /078

## 头脑要比手脚更勤快 …………………………… 080
- ⊙选择正确的道路，永远比跑得快更重要 /080
- ⊙结果重于过程，学会聪明地做事 /081

## 提高效能，坚持做最重要的事 ……………… 083
- ⊙先做最重要的事情 /083
- ⊙对重要的事情要格外认真 /085

## 为自己涂一层"保护色" ……………………… 086
- ⊙在不显不露中出头 /086
- ⊙真假结合显奇效 /088

## 先纵后擒，有退让才有占领 ………………… 089
- ⊙纷繁社会，退是一种自保 /089
- ⊙"退"不是屈服和软弱 /091

# 093 卷 三

## 我碌碌无为度过的今天，正是昨日殒身之人企望的明天 ……………… 094
- ⊙没有任何一天是多余的 /094
- ⊙化零为整，积累零散时间 /095

## 拖延就是浪费生命 ……………………………… 097
- ⊙你的抱负和梦想在拖延中化为灰烬 /097
- ⊙奔跑起来 /099

## 积极的后悔才有意义 ………………………… 100
- ⊙一时错过，不代表一生错过 /100
- ⊙再试一次才不会留下遗憾 /101

## 别让健康毁了你有所作为的可能性 ……… 102
- ⊙对健康的投资永不亏本 /103
- ⊙每天挤出一点时间来运动 /104

## 外貌也是生产力 …………………………… 105
- ⊙人人都在"以貌取人"，包括你自己 /105
- ⊙得体的外表帮你叩开所有的大门 /106

## 很少有人愿意听到你的得意之事 ………… 107
- ⊙失意人最需要的不是指点，而是恰到好处的安慰 /108
- ⊙很少有人愿意听到你的得意之事 /108
- ⊙把自己的得意事放在心里，把朋友的得意事挂在嘴边 /109

## 面对伤害，原谅但不遗忘 ………………… 111
- ⊙宽容，一种疼痛的过程 /111
- ⊙原谅别人，就是放过自己 /112
- ⊙原谅不是无原则的忍让 /113

## 你不可能让所有人都满意 ………………… 114
- ⊙拒绝是一种生活必需品 /114
- ⊙"不"字有几种说法 /115

## 低头认输是一种重要能力 ………………… 117
- ⊙天地之间的高度只有三尺 /117
- ⊙及早认输，下次还有赢的机会 /118

## 做一个吃亏主义者 ………………………… 120
- ⊙从辩证思维的角度看吃亏 /120
- ⊙吃亏是福 /121

## 控制不了情绪，成功只会渐行渐远 …………… 123
- 只有小孩子才不会控制自己的情绪 /123
- 失业并不能否定你 /125

## 折磨并非都来自恶意 …………………………… 126
- 感谢折磨你的人 /126
- 让磨难成为你的天使 /127

## 和颜悦色才能更显威严 ………………………… 129
- 清高孤傲的心态让你变成别人眼中的怪物 /129
- 不要总是过于自尊 /130

## 有航道总比乱闯好 ……………………………… 132
- 明确自己想要怎样的人生 /132
- 别做消耗式的人生规划 /134

# 卷 四  137

## 亡羊补牢不如未雨绸缪 ………………………… 138
- 问题就像疾病，早预防早消灭 /138
- 在实践探索中培养预见力 /139

## 没有真正的"小"事 …………………………… 140
- 成功者比普通人只是多注重了一些细节而已 /141
- 偶然的小事可能决定未来 /142

## 永远不要掉进越位犯规的陷阱 ………………… 144
- 每一个人都值得你尊重 /144
- 把属于自己的光环悄悄让给上司 /145

## 做得精彩也要说得漂亮 ………………………… 147
- "弹性语言"避免"祸从口出" /147
- 让你的语言充满魔力 /149

## 赞美的话可常说不可常信 …………………… 151
- ⊙给他最想要的赞美之词 /151
- ⊙廉价的赞誉，是谄媚者获取功利的利器 /153

## 不要轻易放弃应得利益 …………………… 155
- ⊙不要放弃自己的权益 /155
- ⊙斤斤计较并不丢脸 /157

## 赚钱是一件天经地义的事 …………………… 158
- ⊙没有金钱是万万不能的 /159
- ⊙以"游戏"的心态去赚钱 /160

## 没有难办的事 …………………… 161
- ⊙磁场不对，"排挤"不可避免 /161
- ⊙"用心"跳出两难困境 /163

## 承诺就是你欠下的债 …………………… 165
- ⊙不要斩钉截铁地拍胸脯 /165
- ⊙即使是自己能办的事，也不要马上答应 /166

## 与其抱怨不如改变 …………………… 167
- ⊙抱怨只会制造麻烦 /167
- ⊙勤奋会让抱怨的嘴巴闭上 /169

## 固执就是不走正路走死路 …………………… 170
- ⊙死钻牛角尖是固执的代名词 /170
- ⊙别人的建议给你更多选择 /172

## 多疑的人首先猜测的是自己 …………………… 173
- ⊙"妄自菲薄"就是自贬价值 /173
- ⊙相信自己能做那些未做过的事 /174

## 不懂装懂比无知更可怕 …………………… 176
- ⊙不懂装懂害人害己 /176

⊙敢于说"不知道"的人才是真正的强者 /178

**适时地强调自身的优势** ……………………… 180
　⊙不可自命不凡，也不能妄自菲薄 /180
　⊙骄傲一点又何妨 /181

## 183　卷 五

**专家的话未必就是真理** ……………………… 184
　⊙权威只是经常对而不是永远对 /184
　⊙尊重权威，更要坚持自己 /185

**只取得口头上的胜利是做人的悲哀** …………… 187
　⊙不要费力证明别人是错的 /187
　⊙用行动争，不用语言辩 /188

**让欲望成为动力而不是祸根** ………………… 189
　⊙贪欲比骗子还可怕 /189
　⊙让欲望成为动力而不是祸根 /190

**懂审时度势的"好汉"绝非好汉** ……………… 192
　⊙"见机行事"就是审时度势 /192
　⊙拿得起更要放得下 /193

**给别人台阶下就是给自己台阶上** ……………… 195
　⊙心领神会，替人遮掩难言之隐 /195
　⊙做一个给下属台阶下的领导 /196

**把别人的奚落拒之门外** ……………………… 197
　⊙灵活应对，化解奚落 /198
　⊙回击"羞辱"视情形而定 /199

**适时适度保持沉默** …………………………… 200
　⊙关键时刻，不动声色 /201

⊙当你不会说话时，就保持沉默 /202

## 让别人觉得自己很重要 …………………… 203
⊙满足别人表现的欲望 /203
⊙即便是弱者我们也要给予理解和尊重 /204

## 眼睛也会欺骗我们的心 …………………… 206
⊙真相隐藏在纷繁芜杂的假象里 /206
⊙用"心"眼参透事物的本质 /207

## 愚憨有时候是一种大智慧 ………………… 208
⊙看透别人的心思但不要点透 /208
⊙藏巧守拙是一种策略 /209

## 保守你的秘密，就像保留一份家底 ……… 210
⊙心事可以说，但不能随便说 /211
⊙别拿秘密交换友谊 /212

## 在竞争中遇见未知的自己 ………………… 213
⊙竞争唤醒我们内心不安分的潜能 /213
⊙失败和挫折都是财富 /214

## 别把应酬当承诺 …………………………… 216
⊙愚钝的人才轻信"场面话" /216
⊙到什么山上唱什么歌 /217

## 只赚钱不理财永远当不上有"财"人 …… 219
⊙正确的财务规划带给你财富和幸福 /220
⊙学学富翁"吝啬成性" /220
⊙财富需要从"小"积累 /221

## 无商不"艰"，学会在逆境中发财 ……… 223
⊙发现"祸患"中的商机 /223
⊙风险之中必有机遇 /224

### 承认自己的伟大，就是认同自己的愚蠢 …… 226
⊙不要把自己当做大人物 /226
⊙静水流深，不经意间走了很远 /227

## 卷 六

### 靠责任感安身立命 …… 230
⊙责任，是最根本的成功智慧 /230
⊙责任与借口势不两立 /231

### 追求在哪儿，人生就在哪儿 …… 232
⊙五吨重的大象为什么拉不动小木桩 /232
⊙你的能量大得超乎想象 /233
⊙何必要把自己圈起来 /234

### 拒绝模仿，追求超越 …… 235
⊙不走寻常路，以反常方式取胜 /236
⊙孤立对手是独辟蹊径的成功法 /237

### 用创意证明你的价值 …… 238
⊙创意体现你的身价 /238
⊙一切皆有改善的空间 /239

### 关键时刻，让对手助你一臂之力 …… 242
⊙"对手"是你前进路上的助推器 /242
⊙对自己的对手也要"投之以木桃" /244

### 请客要找一个"好理由" …… 246
⊙找一个"好理由"宴请所求之人 /246
⊙宴请的注意事项 /247

### 送礼送到点子上 …… 249
⊙送礼须知点儿心理学 /250
⊙把礼包送给关键人物 /251

## 善于利用别人的缺点，这就是你的优点 ……… 253
- ⊙ 知己知彼，百战不殆 /253
- ⊙ 在对方最害怕的地方下刀 /255

## 急躁是一种时代病 …………………………… 256
- ⊙ 了解自己的生物钟，妥善安排适当的工作 /256
- ⊙ 放慢你的脚步，过真正的生活 /257

## 警惕"亚健康"来袭 ………………………… 259
- ⊙ 不要过早地背上"亚健康"的包袱 /259
- ⊙ 放慢疾走的脚步 /260

## 工作只是我们生活的一部分 ………………… 262
- ⊙ 工作不是生活的全部 /262
- ⊙ 拼命三郎当不得 /263

## 简化生活就是强化快乐 ……………………… 265
- ⊙ 简单的生活溢满快乐 /265
- ⊙ 简单的工作也能通往成功 /266

## 恰到好处的批评是"甜"的 ………………… 267
- ⊙ 用最好的方式批评别人 /268
- ⊙ 批评他人要准备好台阶 /269

## 用你的"双耳"去赢得他人的认可 ………… 272
- ⊙ 倾听那些被人忽略的声音 /272
- ⊙ 耳朵比嘴巴更有用 /273

# 卷 七

## 该糊涂时得糊涂，有百益而无一害 ………… 276
- ⊙ 揣着"明白"装"糊涂" /276
- ⊙ 糊涂话要适当地说 /277

## 招惹邪恶的人如同染上瘟疫 ...... 280
- ⊙警惕那些居心不良的人 /280
- ⊙冷静应对别人的恶意栽赃 /281

## 当众自嘲，不会折损你的风度 ...... 282
- ⊙自嘲是化解窘态的利器 /282
- ⊙用自嘲平衡失落的心理 /283

## 等待只会让爱跑掉 ...... 284
- ⊙等待爱情不一定是最好的选择 /285
- ⊙"孝"是稍纵即逝的眷恋 /286

## 婚姻不仅是两人的事 ...... 287
- ⊙不能无视父母"门当户对"的建议 /287
- ⊙婆媳矛盾本不是不容调和的 /289

## 父母才是最好的职业 ...... 290
- ⊙失败的家庭带来失败的人生 /290
- ⊙家庭与事业，也能兼而得之 /291

## 婚姻总是有缺陷的 ...... 292
- ⊙婚姻是爱情和理智的综合产物 /293
- ⊙必要的时候，要弯曲一下 /294
- ⊙相爱就是给彼此自由 /294

## 做父母不妨"懒"一点儿 ...... 296
- ⊙不做事事代劳的父母 /296
- ⊙摔倒了让孩子自己爬起来 /297

## 不做一名内心贫穷的人 ...... 299
- ⊙金钱不是唯一能满足心灵的东西 /299
- ⊙感恩让内心充盈 /300

## 学一学"阿Q精神" ...... 302
- ⊙吃不到的葡萄一定是酸的 /302

⊙想快乐，就一定能快乐 /303

## 有一种得到叫放弃 ································ 305
⊙只有放弃才会有另外的一种获得 /305
⊙真正的强者懂得放弃以卵击石的硬拼 /306

## 得意失意皆不可忘形 ······························ 308
⊙平常心是灵魂成熟的果实 /308
⊙在宠辱不惊中获得真正的自由 /309

## 适合自己的才是最好的 ···························· 310
⊙适合自己的就是最好的 /310
⊙以适合自己的方式生活 /312

## 每个人都拥有幸福，这种幸福就是现在 ········ 313
⊙现在和"眼前人"是上帝给你的惊喜 /313
⊙扫地的时候扫地，睡觉的时候睡觉 /315

# 卷 一

  当今世界是一个多元的、开放的世界,它接纳每一个想要获得成功的人。但是总有一些年轻人与这个时代格格不入,他们把自己封闭在过去的经历中,暗自伤神,岂不知在这样的过程中已经把成功的机会拱手让人了。

  心理高度决定事业高度,一个人若想突破事业的瓶颈,有所作为,就要首先突破心理的瓶颈,不能因为过去的一些失败或者是眼前职位的无关紧要而降低自己的标准,为自己的职业生涯过早地盖上一个"盖子"。开放的时代,年轻人更要放开自己,才能在人生的大舞台上跳出优美的华尔兹。

## 打开自己,融入开放的时代

> "同一个世界,同一个梦想。"我们所处的时代是一个开放的时代,我们面对的未来也无疑将是一个更加开放的世界。语言已经不能阻碍人们交流了,时差也可以被发达的网络和迅捷的交通忽略,最终决定个人发展的,将是他独一无二的价值和思想。"博学而无友,则孤陋而寡闻。"握紧双拳好像抓住了一切,其实连空气也没有;敞开胸怀好像什么也没得到,但你却拥抱了整个世界。

### 没有人可以限制你,除了你自己

有一位孩子小学六年级毕业考试时,得了第一名,老师送他一本世界地图。他很高兴,跑回家就开始看这本世界地图。很不幸,那天轮到他为家人烧洗澡水。他就一边烧水,一边在灶边看地图。他看到一张埃及地图,想到埃及很好,有金字塔、有埃及艳后、有尼罗河、有法老王、有很多神秘的东西,心想长大以后如果有机会一定要去埃及。

看得入神的时候,突然有一个大人从浴室冲出来,用很大的声音对他说:"你在干什么?"他抬头一看,原来是爸爸。他说:"我在看地图!"脾气暴躁的爸爸跑过来给了他两个耳光,然后说:"赶快生火!看什么埃及地图!"打完后,又踢他屁股一脚,把他踢到了火炉旁边,严肃地说:"我保证!你这辈子绝不可能到那么遥远的地方!赶快生火!"

他当时看着爸爸,呆住了,心想:爸爸怎么给我这么奇怪的保证,真的吗?我这一生真的不可能去埃及吗?20年后,那位老父亲收到一张来自埃及的明信片,上面用熟悉的字体写着:"亲爱的爸爸:我现在在埃及的金字塔前面给你写信,记得小时候,你打我两个耳光,踢我一脚,保证我不能到这么远的地方来。"

任何人的人生都不能被局限,哪怕是自己最信赖的人。只要你自己不画地为牢,就永远有欣赏不完的风景。当今世界是一个多元的、开放的世界,它接纳每一个想要获得成功的人。但是总有一些年轻人与这个时代格格不入,他们把自己封闭在过去的经历中,暗自伤神,岂不知在这样的过程中已经把成功的机会拱手让人了。

自我封闭的年轻人不懂得,过去并不代表未来,不论你曾经失败过多少次,受过多少挫折,这些都不重要。重要的是,你要对未来充满希望。无论你过去怎样,只要你调整心态,明确自己的目标,乐观积极地行动,就能够扭转劣势,更好地成长。

奥普拉·温弗莉,黑人、女性、体重180斤、膀大腰圆、素面又缺乏姿色、出生于贫民区。父母当时是一对未婚的情侣,母亲生下她的时候,还是一个孩子。寄宿在亲戚家的温弗莉被虐待,甚至留下了一生的伤痛。十几岁的她曾把家里弄得乌烟瘴气,假装成被打劫的样子,并偷走了母亲的钱包。她和伙伴们抽烟、吸毒、喝酒,越陷越深,她的青春犹如在肮脏的大染缸里浸泡,母亲甚至想将她送进教管所。

直到14岁,温弗莉才第一次看见父亲。她一直以为自己已经没有希望了,当时也没有人愿意正确看待她。她很幸运,因为父亲几乎是唯一一个没有放弃她的人。她在新的环境中改头换面了,参加了学校的戏剧俱乐部,并常在朗诵比赛中获奖。在费城举行的有1万名会员参加的校园俱乐部演讲比赛中,温弗莉凭借一篇短小震撼的演讲,赢得1000美元的奖学金。

在大学里,温弗莉有机会走进所有电视人梦想的CBS(哥伦比亚广播公司)的大门,但是她开创的充满感情的新闻表述方式,与传统主持人刻板庄严的风格迥异。好在虽然这种风格没有被CBS接受,却为她赢得了另一家电视台的特别关注。不过,这家电视台希望她去纽约接受整容手术,但在温弗莉的坚持下,整容不了了之。

其实不仅是外貌上的原因,当时美国的主持界鲜有女性,甚至有人说"女人的声音听起来缺乏可信度"。但是温弗莉证明这是谬论:她主持的"人们在说话"脱口秀,收视率一路飙升,超过了当年其他脱口秀节目的收视率。另外她主持的"芝加哥早晨"栏目,从一个下三流的脱口秀节目一跃而起,变成收视率第一的金牌栏目,后来"芝加哥早晨"更名为"奥普拉·温弗莉脱口秀",在全国120个城市同步播出。

如今的温弗莉已经是美国舆论界呼风唤雨的人物,年届50岁的她还去尝试拍电

影,她的路似乎才刚开始。

从一个标准的黑人小混混,到优秀的毕业生,再到著名的节目主持人,奥普拉·温弗莉突破了一个又一个自己。她也曾经觉得自己没有任何希望,但她去尝试了,并不断努力,获得了成功。其实,很多年轻人都输在了自我设限上。绝大多数人都会用过去的自己来判断未来的自己,但事实却是,未来的自己完全可以成为另一种模样。

20几岁的你,应当及时摆脱自身"心理高度"的限制,打开制约成功的"盖子",只要你能做到这一点,你的职业发展空间和成功率将会大为增加。现实中,总有一些有实力的年轻人在职业发展过程中,特别是求职时,由于受到"心理高度"的限制,常常对一些适合的职业发展机会(如合适的用人单位、升职机会、发展机会等)望而却步,结果往往痛失良机,甚至导致经常性的职场挫败。

心理高度决定事业高度,一个人若想突破事业的瓶颈,有所作为,就要首先突破心理的瓶颈,不能因为过去的失败或者是眼前职位的无关紧要而降低自己的标准,为自己的职业生涯过早地"盖棺定论"。开放的时代,年轻人更要放开自己,才能在人生的大舞台上跳出优美的华尔兹。

## 宁可在尝试中失败,也不在保守中成功

从青涩的应届毕业生摇身变成央视的名主持,从远渡重洋的学子到纪录片的制作人,从凤凰卫视的名牌主持到阳光卫视的当家人,杨澜的身份、角色在一直在变化。

1994年,杨澜获得了中国第一届主持人"金话筒奖"。也就是在这一年,事业如日中天的她突然离开《正大综艺》,留学美国,震惊了当时很多喜爱她的观众。对于出走央视的原因,杨澜说:"主持人这个行当有某种吃'青春饭'的嫌疑,我不想走这样的一条道路。我相信,如果一个人不充实自己,前程将是短暂的。"

1997年获得硕士学位回国后,杨澜加盟了香港凤凰卫视中文台,开创了名人访谈类节目《杨澜工作室》,并担任制片人和主持人。那段时间,她主持的节目在世界华语观众中拥有广泛的知名度。在凤凰卫视的两年时间里,杨澜拓宽了自己的职业视角,她不仅积累了各方面的经验和资本,同时也找到了未来的发展空间。

1999年10月,杨澜突然宣布离开凤凰卫视中文台。这次的离开给人们留下了更大的想象空间,比上次巅峰之时离开《正大综艺》更让人们吃惊和关注。杨澜对此的解释是:"离开凤凰的原因只有一个,在事业与家庭的选择中,我选择家庭。"

2000年3月，在所有媒体没有意料到的情形下，杨澜突然发布了和丈夫吴征收购良记集团并更名为阳光文化网络电视控股有限公司的消息。在新闻发布会上，她胸有成竹地提出了打造阳光文化传媒的计划，对于电视市场的未来前景做了精心的描述。杨澜是一个野心勃勃的女人，就像一个追逐电视之梦永远不知疲倦和满足的蝴蝶。

2003年，阳光卫视70%股权转让，杨澜宣告阳光卫视创办失败。但是杨澜并没有放弃传媒人的角色，她和东方卫视、凤凰卫视、湖南卫视合作，主持《杨澜视线》、《杨澜访谈录》、《天下女人》等节目，并多次参与北京奥运会的重大活动。

杨澜说过，这些年，有太多的遗憾。唯一对自己满意的，就是一直在追求改变。宁可在尝试中失败，也不在保守中成功——杨澜的经历是对这句话最好的注解。

在开放中尝试改变，即使失败也精彩。蝶变，就是一次次突破想象，包括自己的想象，然后去追寻更高、更远、更灿烂的天空。

在未来的社会，那种自我中心、自我封闭、自我满足、自以为是，以及自我设限的人，根本不可能适应社会，甚至生存都会成为问题。变，正是人生的魅力所在，而不变的，是心中超越自我的渴望。

## 不迷信命运，也不坐等机遇

> 把成功看成命运安排和机缘巧合的人，要么出于谦卑，因为他已经成功；要么就是出于懒惰，因为他什么都不想做却渴望成功。如果说真的存在命运，那命运的编写者就是你自己，你的每一个选择、每一次尝试都在决定着自己的命运轨迹；如果真的会发生好运，机遇也只会光顾有准备的人，那些毫无储备的人就算被机遇撞个满怀，也还是只能眼睁睁看着它远去而无能为力。

### 取得成功靠的是实力而非运气

20几岁的年轻人都想在年轻的时候有所成就，想要成大事就不能怕冒风险，

因为多大的风险就能带来多大的收益。如果你想赢,就不能只靠运气,你能靠的只有自己。李嘉诚曾经说过:"即使本来有100的力量足以成事,但我要储足200的力量去尝试,而不是随便赌一赌。"他所说的力量也就是实力,只有你拥有了足够的实力,才可以去"碰碰运气"。如果实力不够,想光靠运气成事,那成功的几率微乎其微。

百富勤曾经是在香港的金融市场里叱咤风云的明星级证券行,但是在亚洲金融风暴中宣告清盘,存活的时间仅仅10年。

1987年的股灾之后,香港的股票市场一片狼藉,百富勤国际公司就在这个时候成立了。在天时、地利、人和的配合下,百富勤就像一只展翅的雄鹰,以"快、狠、准"的经营作风,抓住每一个可以实现丰厚利润回报的机会,勇于开拓。所以在短短的10年间,百富勤就由一间3亿港元的小经纪行发展到总资产240亿港元的跨国集团公司,被认为是股市的神话。

百富勤的投资项目非常广泛,覆盖的地区也很广,主要的业务包括股票产品、定息债券、直接投资、资金管理、物业投资及发展和投资买卖等,也就是只要是高利润回报的业务,百富勤都是满怀兴趣地加入。虽然表面上百富勤一帆风顺,但其实投资风险一直伴随在它身边,它忘记了投资的要诀——"分散风险",导致它的投资金额过大,而且忽略了亚洲市场的风险,孤注一掷地把资金投入到亚洲市场。

百富勤的投机心理太强,越高风险的业务就越投入得多,在印度尼西亚和韩国的投资过大,将近6亿美元,相当于总投资的25%~30%。很快,因为印尼盾和韩元大幅贬值,百富勤的投资发生了巨额的亏损。在沉重的打击下,百富勤终于支撑不住,宣告清盘。

百富勤忽略了自身的承受能力,在实力还不充沛的情况下就想碰运气捞一把,这样的决策显然是失误的。机遇没有降临,风险却不期而至。所以只得以失败告终。

很多的年轻人在现实生活中也有赌博心理,比如很多买股票的人根本没有一点炒股常识。他们一发现某个股票有利可图,马上全力追进,用尽全部积蓄,结果仅有的钱多半是随风而去,然后又一心想着要翻本,要加码赌一把,要把握住那稍纵即逝的机会,结果亏损就继续扩大,以至于空了钱袋。

我们不能靠赌博和投机的心理来奢求成功,无论什么时候,你一定要谨记,能让你获得最终成功的必定是你的实力而非运气。

## 救赎你人生的只有自己

时下以各种名义举办的聚会在年轻人中悄然流行着，也许在某次的聚会中你会遇见昔日一起毕业的好友，尽管当时你们才能相当，对方甚至还不如你，但是他现在有了自己的事业，或许成了某一阶层的"leader"，他们之所以成功，也许有贵人的提拔，也许赶上了一个好的机遇，但是最重要的原因还是来自内心深处想要改变自己命运的强烈动机。

从前，一头驴子不小心掉到一口枯井里，它哀叫着呼救，期待主人把它救出去。驴子的主人召集了很多人出谋划策，都想不出好办法。大家倒是觉得反正驴子已经老了，"人道毁灭"也不为过，况且这口枯井迟早都会被填上。

于是，人们拿起铲子开始填井。当第一铲泥土落到枯井中时，驴子叫得更恐怖了，它显然明白了主人的意图。又一铲泥土落到枯井中，驴子出乎意料地安静了。人们发现，此后每一铲泥土打在它背上的时候，驴子都在做一件令人惊奇的事情：它努力抖落背上的泥土，踩在脚下，把自己垫高一点。

人们不断把泥土往枯井里铲，驴子也就不停地抖落那些打在背上的泥土，使自己再升高一点。就这样，驴子慢慢地升到了枯井口，在人们惊奇的目光中，从容地走出枯井。

假如你现在就身处枯井中，求救的哀鸣也许换来的只是埋葬你的泥土。那么，驴子教会我们走出绝境的秘诀：那便是拼命抖落背上的泥土，变本来用来埋葬你的泥土为拯救你的泥土，也就是将不利因素转化为有利因素。《塔木德》教导人们："要救赎自己"，这种救赎不能靠别人，必须由自己来完成，下面来看看犹太人是如何救赎自己的。

美国犹太商人朗司·布拉文是37岁才开始经商的。他的父亲在洛杉矶经营一所拥有100名员工的会计师事务所，他在大学学的是会计学，毕业以后他马上进了父亲的事务所工作。周围人都认为他会顺其自然地成为事务所的第二代继承人继续经营会计师事务所，但是，他总是觉得事务所的工作不适合自己，家族的期待和财产反而成了他的噩梦，难以摆脱。

既然他不适合眼下的路，就只能离开。他辞了职，开始尝试经商。

进入商界十几年后,他的公司与日本的年交易额已达35亿日元,主要向日本出口与体育有关的用品、服装及辅助设备等。经销地点除了公司本部的拉斯维加斯外还有日本及瑞士。原来建立世界规模的公司才是他真正的理想。

生活只能靠自己去选择和创造,所以布拉文选择了放弃继承会计师事务所,而在自己擅长的领域中追求成功。如果他继续待在父亲的公司,很可能成为一个背着"败家子"名声的失败者。

追求成功得靠实力,追求财富也离不开拼搏。只要拥有了遇事求己的坚强和自信,人们才能成为自己的救世主。20几岁,正是搭建自己舞台的时候,凡事不要依靠别人施舍,也不要希望财富与成功自天而降。只有将命运之舟紧紧地掌握在自己的手中,才能使它准确地驶向成功的彼岸。

##  没有危机感是你面临的最大危机

> 如今Windows 7已经成为主流的操作系统,成为了Vista和XP系统的替代者,但它在未来也会被新的操作系统代替。变化和更新是我们这个时代的主旋律,如果你没有优势,很快就会被有优势的人替代;如果你的优势不能保持,也不能避免被更优秀的候选人顶替。虽然我们提倡人生要步履从容,但在现实的世界中,我们还是要保留一份危机意识,危机能让我们更努力地去完善自己。

### 培养一颗感知忧患的心

不怕做不到,就怕想不到。对于忧患也是如此,生活中总是有很多突如其来的变故,年轻人时刻面临着职位的变更和工作内容的不稳定。对于这些,我们都需要有一颗敏感的心。

有一天,啄木鸟在树林里意外发现了这些树木分泌出一种黏性很强的胶。啄木

鸟差点被黏住。于是啄木鸟号召附近的鸟儿，尽快将这树种的种子全部吃掉，以绝后患。可是附近的鸟儿们并没有把啄木鸟的话当一回事。

春天来了，小树苗长了起来，啄木鸟又对鸟儿们说："赶紧在树苗长大前把它们全部拔掉，等它们长成大树，你们将失去这片树林，无家可归。"然而，鸟儿们依旧没有理睬啄木鸟的话。

随着时间的推移，一株株小树苗长成了一棵棵的大树，它们分泌出清香的黏胶，引来了许多虫子。看到这一些，鸟儿们开始嘲笑啄木鸟说："愚蠢的预言家、糊涂的先知，幸亏当初没有听信你的谣言，不然可就吃不到这么美妙的佳肴了！"

啄木鸟听了，叹道："难道你们还不了解？难道你们真的不知道灾难就要发生了吗？"在一片嘲讽声中，啄木鸟离开了这里。

望着树上那些美味的食物，鸟儿们欢呼雀跃，它们成群结队地飞进树林，最后一只只都被黏在树上作垂死的挣扎。

对于20几岁的年轻人来说，最怕的就是跟那些鸟一样，无法感知危险的临近，被眼前美味的食物迷惑，最后葬送了身家性命。培养一颗具有忧患意识的心，保持平稳的步伐，我们成长的脚步才能从容不迫。

其实，不管是一个企业还是一名优秀的员工，他们的成长都是在不断战胜危机中实现的。

20世纪70年代，石油危机引发了全球性的经济大萧条，日本的日立公司也身陷其中。公司首次出现了严重亏损，困难重重。为了扭转这种颓势，日本日立公司作出了一项惊人的人事管理决策。

1974年下半年，全公司所属工厂2/3的员工共67.5万名暂时离厂回家待命，公司发给每个员工原工资的97%~98%作为生活费。

这项决策对日本日立公司来说，是一项人事管理的权宜之计，它虽然节省不了什么经费开支，但它可以使员工产生一种危机感，产生一种忧患意识。

1975年1月，日本日立公司又将这项决策实施到4000多名管理干部头上，对他们实行了幅度更大的削减工资措施，从而使他们也产生了忧患意识。

同年4月，日立公司又将所录用的工人上班时间推迟了20天，促使新员工一进入公司便产生忧患意识，产生一种危机感、紧迫感。这样做同时也让其他老员工加深了忧患意识。

日立公司采取了上述一系列管理措施之后，全公司包括新老员工都开始更加

奋发地努力工作，都绞尽脑汁为公司的振兴出谋划策。就这样，在忧患意识的诱发下，全体员工共同努力，公司取得了十分令人满意的业绩。1975年3月，日立公司的结算利润只有187亿日元，比1974年同期减少了1/3。而通过实施忧患意识管理之后，仅仅过了半年，日立公司的结算利润便翻了一番，达到了300多亿日元。

忧劳可以兴国，逸豫可以亡身。忧患意识既可以拯救一家企业，同样也可以改变本来通向绝路的命运。20几岁的年轻人要想独步职场，利用危机充分挖掘自身潜能的意识不可以没有。

## 长处有时也会变成短处

三个旅行者早上出门时，一个旅行者带了一把伞，另一个旅行者拿了一根拐杖，第三个旅行者什么也没有拿。

晚上归来，拿伞的旅行者淋得浑身是水，拿拐杖的旅行者跌得满身是伤，而第三个旅行者却安然无恙。于是，前两个旅行者很纳闷，问第三个旅行者："你怎么会没有事呢？"

第三个旅行者没有回答，而是问拿伞的旅行者："你为什么会淋湿而没有摔伤呢？"

拿伞的旅行者说："当大雨来到的时候，我因为有了伞，就大胆地在雨中走，却不知怎么淋湿了；当我走在泥泞坎坷的路上时，我因为没有拐杖，所以走得非常小心，专拣平稳的地方走，所以没有摔伤。"

第三个旅行者又问拿拐杖的旅行者："你为什么没有淋湿而摔伤了呢？"

拿拐杖的旅行者说："当大雨来临的时候，我因为没有带雨伞，便拣能躲雨的地方走，所以没有淋湿。当我走在泥泞坎坷的路上时，我便用拐杖拄着走，却不知为什么常常跌跤。"

第三个旅行者听后笑笑说："这就是为什么你们拿伞的淋湿了，拿拐杖的跌伤了，而我却安然无恙的原因。当大雨来时我躲着走，当路不好时我小心地走，所以我没有淋湿也没有跌伤。你们的失误就在于你们有凭借的优势，认为有了优势便少了忧患。"

忧患意识不仅是要看到自己的缺点和不足，还要看到自己暂时的优势有可能造成的束缚。因为更多时候，我们不是败在缺点或者短处上，而是败在自己的优势上。20几岁的年轻人，往往认为自己年轻、有闯劲儿、没有负担，就可以什么都不在乎，什么都无所谓。但是这些优势很快会随着年龄的增长而消失，当你不再年轻、开始畏惧风雨的时候，你要靠什么去和别人竞争呢？

眼前的长处，很有可能成为你今天发展的短处。但很多年轻人并不懂得这一点，以为自己有小小的优势可以保证自己高枕无忧，这样的人很容易就被大浪淘尽，石沉大海。

 # 要为你的优势重新定位

> 也许你自打出生就被称为"幸运儿"，迎接你的是和睦富足的家庭，父辈的荣耀让你不必太努力就能得到想要的东西，你的优越感似乎与生俱来。但是这些都不是最终帮助你发展的优势。不可否认，父母的帮助会让很多人为之奋斗一生的东西都成了你与生俱来的资本，但是年轻人获取成功的原动力，不是依靠，而是努力。也许，需要重新看待自己的优势。

## 父母不是你的优势资本

有很多名人的后辈也同样做出了伟大的成绩，父辈的指点当然是他们的优势。但是他们成功最关键的决定条件还是自身的努力。任何被人们成为"天才"的人并不是因为有一个"天才老爸"，而是自身的才华得到了人们的肯定。所以现在的年轻人应该走自己的成功之路，不要把希望寄托在父母的身上，靠父母的关系和能力为自己的成功垫脚，永远作不出更大的成就。我们是新时代的年轻人，是独立的一代，我们的事业的成功取决于自己的努力。

伟大的作家大仲马得知自己的儿子小仲马寄出的稿子总是碰壁，就告诉他说："如果你能在寄稿时，随稿给编辑先生们附上一封短信说'我是大仲马的儿子'，或许情况就会好多了。"

小仲马断然拒绝了父亲的建议，他说："不，我不想坐在你的肩头上摘苹果，

那样摘来的苹果没味道。"年轻的小仲马不但拒绝以父亲的盛名做自己事业的敲门砖，而且不露声色地给自己取了十几个其他姓氏的笔名，以避免那些编辑先生们把他和大名鼎鼎的父亲联系起来。

他的长篇小说《茶花女》寄出后，终于以其绝妙的构思和精彩的文笔震撼了一位资深编辑。这位知名编辑曾和大仲马有着多年的书信来往。他看到寄稿人的地址同大作家大仲马的丝毫不差，便怀疑是大仲马另取的笔名，但作品的风格却和大仲马的截然不同。带着这种兴奋和疑问，他迫不及待地乘车造访大仲马家。令他大吃一惊的是，《茶花女》这部伟大的作品，作者竟是大仲马名不见经传的年轻儿子小仲马。

"您为何不在稿子上署上您的真实姓名呢？"老编辑疑惑地问小仲马。

小仲马说："我只想拥有真实的高度，希望您看重的是我创作的作品本身而不是我的姓氏。"

面对着这个充满自信的年轻人，老编辑不由地笑了。他对小仲马的做法赞叹不已，相信他一定可以走出名人父亲的阴影，创出自己的一番事业来。《茶花女》出版后，法国文坛书评家一致认为这部作品的艺术价值不可估量，小仲马终于获得了梦寐以求的成功。

大仲马父子的成就造就了一段文坛父子兵的佳话。但是我们现在在提到小仲马的时候，不会以大仲马的儿子来作为开头语，而是称之为"伟大的作家，《茶花女》的作者小仲马"，这就是他的成功。用自己的双手摘到的苹果才格外美味，用自己的双手开创的人生才格外饱满、精彩。

## 在自己最熟悉的领域战斗

每个人、每家企业都有自己的优势，利用自己的优势攻击对方的劣势，并且硬下手腕连续进攻、让对方没有还手之力，是为胜利之法。

凯马特是零售行业的鼻祖。1979年，凯马特拥有1891家零售店，每家店的平均收入高达725万美元，相比之下，当时沃尔玛公司的收入则显得微不足道。当时的沃尔玛公司，只有229个零售商店，每家店的平均零售收入仅相当于凯马特商店的一半，在这种情况下，它很难与凯马特进行正面的竞争。

但是，沃尔玛的创始人山姆并没有退缩，尽管处于不利地位，他也没有忘记积极利用自身的优势。

首先,沃尔玛对顾客的需要有求必应。

其次,沃尔玛最大限度地为顾客创造购买优良物品的机会,包括便利店的店址和方便的时间,降低成本结构、推出最优惠价格的产品,等等。沃尔玛所具备的快速存货补给能力,保证它能达到赢利目标。

这种保证又被称作"送货不停"。沃尔玛公司严格要求做好这个环节的工作,要求将商品不断运送到沃尔玛的仓库,经过仔细的筛选和细致的包装,再分送到沃尔玛各家商店。沃尔玛的商品很少滞留在仓库中。沃尔玛要完成一次配送过程,仅仅需要48小时。

通过这个不停的送货补给系统,沃尔玛获得了规模效益,增加了采购量,降低了存货成本及费用。

沃尔玛85%的商品都是依靠自己的仓储运输系统配送,对于只有50%的商品能依靠自身的配送系统配送的凯马特公司来说,这是沃尔玛的一大优势。

而且,由于有低价销售的吸引,沃尔玛公司就用不着花太多的时间去做宣传广告。沃尔玛公司在广告上的经费的确不多,但就是因为这样,他们才能以更低价的商品回报顾客,让他们成为沃尔玛的回头客。

沃尔玛的运输成本也是同行业中最低的,每1美元的营业额只有16美分花在基本营运上,而其他公司要比他们多花将近40%的钱在这上面。

此外,沃尔玛公司还非常善于激起顾客的购买欲,在大力完善企业形象、加深顾客印象方面他们也做得非常好。

1976年,沃尔玛的强劲竞争对手凯马特突然向沃尔玛展开进攻,在沃尔玛经营最好的4个市镇开分店,同时也向其他区域性折扣百货连锁展开攻势。一时间,各公司都在讨论如何避免与凯马特直接竞争,而山姆却站出来声明沃尔玛将以攻对攻,决不退缩。当时凯马特已有上千家分店,沃尔玛只有150家。第二年,在小石城,凯马特发起价格战时,沃尔玛指示自己在当地的分店经理:"任何商品都决不能让他们的价格比我们的低。"

而凯马特却不能降得更低,只好示弱,这场战争的获胜方是沃尔玛。

形成规模、扩大影响并不是沃尔玛的长处,但是它却善于压缩成本、提高服务的速度。于是它精于压缩成本、提高服务速度,因此打败了连锁巨人。年轻人现在有的优势,还需要经过长时间的积累和经营才能形成真正的优势。而这就是坚决守住自己的阵地,绝对不把最擅长的领域弄丢。

## 幸福不会光顾那些意志消沉的人

不知从何时起，心不在焉和慵懒颓废在年轻人之间传播。大把的时间耗费在口水上，却提不起念头来认真做一件事，书本拿起来又放回去，对一切都没有兴趣。这种状况并不是"八零后"首创的，任何一个人在年轻的时候，都会面对迷惑不解和感伤。我们的父辈因为生活的压力被迫成熟。轮到没有太多忧患的我们，又怎该把悲观当成自己的人生态度？让我们收拾起委靡不振的精神，去创造幸福的人生。

### 只看我有的，不看我所没有的

金无足赤，人无完人。每一个人都是优点和缺点的集合体，你也许没有过人的口才，但是善于写作；也许没有领导的才能，但是善于配合。年轻人不要一味盯住自己的缺点，困在自己画的圈子内黯然神伤，应该看到自己的优点，经营自己的长处，积极地去生活。

她站在台上，有时不规律地挥舞着她的双手；仰着头，脖子伸得好长好长，与她尖尖的下巴扯成一条直线；她的嘴张着，眼睛眯成一条线，诡谲地看着台下的学生；偶然她口中也会咿咿唔唔的，不知在说些什么。基本上她是一个不会说话的人，但是，她的听力很好，只要对方猜中，或说出她的意见，她就会乐得大叫一声，伸出右手，用两个指头指着你，或者拍着手，歪歪斜斜地向你走来，送给你一张用她的画制作的明信片。

她就是黄美廉，一位自小就患脑性麻痹的病人。脑性麻痹夺去了她肢体的平衡感,也夺走了她发声讲话的能力。从小她就活在诸多肢体不便及异样的眼光中,她的成长充满了眼泪。然而她没有让这些外在的痛苦击败她奋斗的精神,她昂然面对,迎向一切的不可能,终于获得了加州大学艺术博士学位。她把她的手当画笔,以色彩告诉人们"寰宇之力与美",并且灿烂地"活出生命的色彩"。全场的学生都被她不能控制自如的肢体动作震慑住了,这是一场倾倒生命、与生命相遇的演讲会。

"请问黄博士,"一个学生小声地问,"你从小就长成这个样子,请问你怎么看你自己?你没有怨恨过吗?"大家的心一紧,这孩子真是太不成熟了,怎么可以在大庭广众之下问这个问题,太伤人了,大家都很担心黄美廉会受不了。

"我怎么看自己?"美廉用粉笔在黑板上重重地写下这几个字。她写字时用力极猛,有力透纸背的气势,写完这个问题。然后她停下笔来,歪着头,回头看着发问的同学,然后嫣然一笑,再次回过头去,在黑板上龙飞凤舞地写了起来:

一、我好可爱!

二、我的腿很长很美!

三、爸爸妈妈这么爱我!

四、上帝这么爱我!

五、我会画画!我会写稿!

六、我有只可爱的猫!

……

忽然,教室内鸦雀无声,没有人讲话。她回过头来看着大家,再回头去,在黑板上写下了她的结论:"我只看我所有的,不看我所没有的。"

掌声由学生群中响起,美廉倾斜着身子站在台上,满足的笑容从她的嘴角荡漾开来,她的眼睛眯得更小了,有一种永远也不被击败的傲然写在她脸上。

大家不觉两眼湿润起来,看着美廉写在黑板上的结论:"我只看我所有的,不看我所没有的。"在场的每个人都将这句话永远鲜活地印在心上。

我们每一个人都是不完美的,生活也是不完美的,对于自己的缺陷不要耿耿于怀,要敢于直面不完善的自我。

学会接纳自己的不完美,实事求是地看待自己,才能从自身条件的不足和所处的不利环境的局限中解脱出来,去做自己想做的事。只有拥抱这样的态度才能拥抱幸福。

很多年轻人每天生活在一个美丽的童话王国里,可是却看不见生活的美丽,怨天尤人,时常感到失落。要得到快乐,请记住这条规则:"只看我所有的,不看我所没有的。"

## 无论怎样都不要失去热忱

巴尔扎克曾经这样赞誉热情:"热情是普遍的人性。没有了热情,便没有宗教、历史和艺术。"热情一旦充于心胸,人便会有百倍于身体的力量投入到人生的演出中。它可以使最愚蠢的人变得聪明起来。正如泰戈尔所说:"热情,这是鼓满船帆的风。风有时会把船帆吹断,但没有风,帆船就不能航行。"所以,如果想让自己的人生驶向幸福的彼岸,就要懂得享受热情的海风,点燃起热忱的心灯。

多丽·帕顿出生在美国田纳西州赛维县一个只有两间房的木棚里,她在12个孩子中排行第四。全家靠她父亲在一小块山地上辛勤的劳作来勉强糊口。多丽·帕顿生来并不比别人强。她在早年过着最贫穷的生活,木棚为家,困苦不堪。然而,多丽不愿成为拖儿带女的山里妇人,她让自己保持对生活的热情。

多丽从孩提时代开始学习歌唱,五岁就能谱出歌词。七岁时,多丽·帕顿用旧乐器的残件制作了自己的吉他。第二年,一位叔叔送给她一把真正的吉他。她一直坚持用它练唱。

上高中了,多丽没有什么漂亮衣服,但她有了自己的梦想。她的一个妹妹后来回忆说:"多丽向别人讲自己的梦想,一点也不害羞。在我们生活的山区,没有一个人这样想过,孩子们当然会笑话她。"

多丽·帕顿后来一直都在歌唱。她成了唱片销售百万以上的明星。她的热忱永无止息。

多丽·帕顿让我们年轻人明白了如何利用热忱去促使自己行动,迈向自己的目标,努力奋进,直到成为生活的主宰。

并不是说你应该一天笑到晚,也不是说你应该对周围的一切都感到满意。那不是热情,那只是盲目乐观,往往坚持不了几天。

相反,生活中所需要的热情更多的是一种思考和追求的方式,它这样劝慰人们:"生活是美好的,通往成功的路总是有的。"

当你拥有热情时,你看到的不是事物的反面,而是它的正面。你会发现每个人、每件事都有其闪光之处。

真正的热忱意味着你相信你所干的一切是有目的的。你坚信不疑地去实现你的目的,你有火一样燃烧的愿望,它驱使你去达成你的目标,直到如愿以偿的那天。

对生活充满热情会为你带来许多好处:

增加你思考和想象的频率;使你获得令人愉悦和具有说服力的语言能力;使你不再感到工作那么辛苦;使你拥有更吸引人的个性;使你获得自信;保持你的身心健康;建立你的个人进取心;克服身心疲劳;使他人被你感染。

年轻人,让你的生活充满热情吧,让你的热情发挥作用吧,让你的热情洋溢于你今天的生活,它最终必会将你带到幸福的彼岸。

##  实现双赢比打败别人更重要

> 商场中有这样的流行语:"没有永远的朋友,也没有永远的敌人。"所以不管是商业竞争还是其他领域的竞争,我们都没必要把打败别人当做是自己的成功。世事多变,随着局势的发展我们的对手也有可能成为我们的合作伙伴,因此现代社会的成功不是打败别人,而是在合作的基础上实现双赢。20几岁的人还有很长的路要走,每一次双赢都会为你增加一条路,获得一群朋友。

### 用"利"留住合作者

"无利不起早"这句话蕴涵着深刻的道理。生活和工作中的合作无条件的很少,大家在合作的时候,都是各取所需、各有所图的。只有在保证各自利益的条件下,合作才能顺利进行。

曾经流行这样一句话:做官要读曾国藩,经商要读胡雪岩。其实,无论是做官还是经商,我们都应该认真拜读和研究这两个人,向他们学习合作中双赢之道。在小说《曾国藩》中,曾经有这样一个细节:

曾国藩初握兵权时,对属下要求极其严格。曾国藩治下的湘军,以"扎硬寨,打死仗"闻名。曾国藩追求的是"多条理、少大言","不为圣贤,便为禽兽","莫问收获,但问耕耘"。梁启超称赞他是"其一生得力在立志,自拔于流俗","历百千艰阻而不挫屈,不求近效,铢积寸累,受之以虚,将之以勤,植之以刚,

贞之以恒，帅之以诚，勇猛精进，艰苦卓绝"。其"非有地狱手段，非有治国若烹小鲜气象，未见其能济也。"

但是，曾国藩在战后也很"吝啬"：在向朝廷保荐有功人员时，"据实上奏"，一是一，二是二，有多大功劳就是多大功劳，不肯多报一点，更别说虚报那些无功人员了。

后来，曾国荃劝说他：大哥，你是朝廷大员，可以"修身齐家治国平天下"，可以百世流芳，这是你的追求，可这些弟兄们没有你那么高的追求。弟兄们流血卖命打仗，跟着你风餐露宿的，到头来你不给人家一点实用的好处，他们又不图那美名，往后谁跟你去守江山？

听了这番话之后，曾国藩处事有所改变，更多地为手下向朝廷邀功请封。死心塌地的湘军将士为他立下了汗马功劳。

与人合作，或者带领一个团队，若不给对方或下属机会，对方尝不到甜头，那会有几个人愿意与你合作呢？即使合作开始，时间一长对方无利可图的话，会离开。所以，要想保证合作长久，必须要让对方共享利益。

## 你的合作者是永远值得你尊敬的

人人都有自尊心，你尊重别人，别人才会尊重你。在这个合作的社会中我们也要懂得尊重自己的合作伙伴，在相互的尊重中将事业做大。在这方面沃尔玛的做法值得立志要成就一番事业的年轻人学习。

沃尔玛公司的管理理念就是把员工当做合作伙伴，给予充分的重视和尊重。有一次凌晨两点半工作结束后，山姆·沃尔顿经过沃尔玛公司的一个发货中心时，和一些刚从装卸码头上回来的员工聊了一会儿，了解了他们的需要，事后便为员工改善了沐浴设施，员工们都深为感动。

在山姆·沃尔顿看来，沃尔玛最大的财富不是它的资本，而是沃尔玛的所有员工。他曾经说，沃尔玛业务的75%要依靠人力，所有沃尔玛员工都肩负着关心顾客的使命，他认为把员工看做是最大的财富是正确和理所当然的。所以在沃尔玛的整体规划中，重点建立的部分是企业与员工之间的伙伴合作关系。沃尔玛的"利润分红计划"和"员工折扣规定"，还有带薪休假、节假日补助、医疗和人身保险等，都是这一关系的体现。可以说在沃尔玛，他们尊重公司的每一个员工，善待每一个员工，而这些都是沃尔玛通过平等相待真真实实做到的。不论沃尔玛员工来自世界哪个地方，是什么肤色，或是种族，也不管他的背景是怎样的低微或高贵，大家都受到一样的尊重。即使是山姆·沃尔顿本人也一样，在沃尔玛总部的停车场里，甚至没有一个固定的车位是属于他的，这就是地位平等的突出表现。《财富》杂志评价沃尔玛，"通过在培训方面花大钱和提升内部员工而赢得雇员的忠诚和热情，管理人员中有60%的人是从小时工做起的"。就像沃尔玛的经理例会，不论是一个小时工还是正式员工，都可以充分表达自己的意见、参与讨论，这就是机会平等的表现。同时，沃尔玛还鼓励员工要积极进取，虽然沃尔玛并不会完全根据文凭和学历来评价员工的成绩，但无论是谁，只要有意愿想要提高自己，沃尔玛就会提供所有学习或深造的机会，这显示出了它为员工提供教育的平等。

沃尔玛这种尊敬员工、善待员工的企业文化理念，极大地激发了员工的进取心和创造性，他们为降低公司经营成本出谋划策，为商店的货品陈列设计别出心裁，经常举办一些灵活多变的促销活动。有一次，沃尔玛的一个员工发现原来的送货上门服务和沃尔玛货车的路线是相同的，这样的话货车就可以顺便送货，结果由于采纳这一建议，每年为沃尔玛节省了100多万美元。

由于尊重和善待，沃尔玛公司和员工的合作走上了一条健康发展的道路。在这个双赢的社会中，实现合作需要人与人之间的平等，需要人与人之间的尊重。但是，有的人却不是这样，他们将自己看做是主人，将自己的合作者看做是"被恩赐者"，因而有意无意地露出一副颇具优越感的样子来，不懂得尊重人，时间一长，这种关系不对等的合作将会不欢而散。

## 忙碌未必是苦，清闲未必是福

你是否有陶渊明那种"误落尘网中，一去二十年"的感慨？的确，方宅十余亩，草屋八九间的田园生活让人向往，但对于事业待成的年轻人而言，归田解甲还太早，现在正是要努力奋斗的时候。不要羡慕那些看起来很清闲的人，也不要埋怨自己有太多事情做不完。要知道，正是这眼前做不完的事情，才让你有存在的价值，越是忙碌的生活，越值得你好好珍惜。

## 清闲的日子没有味道

在我们的工作中很少有量"正好"的工作做,这是一个事实。大多数上班族都认为,他们不是没有足够的工作可做,就是工作太多、负荷太重。

在无聊的时候,时间好像过得特别慢。无聊会耗尽人的精力,让你无精打采,一天当中缺乏适量的工作,是件令人士气低落的事。布洛克在其所著的小说《向邪恶追索》中,告诉我们一个低层次的罪犯班尼,他唯一的工作就是:在早上发动费瑞罗的汽车,这篇小说中这样描述:

把汽车钥匙插进去后发动车子,如果没事的话就回家,开始看卡通。这件工作班尼做了几个月,后来就不做了。他抱怨说:"没有任何事发生啊!"当然,如果有事发生的话,你就得赶紧处理了,只是班尼认为,对他来说,做这件工作简直太无聊了。

忙碌其实是一个很好的选择。虽然它会让你有点疲累,但却能让你感到很愉快,能实现自我,还能让你精力更旺盛。在一天开始时就投入工作,知道自己是个有生产能力的工作者,有很多项目要做。在一天结束时,把计算机关掉,把脚抬起来,回想一下自己的好成绩。对自己今天做了这么多事感到开心,同时也对这星期还有满档的工作等着你去做而感到干劲十足。

做你想做的事,来填充你的时间。其他人只能对你利用时间的方式提出建议,却并不能替你作决定——真正的决定者是你自己。你可以选择接受他们的建议,也可以选择拒绝。

我们每个人都会受到自身条件的局限,所以我们也不可能随心所欲地作决定。但在大多数情况下,我们都有选择的相对自由。如果你觉得有因素在控制你的生活,那你就是在作茧自缚。或者也可能是因为,即便是在那些你能够控制的领域,你也没有充分发挥自己的主动性。

## 主动者永远受重视

在工作中你也许会遇到这样的问题,看着自己的上司整天忙得脚不着地,但是你却没什么事做,这个时候你要想想自己的清闲可能未必是一件好事。要不就是上司没有发现你的才能,对你还不够信任,要不就是在考察你积极主动做事情的能力。

主动去做老板没有交代的事情,可以发挥自己的潜质,让自己在职场上脱颖而出。

著名企业家奥·丹尼尔在他那篇著名的《员工的终极期望》一文中这样写道:

"亲爱的员工,我们之所以聘用你,是因为你能满足我们一些紧迫的需求。如果没有你也能顺利满足要求,我们就不必费这个劲了。但是,我们深信需要有一个拥有你那样的技能和经验的人,并且认为你正是帮助我们实现目标的最佳人选。于是,我们给了你这个职位,而你欣然接受了。谢谢!

"在你任职期间,你会被要求做许多事情:一般性的职责,特别的任务,团队和个人项目。你会有很多机会超越他人,显示你的优秀,并向我们证明当初聘用你的决定是多么明智。

"然而,有一项最重要的职责,或许你的上司会对你秘而不宣,但你自己要始终牢牢地记在心里。那就是企业对你的终极期望——永远去做需要做的事,而不要等待别人要求你去做。"

这个被奥·丹尼尔称为终极期望的理念蕴涵着这样一个重要的前提:企业中每个人都很重要。作为企业的一分子,你绝对不需要任何人的许可,就可以把工作做得漂亮出色。无论你在哪里工作,无论你的老板是谁,管理阶层都期望你始终运用个人的最佳判断和努力,为了公司的成功而把需要做的事情做好。

尽管这听起来有点奇怪,但事实是,今天每一个老板要找的人,基本上都是同一种类型:即那些不等老板吩咐就可以出色主动地完成任务的人。当然,不同老板的需求也各不相同,正如他们所招聘员工的技能也各不相同一样。但是,从根本上说,他们要找的是同一种人。那些能沉浸在工作状态中、独立自主地把事情做好的员工——无论他们的背景、训练或技能如何——将会成为老板最需要的人,获得更多的奖赏。

只有主动去完成老板没有交代的事情,并把这些事做好,你才能提升自己在老板心目中的位置,才会被升到更高的职位,获得更大的成功。在做好老板没有交代的事情的同时,会让你在工作中变得充实,这样会降低你的精神负担,并让自己得到认可,这样一箭双雕的事情何乐而不为呢?

# 事业是干出来的，不是跳出来的

> 跳槽早已不是什么新鲜话题，尤其是很多刚步入职场的新人，在遇到工作障碍时，不是想办法去解决问题，突破事业发展上的瓶颈，而是选择跳槽来回避问题，这对个人的发展是极为不利的。想要打拼出一番事业的年轻人需要谨记，事业是干出来的，不是跳出来的，很多情况下我们只能改变自己，而不是去改变环境。

## 跳槽也有风险，要三思而后行

20几岁的时候，还没有确定自己适合做什么，多换几个工作，多积累一些经验是很重要的。在职场中，每个人都知道"此处不留人，自有留人处"这个道理，跳槽已成为一件很平常的事，但并非在任何时候跳槽都是一件有益的事。当情况不利时，跳槽就会变成一种风险。

既然有时跳槽会是一种风险，我们如何判断呢？我们可以运用博弈的原理，判断跳槽对自己是否有利。

假设员工A在甲公司上班，如果他的薪酬是x元/月，由于种种原因A有跳槽的意向。他在人才市场上投递了若干份简历后，乙公司表示愿以y元/月的薪酬聘任A从事与甲公司类似的工作（y＞x）。这时，甲公司面临两种选择：第一，默认A的跳槽行为，以p元/月的薪酬聘任B从事同样的工作（y＞p）；第二，拒绝A的跳槽行为，将A的薪酬提升到q元/月，当然工资一定要大于或等于y元，员工A才不会跳槽。

当员工A有跳槽的想法时，单位甲和员工A之间的信息就不对称了。很明显，员工A占有更充分的信息，因为甲公司不知道乙公司愿给A支付多少薪酬。当员工A提出辞呈时，甲公司会首先考虑到员工A所处岗位人力资源的可替代性，如果A的人力资源不具有可替代性，那么甲公司就会以提高薪酬的方式留住A，员工A与甲公司经过讨价还价后，甲公司会将员工的薪酬提升到大于或等于y元／月的水平。如果A的人力资源具有可替代性，那么甲公司就会默认A的跳槽行为。

其实，每个单位都会针对员工的跳槽申请作出两种选择：默许或挽留。相对来说，员工也会作出两种选择：跳槽或留任。实际上，在对待跳槽的问题上，单位和员工都会基于自身的利益讨价还价，最后作出对自己有利的选择。实质上这一过程是单位和员工的博弈过程，无论员工最后是否跳槽，都是这一博弈的均衡。

以上只是基于信息经济学角度而进行的理论分析。实际上，当存在招聘成本时，即便人力资源具有可替代性，单位也会在事前或事后采用非提薪的手段阻止员工跳槽。例如，事前手段：单位与员工签署就业合同时，约定一定的工作时限和违约金额。事后手段：限制户籍或档案调动；扣押员工工资；扣押员工学历证书或相关资格证，等等。

另外，对于员工来说，跳槽也存在择业成本和风险。新单位是否有发展前景，到新单位后有没有足够的发展空间，新单位增长的薪酬部分是否会弥补与之前同事分开的精神损失，在跳槽过程中，员工必须考虑到这些因素。这只是员工一次跳槽的博弈，从一生来看，一个人要换多家单位，尤其是年轻人跳槽更为频繁。将一个员工一生中多次分散的跳槽博弈组合在一起，就构成了多阶段持续的跳槽博弈。

正所谓行动可以传递信息。实际上，员工每跳一次槽就会给下一个雇主提供自己正面或负面的信息，比如：跳槽过于频繁的员工会让人觉得不够忠诚；以往职位一路看涨的员工会给人有发展潜力的感觉；长期徘徊于小单位的员工会让人觉得缺乏魄力。员工以往跳槽行为给新雇主提供的信息对员工自身的影响，最终将通过单位对其人力资源价值的估价表现出来。但相对来说，正面的信息会让新单位在原基础上给员工支付更高的薪酬。

从短期看，通常员工跳槽都以新单位承认其更高的人力资源价值为理由；如果从长期看，员工跳槽的前一阶段时间会影响到未来雇主对其人力资源价值的评估。这种影响既可能对员工有利，也可能对员工不利。换句话说，员工在选择跳槽时，也等于在为自己的短期利益与长期利益作选择。

职场中，如果一个人心已不在所就职的单位，那么他或多或少会在工作中表现出来。需要时刻记住的是：无论如何取舍，不会有人为你的失误埋单。跳槽也存

在风险,要经过充分的考虑再作决定。

## 把工作当事业,才能成就丰功伟业

人的追求不一样,有的人选择跳槽只是希望比现在的工作薪水高些,工作环境好些,但是有的人却是想在跳槽的过程中成就一番事业。对于想把跳槽当跳板实现事业理想的人,要先想一想是不是在把工作当成事业来做,有没有在其中投入心力和激情,如果答案是否定的,那么无论怎样换工作,你的工作就只是工作而已,而干不了理想中的"大事业"。

在一个小镇上有三个石匠正在努力工作,一个过路人问他们在干什么。第一个石匠说:"我每天都枯燥地搬石头砌墙。"第二个石匠说:"我的工作很重要,我要把墙垒好,这样房子才结实。"第三个石匠则很自豪地说:"我的责任十分重大,这是镇上的第一所教堂,我要将它建成小镇的标志!"

同样是砌墙,三个人看待这件事的意义却不一样。第三个石匠心中有个"百年大教堂",他把自己的工作当做是一项伟大的事业来干,因此他不仅不觉得枯燥无味,反而富有成就感,他一定会为了心中的那个教堂兢兢业业地干活,并且不会有一丝懈怠,因此他必将是那三个石匠中干得最出色的一个。这也就像我们对待工作的态度,你不把它当事业,就会老觉得没有激情,然后琢磨着跳槽。真正聪明的员工会善待自己的工作并把工作当成事业。他会让自己忙起来,在忙碌中体会生命的力量和工作的愉悦。

日本的"经营之神"松下幸之助是世界闻名的成功企业家,他的经营哲学是:把职业当成自己毕生为之奋斗的事业,日积月累,用心做好每一天的事。

松下幸之助常说,他之所以成功,是因为从内心里把自己的职业当成事业。他指出:"我并没有那么长远的规划。只是珍视每一个日日夜夜,做好每一项工作,这是今日能成就辉煌的秘诀。当年,我并没有要建一座大工厂的远大规划。创业初期,一天的营业额仅一日元,后来又期盼一天有两日元,达到两日元又渴望三日元,如此而已,我只不过是努力地做好每一天的工作。"他在一次演讲中还说道:"每遇到难题的时候,我都扪心自问,自己是否以生命为赌注全力对待这项工作?当我感到非常烦恼时,往往是因为没有全身心地投入工作。由此我便洗心革面,全力向困难挑战。有了勇气，困难便不再是困难了。"

首先必须把自己的职业当成事业，并由此而日积月累，珍视每一天的每一件工作，循序渐进地取得进步，长此以往，最终将成就伟大的事业。松下幸之助就是这样工作，才取得了事业的成功。

所以，事业是兢兢业业干出来的，不是冒冒失失跳出来的。只有你真正为自己找到了奋斗的事业，以此不断激励自己刻苦实干，你才能真正成就丰功伟业。

 ## 你的价值因别人的需要而存在

你是否有过这样的情绪：认为自己所做的事情没有意义，自己的工作不能被老板认可，自己为家人和朋友的付出总是被漠视，经常会陷入一种迷茫而不能自拔，找不到自己的人生价值和方向，总是表现出一副失魂落魄的样子……我们能做些什么来改变这种状况呢？那就是找到自己的价值。价值是什么？价值就是被别人需要，非你不可，无可替代。需要你的人越多，你的价值就越高，你的人生就越有意义。

### 真正聪明的人宁愿让别人需要

我们喜欢分析历史，从过难的故事中寻找人生经验，以指导现实人生。历史的价值也正在于此，从那些历史人物身上，我们可以学到为人处世的智慧，铁血丞相俾斯麦给我们的智慧之一，就是成为别人需要的人。

1847年，俾斯麦成为普鲁士国会议员，在国会中没有一个可信赖的朋友。让人意外的是，他与当时已经没有任何权势的国王腓特烈·威廉四世结盟，这与人们的猜测大相径庭。腓特烈·威廉四世虽然身为国王，但个性软弱，明哲保身，经常对国会里的自由派让步。这种缺乏骨气的人，正是原本俾斯麦在政治上所不屑的。

俾斯麦的选择的确让人费解，当其他议员攻击国王诸多愚昧的举措时，只有俾

斯麦支持他。1851年，俾斯麦的付出终于得到了回报：腓特烈·威廉四世任命他为内阁大臣。他并没有满足，仍然不断努力，请求国王增强军队实力，以强硬的态度面对自由派。他鼓励国王保持自尊来统治国家，同时慢慢恢复王权，使君主专制再度成为普鲁士最强大的力量。国王也完全依照俾斯麦的意愿行事。

1861年腓特烈逝世，他的弟弟威廉一世继承王位。然而，新的国王很讨厌俾斯麦，并不想让他留在身边。威廉一世与腓特烈同样遭受到自由派的攻击，他们想吞噬他的权力。年轻的国王感觉无力承担国家的责任，开始考虑退位。这时候，俾斯麦再次出现了，他坚决支持新国王，鼓动他采取坚定而果断的行动对待反对者，采用高压手段将自由派赶尽杀绝。

尽管威廉一世讨厌俾斯麦，但是他明白自己更需要俾斯麦，因为只有俾斯麦的帮助，才能解决统治的危机。于是，他任命俾斯麦为宰相。虽然两个人在政策上有分歧，但并不影响国王对他的重用。每当俾斯麦威胁要辞去宰相之职时，国王从自身利益考虑，便会让步。俾斯麦聪明地攀上了权力的最高峰，他身为国王的左右手，不仅牢牢地掌握了自己的命运，同时也掌控着国家的权力。

俾斯麦是一个很聪明的人，他明白如何实现自己的价值。他认为，依附强势是愚蠢的行为，因为强势已经很强大了，他们可能根本就不需要你；而与弱势结盟则更为明智，这样因为他们的需要而更能发挥自己的优势，彰显自己的价值。

一个人只有在一定的环境和组织中被需要的时候，才不会产生"英雄无用武之地"的落魄感，也只有在被需要的时候才能证明自己的才能，也只有被别人需要，才能发现自身的优点和长处，并在适当的机会施展出来，创造一定的价值时，才能感觉到自己的价值和意义。

因此，20几岁的年轻人在做事情的过程中一定让他人需要你，扮演别人需要的角色，才能赢得别人的认可，在别人需要的时候，做好自己，发挥自己的潜能，让自己的价值最大化。只有当你被别人需要的时候，你才不会被抛弃。

## 要得到回报，先满足他人

很多人都明白付出才有回报的道理，但却把回报当成一种物质上的获得。其实，很多时候我们付出了，却没有收获什么现实好处，看起来像没有得到回报，殊不知，你会得到另一种形式的奖励。

一位登山客在山中突遇暴风雪,在风雪茫茫中迷失了方向。这场暴风雪突如其来,他的御寒装备严重不足。他知道自己除非尽快找到避寒处,否则非冻死不可。可是他没走多远,四肢已冻得开始麻痹,他知道自己时间已不多了。

就在这时候,他在路上遇到另外一个人,那个人躺在地上,一动不动,原来他已经快冻僵了。登山客停下来,他发现自己面临了一个困难的抉择:他应该继续赶路为求拯救自己,还是设法救助雪中垂危的陌生人呢?

转瞬之间,他就下定了决心,设法救助陌生人。他迅速脱下湿手套,跪在那个垂危的人身边,按摩他的手臂和双腿。那个人终于血脉流通,四肢能够活动了。他们两人相互支持,患难与共,最后终于得到了救援,他们生还了。后来这位登山客才知道,那个冻僵了的人是一个大公司的老板,因为登山客救了他的性命,要给予他一些股份作为报答,但是被登山客拒绝了,但是他们成了好朋友。

后来,登山客在一次自然灾害中双腿受伤,需要很大一笔医疗费,正在他着急万分的时候,那位他曾经救助的老板来了,付了全部的医疗费用帮助他渡过了难关。

后来,登山客回忆说:"我们要在别人需要的时候给予帮助,才能在需要的时候得到他人的帮助。"

在别人急需帮助的时候,我们给予他们需要的帮助,这样别人不但会记住你,感谢你,还会在你特殊需要的时候,给予你很大的回报。

生活中,许多人认为"付出很少有回报",果真如此吗?故事中登山客的付出,为他赢得了一个好朋友,还让他在困难的时候得到了天文数字的资助,你说在别人需要帮助的时候付出,回报是不是极大呢?所以,生活中不是付出就有回报,而是我们要懂得思考,只有当我们的善良仁爱用得恰到好处的时候,当别人寒冷时,我们雪中送炭才能给予温暖;当我们的帮助能及时救人于危难的时候,我们才会得到快乐。

生活就是这样,当你为别人的需要而付出的时候,你的人生也会因你的付出而快乐、价值得到升华,并且你的生命会因此延长和增值。

## "独行侠"通常举步维艰

> 众人划桨开大船,众人拾柴火焰高。一个人的能力再大,也不可能修完长城。世界上任何一个伟大的建筑,都不是靠一人之力完成的。只有我们认识到自身的渺小,才能明白合作的重要性。但缺乏磨炼的年轻人往往觉得自己无所不能,不喜欢向别人请教,也不屑于请别人帮忙。这种心态只会让你待在自己狭小的世界中,坐井观天。

### 在单打独斗的道路上累死

独木难成林,再优秀的人,如果不能与团队合作,也很难取得成功。这是千古不变的至理名言。单枪匹马地做事很难成功。

美国航天工业巨子休斯公司的副总裁艾登·科林斯曾经评价苹果公司的创始人史蒂夫·乔布斯说:"我们就像小杂货店的店主,一年到头拼命干,才攒那么一点财富,而他几乎在一夜之间就赶上了。"

史蒂夫22岁就开始创业,从一穷二白打天下,到拥有2亿多美元的财富,他仅仅用了4年时间。不能不说史蒂夫是一个创业天才。然而史蒂夫却因为从来都独来独往,拒绝与人团结合作而吃尽了苦头。

他骄傲、粗暴,瞧不起手下的员工,像一个国王一样高高在上,他手下的员工都像躲避瘟疫一样躲避他,很多员工都不敢和他同乘一部电梯,因为他们害怕还没有出电梯就已经被史蒂夫炒鱿鱼了。

就连他亲自聘请的高级主管——优秀的经理人,原百事可乐公司饮料部总经理斯卡利都公然宣称:"苹果公司如果有史蒂夫在,我就无法执行任务。"

对于二人水火不容的形势,董事会必须在他们之间做取舍。当然,他们选择的是善于团结员工、和员工拧成绳的斯卡利,而史蒂夫则被解除了全部的领导权,只保留董事长一职。

对于苹果公司而言,史蒂夫确实是立下了汗马功劳,是一个才华横溢的人才,如果他能和手下员工们团结一心,相信苹果公司是战无不胜的。可是他选择了特立独行,这样他就成了公司发展的阻力,他越有才华,对公司的负面影响就越大。所以,即使是史蒂夫这样出类拔萃的员工,如果没有团队精神,公司也只好忍痛舍弃。

随着企业规模的日益庞大,企业内部分工也越来越细。任何一个人,不管他有多么优秀,仅仅靠个体的力量来发展整个企业是不可能的。而且,个人的力量是如此有限,如果事事都亲力亲为,那么一定会把自己弄得十分疲惫。

所以,我们要善于合作,善于用人。单打独斗,刚愎自用的人前途将会暗淡无光。

## 没有人能独自取得成功

每到秋天来临,大雁南飞的时候,整齐的雁群一会儿排成"人"字,一会儿排成"一"字,它们之所以在空中不断变换队形,同它们的续航有着内在的联系。这是它们在长期适应中所形成的最省力的团队飞翔方式。

雁群以一字形或人字形列阵飞翔时,后一只大雁的一翼,能够借助前一只大雁鼓翼时产生的空气动力,使飞行省力。当飞行一段距离后,左右交换位置是为了使另一侧的羽翼也能借助空气动力缓解疲劳。

如果它只用自己的翅膀飞翔,没有一只鸟能飞得太久。分享共同目标和集体感的雁群可以更快、更轻易地到达它们想去的地方,就是因为凭借着彼此的冲劲、助力而向前飞行,同时继续"鼓舞"尾随的同伴,雁群飞翔比孤雁单飞增加了70%的飞行距离。而当一只孤雁即将脱离队伍时,它马上就会感到有股动力阻止它离开,借着前一个伙伴的"支持力",它很快就能回到队伍中。

更重要的,当一只野雁生病了,或是因枪击而受伤脱队时,另外两只野雁就会主动脱队跟随它,帮助并保护它。它们跟着落下的那只野雁一起落到地面,直到它能够再次飞翔或者死去。只有到了那时,另外两只野雁才会再飞走,或随着另一队野雁赶上它们自己的队伍。

正是由于为了共同的目标而相互协作,雁群才能够越过万水千山,最终回到它们的栖息地。

像大雁一样,人同样是群体的动物,离开了群体,人就不能健康成长。

许多20几岁的人由于家庭教育或者学校教育的缺陷,形成了封闭的性格,不愿与外界来往,心理上与世隔绝,逐渐丧失了接纳世界的勇气和信心。同时,也由于网络世界的开放,很多年轻人沉迷于虚拟的世界,独自一人在这个虚拟的世界里"自由"驰骋,逐渐脱离了人群,成为现代社会生活中的"异类"。

群居是人类的特性,现代人同样离不开群体,而且群体的组织形式也越来越发达。除家庭、社区外,还有学校、工厂、公司、军队、政府部门等具有严密组织的社会群体。人无法离开群体而生存,鲁宾孙式的孤岛生活是不现实的。

人类必须依赖相互间劳动成果的交换而存在。随着现代社会分工越来越细,社会作为功能交换的体系越来越发达。个人对群体的依赖虽然如旧,但个人对群体的选择性却越来越强。通过对群体的选择和确定,个人可以不断发掘自己的潜力,发挥自己的才能,拓展自己的发展空间。

20几岁的人适应社会和认识社会最好的方法就是走向某个社会群体,使自己社会化,承担社会责任,这意味着使自己成为社会的真正公民,使自己与社会相融合。

信息社会的一大特点是人与人之间的联系交流增多,人们可以通过各种途径增加交往的机会。发达的交通工具、便捷的通信网络等都让人与人之间的交往成为可能。

只要你想生存,想成功,你就离不开合作——各种各样的合作。只是合作的形式与合作的效率不同,仅此而已。

精诚合作、集思广益是人类最了不起的能耐,它不仅可以创造奇迹,开辟前所未有的新天地,也能激发人类的潜能,即使面对人生再大的挑战都不畏惧。两根木头所能承受的力量大于个体承受力的总和。俗语所说的"一根筷子容易断,十根筷子断就难"也说明了合作的力量。

从现在开始,加入你的团队吧!因为没有人——永远也不会有人能独自取得成功。

 # "车到山前必有路"是懒人的借口

> 我们相信"车到山前必有路"的规律,但在实际生活中,这句话并不适合20几岁的年轻人。很多人信奉顺其自然,其实是在拿这个当"护身符"和"挡箭牌",遇到什么困难,不是去认真想办法解决,而是能拖则拖,能挨则挨。"车到山前"的时候,重要的是给自己预先留一条路,这是你对自己负责的表现。

## 为消极等待制造的绝好借口

"车到山前必有路"经常会回响在年轻人的耳畔,当他们对未来的工作把握不准确的时候,或者没有一个清楚计划的时候,经常会说这句话来聊以自慰。可是事情真的是这样的吗?

世界上生活着这样一类人,他们似乎没有什么烦恼,也没有什么忧愁,他们的一生似乎都注定要等待、期盼,无数次的机遇从他们的手指间滑落,他们并不在意,因为他们把自认为是崇高无比的一句话挂在嘴边:"车到山前必有路。"他们对这句话是100%的忠诚,他们相信这句话可以帮他们克服一切困难,逃避一切责任。但是车到山前必有路,或许只是一种精神上的慰藉,它不代表长久,不代表一生一世。

当你遇到困难时,朋友可以安慰你,老师可以教导你,家人可以鼓励你。但是,最终解决问题的只能是你自己,在最紧要的关头,你也只能靠自己。

家明毕业在即,下一步应该怎么办,有很多的路摆在他面前。大学四年,家明对自己所学的专业并不满意,他想从事一个新的专业,可是他对这个新专业的知识了解得

并不多，用人单位又怎么会轻易地录用一个"门外汉"呢？他没有信心，于是，给自己制订了三套方案：第一，考研，继续学习自己的专业，拿到硕士学位，提高自身价值；第二，找一份自己所学专业的工作，放弃所有好高骛远的想法，老老实实地工作；第三，随便找份工作，半工半读，等到有一定经验之后再考虑转行。方案虽好，他却开始犹豫了，不知道到底该选择哪条路，甚至没有为选择做准备。时间一天天地过去，家明总会对自己说："不怕，车到山前必有路，到时候自然就解决了。"别的同学有的认真地为考研备战，有的已经和企业签约了，家明还是一天一天地等待着……

车到山前真的有路吗？家明会为自己的消极等待付出惨痛代价的。"车到山前必有路，船到桥头自然直。"如果这句古训已经在你的心中根深蒂固，那么你要马上跳出它为你设置的陷阱。

"车到山前必有路"是我们为自己的懒惰寻找的一个借口，本应该今天办的事情我们却推到明天；本应该当机立断作的决定我们却拖到以后，我们枕着它终日沉溺于缥缈的幻想之中，于是我们生命的光阴便一寸一寸地消耗在我们自以为逍遥无忧的日子中了。是的，我们习惯了等待，习惯了等待每一天发生奇迹，我们的意志就在这一次又一次的等待中日渐消磨。

可是有一天当你一个人来到山前的时候，你会惊讶而且沮丧地发现，矗立在你面前的山巍峨无比，根本没有你可以走的路。

这一事实告诉我们：遇到困难时，不能抱有"车到山前必有路"的侥幸心理，应该奋力拼搏，用自己的智慧和力量战胜各种困难，开拓出一条平坦大路。

## 脚踏实地，成功才会不请自来

天上不会掉馅饼，舒适的生活和高薪的工作都不是天上掉下来的，被动地等待是没有出路的，只有脚踏实地地积极行动才能换来成功的果实。

被称为"东方犹太人"的温州人，经商本领在全国都很有名。他们涉足社会各个行业，且都有所成就。人们一直想探究他们的"生财之道"，殊不知，敏锐的洞察力就是他们制胜的法宝之一。当欧盟最后决定推行使用欧元时，全球更多的人是在旁观，有人还在讨论欧元的前途如何。而温州人却已经测量了欧元的尺寸、样式，在加紧赶制专门用来装欧元的钱夹子，而这必然是推行欧元后欧盟民众都需要的。欧元推行之时，温州人做的钱夹子立刻占领了欧盟市场。

温州人的洞察力又一次为他们赢得了广阔的市场空间。

英国有一个叫弗兰克的青年，从小立志创办杂志。一天，弗兰克看见一个人打开一包纸烟，从中抽出一张纸片，随即把它扔到地上。弗兰克弯下腰，拾起这张纸片，那上面印着一个著名女演员的照片。在这幅照片下面印有一句话：这是一套照片中的一幅。烟草公司敦促买烟者收集一套照片，以此作为香烟的促销手段。弗兰克把这个纸片翻过来，注意到它的背面竟然完全空白。弗兰克感到这儿有一个机会，他推断：如果把附装在烟盒子里的印有照片的纸片充分利用起来，在它空白的那一面印上照片人物的小传，这种照片的价值就可大大提高。于是，他就找到印刷这种纸烟附件的公司，向这个公司的经理推荐自己的主意，最终被经理采纳。这就是弗兰克写作生涯的开始。后来，人们对小传的需要量与日俱增，以至于他不得不请人帮忙。于是他请来自己的弟弟帮忙，并付给其每篇5美元的报酬。不久，弗兰克还请了5名报社编辑帮忙写作小传，以供应印刷厂之需。最后他如愿以偿地做了一家著名杂志社的主编。

在以上两个例子中，其中的主角都曾经面对成功的机遇，他们的可贵之处在于没有在大好前景和积极的思路面前停步和等待，而是果断迅速地把想法付诸实践，通过一点一滴的努力，为自己赢得了成功，这种精神是我们应该学习的。20几岁的年轻人，不要再用"车到山前必有路"之类的名言欺骗自己了，珍惜你的大好时光，脚踏实地地努力进取吧！

# 每种性格都可能成功

很多人都以为，成功的人必定是开朗的、善言的、绅士的，如果自己性格内向或者不善言辞，就会认为自己天生就不是成功者，或者花很大的气力在改变自己的性格特点上，最终收效甚微。其实，每种性格都可能成功，关键是你能认识自己的性格，看清成功的含义。

## 也许你是下一个卡夫卡

19世纪末,一个男孩降生在布拉格一个贫穷的犹太人家里。随着男孩的长大,人们发现他性格十分内向、懦弱、敏感,防范和躲避的心理根深蒂固、不可救药。

于是男孩的父亲竭力想把他培养成一个标准的男子汉。希望他具有风风火火、宁折不屈、刚毅勇敢的性格特征。在父亲粗暴、严厉的培养下,他的性格不但没有变得刚烈勇敢,反而更加的懦弱自卑,并从根本上丧失了自信心。

这样的孩子,实在太没有出息了。你能够让他去当兵,去冲锋陷阵,去做元帅吗?不可能,部队还没有开拔,他也许就已当逃兵了。让他去从政吧!依他的智慧、勇气和决断力,要从各种纷杂势力的矛盾冲突中寻找出一种平衡妥当的解决方法,那更是可望而不可即的幻想。

在当时看来,这样懦弱、内向的性格,似乎注定了人生的悲剧,想要改变也无从下手。因为他的父亲已作过努力了。

但是,这个男孩后来成了世界上最伟大的文学家之一,他就是卡夫卡。

为什么会这样呢?原因很简单,就在于卡夫卡找到了"适合自己穿的鞋",找到了上帝为他的性格安排的职业。性格内向、懦弱的人,他们的内心世界也许很丰富,他们能敏锐地感受到别人感受不到的东西。他们是外部世界的懦夫,却是精神世界的国王。这种性格的人如果选择了做军人、政客、律师,那么,他就选择了做懦夫;但是如果他选择了在精神的领域开拓,那么,他就选择了做国王。卡夫卡正是选择了后者,他才在文学创作的领域里纵横驰骋,写出了《变形记》、《判决》、《乡村医生》、《地洞》等传世巨著。卡夫卡的文笔明净而想象奇诡,以对生活的巨大洞察力为后盾,其形式之怪诞彰显了艺术的独创性,20世纪各个写作流派纷纷追其为先驱。卡夫卡直到41岁死于肺病时才停止了自己的创作。

也许,今天的你就是明天的卡夫卡,为什么一定要将自己的才华浪费在毫无希望的方向上呢?找准自己的成功道路,你就等于是选择了成功。

## 走专属于自己的成功之路

美国职业足球教练文斯·伦巴迪当年曾被批评"对足球只懂皮毛,缺乏斗志"。

贝多芬学拉小提琴时,技术并不高明,他宁可只拉他自己作的曲子,也不肯做技巧上的改善,他的老师说他绝不是个当作曲家的料。

达尔文当年决定放弃行医时,遭到父亲的斥责:"你放着正经事不干,整天只管打猎,能有什么出息。"另外,达尔文在自传上透露:"小时候,所有的老师和长辈都认为我资质平庸,我与聪明是沾不上边的。"

爱因斯坦4岁才会说话,7岁才会认字。老师给他的评语是:"反应迟钝,不合群,满脑袋不切实际的幻想。"他曾遭到退学的命运。

罗丹的父亲曾怨叹自己有个白痴儿子,在众人眼中,他曾是个前途无"亮"的学生,艺术学院考了三次还考不进去。他的叔叔曾绝望地说:"孺子不可教也。"

托尔斯泰读大学时因成绩太差而被劝退学。老师认为他:"既没读书的头脑,又缺乏学习的兴趣。"

如果这些天才按照别人为他们设计的道路走,一辈子也不可能成才。只有走专属于自己的道路,不为他人的议论所左右,才能创造出自己人生的辉煌。

走专属于自己的成功之路,追求一种充实有益的生活,其本质并不是竞争性的,并不是把夺取第一看得高于一切,它只是个人对自我发展、自我完善和美好生活的追求。那些每天一早来到公园练武打拳、练健美操、跳迪斯科的人,那些只要有空就练习书法绘画、设计剪裁服装和唱戏奏乐的人,根本不在意别人对他们的姿态和品头论足,也不会因没人叫好或有人挑剔就停止练习、情绪消沉。他们的主要目的不在于当众展示、参赛获奖,而是自得其乐、自有收益,满足自己对生活和艺术的渴求。

年轻人一定要懂得的是:专属于自己的人生之路不在于你所取得成就的大小,而在于你能不受他人的影响,努力去实现自我,找到自己成功的最佳方式,从而获得成功。

# 等待机遇的垂青不如去创造机遇

> 不能得到像别人一样的机会、没有人帮助、没有人提拔、好的工作已经人满为患、高级的职位背后都是潜规则……总之,很多人都把自己的失意归结为怀才不遇。但我们看历史上成功的企业家、政治家们,他们大多出身贫寒,同样也缺乏机遇,他们却能有所建树。其实机遇并不是等来的,而是靠自己争取来的。

## 创造机遇才能更准确地把握机遇

我们都知道机遇只降临于有准备的头脑,只有做好了准备,才能在机遇经过时把握住机遇,但是那样多多少少有一种消极的意味。朝气蓬勃、积极向上的年轻人不能只等待机遇的到来,把握机遇的关键在于自己去创造机遇。世界上到处需要而恰恰缺少的,正是那些能够制造机会的人!

两个青年一同开山,一个把石块砸成石子运到路边,卖给建房的人;一个直接把石块运到码头,卖给杭州的花鸟商人。因为这儿的石头总是奇形怪状,他认为卖重量不如卖造型。三年后,他成为村里第一个盖起瓦房的人。

后来,不许开山,只许种树,于是这儿就成了果园。等到秋天,漫山遍野的鸭梨招来八方商客,他们把堆积如山的鸭梨成筐成筐地运往北京和上海,然后再发往韩国和日本。因为这儿的梨汁浓肉脆,纯美无比。就在村里人为鸭梨带来的小康生活欢呼雀跃时,曾经卖造型石头的那个果农卖掉果树,开始种柳。因为他发现,来这儿的客商不愁买不到好梨,只愁买不到盛梨的筐。五年后,他成为第一个在城里买房的人。

再后来,一条铁路从这儿贯穿南北,这儿的人上车后,可以北到北京,南抵九龙。小村对外开放,果农也由单一的卖水果发展为开始谈论果品的加工及市场开发。就在一些人开始集资办厂的时候,这个村民在他的地头砌了一座三米高百米长的墙。这座墙面向铁路,背依翠柳,两旁是一望无际的万亩梨树。坐火车经过这儿的人,在欣赏盛开的梨花时,会突然看到四个大字:"可口可乐。"据说这是五百里山川中唯一的一个广告。那墙的主人凭着这墙,第一个走出了小村,因为他每年有四万元的额外收入。

机遇在于创造,这位身处小山村的青年,凭着敏锐的智慧和开拓精神,实现了自己的理想!时机虽是超出人力控制的力量,但人在机遇面前,不应是被动的、消极的。许多成就大事的人,更多的时候,是积极、主动地争取机会,"创造"机会。

伟大的成就和业绩,永远属于那些富有奋斗精神的人们,而不是那些一味等待机会的人们。因此,20几岁的年轻人要善于把握生活中的每一个契机,自己创造机遇,才能得到机遇的垂青。

## 摸准时代的脉搏，开辟掘金领地

20几岁的年轻人只要想成功，就可以创造出成功的机遇，在致富上也是如此，只要你独具慧眼并紧握时代的脉搏，就可以为自己创造出掘金地，让你成为坐拥财富的精英。

人活在当下，也要懂得在当下创造出自己赢得财富的机遇。20几岁紧跟时代的你可以从以下几个领域入手。

**1．利用互联网进入富人的天堂**

网络时代有很多神奇之处，互联网也是穷人创业的天堂，它可以帮助我们走出贫穷的樊篱，实现致富的梦想。

那么利用网络投资赚钱的途径有哪些呢？

（1）利用网络赚广告费。

这是目前国内大部分站长的网络赢利模式，是能够很实在地让你赚到钱的模式，这个模式很简单，就是：争取流量，赚广告费！

（2）网络上开店。

网上开店是另一个网络赚钱的好方法，关于如何开一个成功的网站，归纳起来，无外乎以下几点：

第一，产品定位。网上小店与实物相差甚远。在网下，只要你的店位置不是太差，小生意就可以做得不错，而在网上做生意，就要另辟蹊径了。

第二，价格定位。在网上销售，没有店租的压力，没有工商税务的烦恼，只要能有好的货源，赚一块是一块。所以，价格一定要比网下便宜，不要太贪心，多参考别人的价格，能便宜尽量多便宜点。这样，会有很多想省钱的客人光顾，如果你的售后服务较好，那么就能发展一大批长期客户了。

第三，丰富产品。定位好产品价位后，在把握新、精、平的原则上，尽量多铺点货上去，因为每个来的客人，都希望自己所逛的店铺琳琅满目，产品丰富，而且产品多的话，还有一个好处，能根据信用和店里的货物数量获得相应的推荐位。所以，在你信用还很低的时候，能获得一个分类的推荐位，是有很大好处的。

第四，宣传销售。你的店也开了，产品也上了，特色也有了，但还是没有成交，怎么办？

首先，要在论坛宣传，签名档是最重要的东西，特别是有些论坛不让发广告，那就只有通过签名档来指引感兴趣的人到你店里来。

其次，去各省的省站论坛和各个大城市的城市论坛及各种专业论坛。如果该论坛有部分栏目可以发广告，就要精心制作一份精美的帖子，发到论坛上，并保持定期更新和置顶，让你的帖子始终处在栏目的第一页。

完成了以上几步，网络赚钱就很容易了。

网络赚钱的方法除了通过建立网站赚取广告费和开设网站之外，还有利用论坛、网上销售佣金、网络游戏赚钱等方式。

### 2．跟随宠物经济赚钱

宠物经济已经在我国悄然兴起，我们要抓住宠物经济赚取属于自己的财富。如何利用宠物经济赚钱呢？

（1）开家宠物食品店。

民以食为天，动物也不例外。现在宠物食品除了饼干、饲料、干燥鸡肉、鱼虾罐头等主粮外，还有给宠物们"换换口味"的休闲食品。

（2）开家宠物美容院。

开这样的店投资较大，不但要找到合适的店面，配备专门的设备，还得招聘专业人员。美容院提供的服务多种多样：如洗剪毛发、修爪子、烫染尾巴等，美容师还可以用宠物专用的精致器械和美容用品，在猫、狗宝贝出游前为它们化个靓妆。这些都为宠物美容院带来了可观的收益。

（3）办家宠物托儿所。

如果你有自己的庭院，又喜欢热闹的话，开家宠物"托儿所"是个致富的捷径。常言道"需求即市场"，现在有许多单身的都市白领常由于临时出差或阶段性工作太忙，无暇照顾宠物而一筹莫展。经营宠物寄养业务，由专职人员对"临时居民"精心调教喂养，让它们和其他同伴一起生活，既省去了主人的后顾之忧，又让小宝贝受到专业训练，一天的收费不过20~30元，当然广受欢迎。

### 3．发展懒人经济

这是一个懒人时代，人是越来越懒了，做任何事情都恨不得别人替自己准备得妥妥当当。比如，不愿意动手，天天订快餐吃；不愿意走路，恨不得将汽车开进卧室；不愿意动脑，大部分的著作缩成千字文才肯一读。作为一个现代经济社会的投资者，如果能紧紧盯住懒人的腰包，做懒人的买卖，就一定能赚大钱。

那么怎样发展懒人经济呢？

第一，要积极地寻找门路。这个其实很简单，因为可以偷懒的地方太多了。因此，只要有"赚懒人的钱"的意识，就不难从中发现赚钱的机会。

第二，方法要保持灵活。想要赚懒人的钱，并不一定要去开辟新的行业。有时候，只需要改善一下服务质量就可以提高营业额。例如，你开的是一家零售店，如果店面还算宽敞，可以摆几张椅子，让人坐一坐；也可以给那些懒得看商品使用说明书的人讲讲商品的性能及用法。这些都是行之有效的做法。

综上，只要你紧跟时代发展，独辟蹊径，创造并抓住投资的机遇，积极地进行有效的资源整合和投资，就能享受创新带来的丰富果实。

# 一切并没有你想象的那样难

> 年轻的资本就是拥有很多的时间和机会，年轻的不足就是经历得太少、未知的太多。当我们有机会去做出各种尝试的时候，总会因为对未来的不确定而害怕、忧虑、悲观。其实这都是阻碍自己发展的情绪，也都是自己臆想出来的障碍。你不去尝试，怎么知道结局是好是坏？你不经历，怎能了解它究竟有没有想象的那样恐怖？恐惧是我们每个年轻人面前的一张纸，只要你抬起双手去反击，就会发现一切并不如你所想的那么难以突破。

## 困难来自内心深处的恐惧

也许你遇到过这样的情况，当领导分配给你一项超出你工作能力范围的任务时，就会感到害怕，害怕不能如期完成，害怕不能达到领导的要求，害怕耽误自己的业绩，有了这些恐惧之后，你就会觉得困难重重，无论如何也不可能漂亮地完成将要做的工作。此时你所遇到的困难已经远远超过事情本身，恐惧一定会给你的工作造成很大的阻碍。

这种恐惧人人都有，许多年轻人也不例外。有些人简直对一切都怀着恐惧之心：他们怕风，怕受寒；他们吃东西时怕有毒，经营生意时怕赔钱；他们怕人言，怕舆论；他们怕困苦的到来，怕贫穷，怕失败，怕收获太少……他们的生命，充满了怕，怕，怕！

恐惧能摧残人的创造精神，足以消灭个性而使人的精神机能趋于衰弱。一旦

有心怀恐惧的心理、不祥的预感,则做什么事都会出现困难,也不可能有效率。恐惧代表着、指示着人的无能与胆怯。这个恶魔,从古到今,都是人类最可怕的敌人。

当整个心态和思想随着恐惧的心情而起伏不定时,干任何事情都不可能收到应有的成效。在实际生活中,真正的困难其实并没有想象中那么大。那些使得我们未老先衰、愁眉苦脸的事情,那些使得我们步履沉重、忧虑重重的事情,如果能以一颗积极的心对待,就都不算是什么困难了。

恐惧是人类最大的敌人。不安、忧虑、嫉妒、愤怒、胆怯等,都是恐惧的又一种表现。恐惧剥夺人的幸福与能力,使人变为懦夫;恐惧使人失败,使人流于卑贱;恐惧比什么东西都可怕。因此,克服恐惧,已成为每个人要面对和克服的问题。

恐惧纯粹是一种心理想象,是一个幻想中的怪物,一旦我们认识到这一点,我们的恐惧感就会消失。如果我们都被正确地告知,如果我们的见识广博到足以明了没有任何臆想的东西能伤害到我们,那我们就不会再感到恐惧了。

勇敢的思想和坚定的信心是治疗恐惧的良药,它能够中和恐惧思想,如同化学家通过在酸溶液里加一点碱,就可以破坏酸的腐蚀性一样。当人们心神不安时,当忧虑正消耗着他们的活力和精力时,他们是不可能获得最佳效率的,也是不可能事半功倍地将事情办好的。

所有的恐惧在某种程度上都与自己的软弱和力不从心有关,因为此时他的思想意识和他体内的巨大力量是分离的。一旦他开始变得心力交融,一旦他重新找到了让他自己感到满意和大彻大悟的平和感,那么,他将真正体味到做人的荣耀。感受到这种力量和享受到这种无穷力量的福祉之后,他绝对不会满足于心灵的不安和四处游荡,绝对不会再委靡不振。

恐惧虽然阻碍着人们力量的发挥,给我们做事情带来一定的困难,但它并非是不可战胜的。只要人们能够积极地行动起来,在行动中有意识地战胜自己的恐惧心理,就会减少我们做事情的畏难情绪,那它就不会再成为我们生活中的威胁了。

那么怎样排除恐惧呢?

排除恐惧三步骤:

首先,你要进行自我激励,不断地在自己内心里对自己说:没什么可恐惧的,我一定可以把事情做好。自我激励就是鼓舞自己作出抉择并且从事行动。激励能够提供内在动力,例如,本能、热情、情绪、习惯、态度或者想法,能够使人行动起来。

其次,行动起来,用事实克服恐惧。很多事情没有做的时候,常常会让人感到恐惧，恐惧给我们带来了很大的困难，但是一旦做起来，就不会再恐惧了。特别是事情做成功了，就可以克服恐惧，树立起信心。

再次，把事情的最坏结果想象出来，如果最坏的结果你能够承受，那么就没有必要恐惧了。比如，下岗了，又能怎样？我还可以有基本生活保障，不至于活不下去。我可以干自己想干的事情。

年轻人要认识到我们现在对生活的恐惧是早期没有获得信心的鼓励，这种恐惧不克服就会让我们做事情的时候产生更多的畏难情绪，严重影响我们今后的发展，在恐惧所控制的地方，是不可能获得任何有价值的成就的。所以，一个做事有"手腕"的人要想成功，就要改变自己、克服恐惧、肯定自己，这样才能将畏难情绪紧锁起来，才能获得更多的胜利。

## 绕过苦难直达目标需要积极暗示

积极的自我暗示能够不经意地影响我们的心理和行为，增强我们的自信心，从而事情也往往能向好的方向转变。

年轻的我们在参加某种活动或面临竞争时，一定要用积极的自我暗示使自己产生勇气、自信，争取产生意想不到的效果。

多年前，一个世界探险队准备攀登马特峰的北峰，在此之前从没有人到达过那里。记者对这些来自世界各地的探险者进行了采访。

记者问其中一名探险者："你打算登上马特峰的北峰吗？"他回答说："我将尽力而为。"记者问另一名探险者，得到的回答是："我会全力以赴。"

记者问第三个探险者，这个探险者直视着记者说："我没来这里之前，我就想象到自己能攀上马特峰的北峰。所以，我一定能够登上马特峰的北峰。"

结果，只有一个人登上了北峰，就是那个说自己能登上马特峰北峰的探险者。他想象自己能到达北峰，结果他的确做到了。

你自信能够成功，就会减少困难的阻碍，成功的可能性就会大为增加。每当你相信"我能做到"时，自然就会想出"如何去做"的方法，并为之努力。无论如何，我们都应该在实现目标之前进行积极的自我暗示，这样，我们就更容易成功。

我们的大脑存有两股力量，一股力量使我们觉得自己天生就能做伟人；另一股力量却时时提醒我们："你办不到！"这样一对矛盾的内部力量的斗争，在我们

遇到困境与失败时,会变得更加激烈。我们做人最大的敌人是自疑和害怕失败。它们经常扯我们的后腿,不让我们去尝试,或在失败后给我们以打击;它们吸取我们的能量,使得我们只能使用真正能力的一小部分。

许多时候,在我们人生的征途中,会觉得一切都完了,生活像走到了尽头,像人生的音乐从自己的生活中消失了。但是,其实音乐依然在我们心中。不论什么时候,不论在哪里,也不论我们的环境如何,我们的遭遇有多么的不幸,生活的音乐始终不会不见。它在我们的心里,只要我们注意听,我们就会发现它的美妙。

做任何事,不要在没做时就在心里制造失败,我们都要想到成功,要想办法把"必定会失败"的意念排除掉。这样我们才能克服畏难的情绪,积极向成功的目标迈进。

那么如何进行积极自我暗示呢?有没有什么技巧呢?以下是培养积极自我暗示的几种方法:

第一,每天用充满希望的语调谈每一件事,谈你的工作、你的健康、你的前途。对每件事采取乐观的看法。

第二,想着"我将要成功"而不是会失败。当你建立成功的信念后,你的才智会积极帮你寻找成功的方法。

第三,乐于接受各种创意。要丢弃"不可行"、"办不到"、"没有用"、"那很愚蠢"等思想渣滓。

第四,与自己亲近的人或好朋友谈谈心,请他们帮助你告别过去,让他们在你犯老毛病时提醒你注意。

第五,不要说"我就是这样",而说"我以前曾经是这样"。

第六,不要说"我也没办法",而说"只要努力一下,我就可以改变自己"。

第七,不要说"我一直是这样",而说"我一定要作出改变"。

第八,不要说"我天生就是这样",而说"我曾认为自己生性如此"。

# 卷 二

在我们这个世界上,许许多多的人都认为公平合理是生活中应有的现象。我们经常听人说:"这不公平!""因为我没有那样做,你也没有权利那样做。"我们整天要求公平合理,每当发现公平不存在时,心里便不高兴。

实际上绝对的公平并不存在,你要寻找绝对公平,就如同寻找神话传说中的宝物一样,是永远也找不到的。这个世界不是根据公平的原则而创造的,譬如,鸟吃虫子,对虫子来说是不公平的;蜘蛛吃苍蝇,对苍蝇来说是不公平的;豹吃狼、狼吃獾、獾吃鼠、鼠又吃米……只要看看大自然就可以明白,这个世界并没有绝对的公平。飓风、海啸、地震等都是不公平的,公平只是神话中的概念。人们每天都过着不公平的生活,快乐或不快乐,是与公平无关的。

# 手中的牌再坏也要玩下去

> 美国总统艾森豪威尔小的时候,有一天和妈妈玩纸牌,连续几次都抓了很坏的牌,他开始抱怨。妈妈说:不管牌怎样,你都该继续玩下去。人生也是如此,发牌的是上帝,不管怎样的牌你都必须拿着,接下来就要思考如何把这副牌打得更漂亮些,如何打这副牌才不会让自己遗憾。20几岁的年轻人所能做的就是尽你全力,求得最好的结果……

## 生活的主体是你自己

世界音乐王子迈克尔·杰克逊走了,上万人参加他的追悼会,全世界无数歌迷为他祈祷。尽管他出生于贫民之家,却走出了阶层和肤色的羁绊,在音乐的舞台上演绎出了自己的精彩。

在生活的舞台上,我们都是主角,如果能克服种种困难,我们也会演绎出自己的美丽。贝多芬为我们年轻人做了一个楷模。

经过多年的勤学苦练,青年贝多芬逐渐成长为一名优秀的音乐家,创作了数以百计的音乐作品。但从1816年起,贝多芬的健康状况越来越差,后来耳病复发,不久就失聪了。作为一个音乐家,失去了听觉,就意味着将要离开自己喜爱的音乐艺术,这个打击对他来说简直比被判了死刑还要痛苦。

他又开始了与命运的抗争。除了作曲外,他还想担任乐队指挥。结果在第一次预演时弄得大乱,他指挥的节奏比台上歌手的演唱慢了许多,使得乐队无所适从,混乱不堪。当别人写给他"不要再指挥下去了"的纸条时,贝多芬顿时脸色发白,慌忙跑回家,痛苦得一言不发。

在困厄中,贝多芬没有自暴自弃,他以极大的毅力克服耳聋带给他的困难。耳朵听不到,他就拿一根木棍,一头咬在嘴里,一头插在钢琴的共鸣箱里,用这种办法来感受声音。这样,他不仅创作出了比过去更多的音乐作品,还能登台担任指挥了。

1824年的一天,贝多芬又去指挥他的《第九交响乐》,博得全场一致喝彩,一共响起了五次热烈的掌声。然而,他却丝毫没有听到,直到一个女歌唱家把他拉到前台时,他才看见全场纷纷起立,有的挥舞着帽子,有的热烈鼓掌,这种狂热的场面,让贝多芬激动不已。

1827年3月26日,贝多芬在维也纳病逝。他一生创作了九部交响乐,其中尤以《英雄交响乐》、《命运交响乐》、《田园交响乐》、《合唱交响乐》最为著名,此外还有32首钢琴奏鸣曲,以及大量的钢琴协奏曲、小提琴协奏曲等。他一生为音乐的繁荣发展作出了巨大贡献。

"乐圣"以一生的波澜壮阔,传达着这样一句撼天动地的宣言:"我将扼住命运的咽喉,它绝不能使我屈服!"

在今天,世界上有太多的人只是一个玩偶,根本不是自己命运的主人。我家里太穷、我学历不高、没人帮我一把、这太困难了……勇敢一些,发挥自己的潜能,尽自己最大的努力做好每一件事情,你完全可以粉碎这些妨碍成功的借口!

## 不要半途而废,分步实现大目标

如果你想轻松打好人生这副牌,光有大目标做引导还不行,你必须一步一个脚印,制定每一个事业发展阶段的"短期目标"。

要达到自己的目标,需要把远期目标分解成当前可达到的目标。俗语说得好:罗马不是一天建成的。既然一天建不成辉煌的罗马,我们就应当专注于建造罗马的每一天。这样,把每一天连起来,终将会建成一个美丽辉煌的罗马。

美国有个84岁的老太太莫里斯·温莱,1960年曾轰动了美国。这位高龄的老太太,竟然徒步走遍了整个美国。人们为她的成就感到自豪,也感到不可思议。

有位记者问她:"你是怎么完成徒步走遍美国这个宏大目标的呢?"

老太太的回答是:"我的目标只是前面那个小镇。"

莫里斯太太的话很有道理，其实，人生亦是如此，我们每个人都希望发现自己的人生目标，并为实现这个目标而生活和工作。如果你能把你的人生目标清楚地表达出来，就能帮助你随时集中精力，发挥出你人生进取的最高效率。

所以如果我们不能一下子达到自己的目标，就应当将长期目标分解成一个个当前可达到的目标，"分段实现大目标"，最终就能顺利实现自己的目标。

25岁的时候，哈恩因失业而挨饿。他白天就在马路上乱走，目标只有一个，躲避房东讨债。一天他在42号街碰到著名歌唱家夏里宾先生。哈恩在失业前，曾经采访过他。但是，他没想到的是，夏里宾竟然一眼就认出了他。

"很忙吗？"他问哈恩。

哈恩含糊地回答了他，他想他看出了他的遭遇。

"我住的旅馆在第103号街，跟我一同走过去好不好？"

"走过去？但是，夏里宾先生，60个路口，可不近呢。"

"胡说，"他笑着说，"只有五个街口。是的，我说的是第六号街的一家射击游艺场。"这里有些所答非所问，但哈恩还是顺从地跟他走了。

"现在，"到达射击场时，夏里宾先生说，"只有11个街口了。"

不大一会儿，他们到了卡纳奇剧院。

"现在，只有五个街口就到动物园了。"

又走了12个街口，他们在夏里宾先生的旅馆停了下来。奇怪得很，哈恩并不觉得怎么疲惫。夏里宾向他解释为什么要步行的理由：

"今天的走路，你可以常常记在心里。这是生活中的一个教训。你与你的目标无论有多遥远的距离，都不要担心。把你的精力集中在五个街口的距离。别让那遥远的未来令你烦闷。"

不要迷失自己的目标，每次只把精力集中在面前的小目标上，这样，遥不可及的目标便在眼前了。

目标的力量是巨大的。目标应该远大，才能激发你心中的力量，但是，如果目标距离太远，我们就会因为长时间没有实现目标而气馁，甚至会因此而变得自卑。所以我们实现大目标的最好方法，就是在大目标下分出层次，分步实现。

在现实中，我们做事之所以会半途而废，往往不是因为难度较大，而是因为觉得成功离我们较远。确切地说，我们不是因为失败而放弃，而是因为倦怠而失败。只有把大目标化成小目标，尽力完成每一个阶段目标，才能取得人生的胜利。

 # 不读书的人生没有未来

> 有思想的人容易寂寞,幸好我们有书可读。读书,不仅能提升人生境界,开阔视野,增加智慧,更能为我们独一无二的灵魂寻找伴侣。温家宝在2009年世界读书日上强调要全民阅读。20几岁的年轻人更要加入读书的行列,我们不要把读书当做一种形式,要当做一种习惯。打开书之前,你也许还觉得无助,但是合上书本,你会发现自己又得到了重生。

## 一生都要不断地学习

"活到老,学到老"不是一句夸夸其谈的话,它是一种智慧。不断学习的人才会保持自己头脑的灵活,才能保证自己的思想向前不断地跨越。因此,20几岁的我们要养成不断学习的习惯,保持这种习惯会帮助你走向成功。系山英太郎的经历为我们做了很好的榜样。

系山英太郎,一位在日本政商界呼风唤雨的显赫人物,30岁即拥有了几十亿美元的资产;32岁成为日本历史上最年轻的参议员。2004年《福布斯》杂志全球富豪排行榜上显示,系山英太郎个人净资产49亿美元,排行第86位。他的赚钱秘诀何在?系山英太郎回答道:"善于学习是制胜的法宝。"系山英太郎一直信奉"终身学习"的信念,碰到不懂的事情总是拼命去寻求解答。通过推销外国汽车,他领悟到销售的技巧;通过研究金融知识,他懂得如何利用银行和股市让大量的金钱流入自己的腰包……即使后来年龄渐长,系山英太郎仍不甘心被时代淘汰。他开始学习

电脑，不久就成立了自己的网络公司，发表他个人对时事问题的看法。即使已进入老迈之年，系山英太郎依然勇于挑战新的事物，热心了解未知的领域。

正是凭借终身学习，系山英太郎让自己始终站在时代的潮头之上。所以，如果你想事业有成，如果你想使自己的人生富有意义，那么就从现在开始，将终身学习作为你一生的护照吧！

在工作和生活中，我们只有不断地学习才能保证自己优秀的能力。任何一个人，即使在某一方面的造诣很深，也不能够说彻底精通、彻底研究全了。"生命有限，知识无穷"，任何一门学问都是无穷无尽的海洋，都是无边无际的天空……所以，谁也不能够认为自己已经达到了最高境界而停步不前、趾高气扬。如果是那样的话，则必将很快被同行赶上，被后人超过，优越的地位也会逐渐丧失。

皮特·詹姆斯是美国广播公司晚间新闻的当红主播。在此之前，他曾一度毅然辞去人人艳羡的主播职位，到新闻的第一线去磨炼自己。他做过普通的记者，担任过美国电视网驻中东的特派员，后来又成为欧洲地区的特派员。经过这些历练后，他重新回到美国广播公司主播台的位置。

而此时的他，已由一个初出茅庐的略微有点生涩的小伙子成长为成熟稳健又广受欢迎的主播兼记者。

皮特·詹姆斯最让人钦佩的地方在于，当他已经是同行中的优秀者时，他没有自满，而是选择了继续学习，使自己的事业再攀高峰。

一个要求自己不断进步的人，无论处于职业生涯的哪个阶段都会把不断学习当成自己的一项重要习惯。因为他们清楚自己的知识对于所服务的机构而言是很有价值的，正因为如此，他必须好好自我监督，不能让自己的技能落在时代后头。因此，当你的工作进展顺利的时候，要加倍地努力学习；当工作进展得不顺利，不能达到工作岗位的要求，那你更要加紧学习的进度。在瞬息万变的现代社会里，"学习"是我们为自己开创一番天地的利器。当我们试图通过学习超越以往的表现时，我们才能真正走向成功。

## 像白岩松一样阅读

严文井说："读书，人才更加像人。"是的，在更多的时候，读书不只是与金钱、地位相连，它是人的风骨的基石；它是文明的卫士，守卫在没有痰迹的风景线上；它是我们行为风范的精灵，不会使我们把商品和零钱扔给柜台外边的顾客，惹恼了他们后，还不知道为什么；它也是青春智力的储存器，使我们未来不至于像自己的父母一样，送给孩子一本书，上面画满强调线的却全是新人们认为最不深刻的地方；它也是人类经验的车船，就像培根描述的一样："如果船的发明被认为十分了不起，因为它把财富、货物运到各处，那么我们该如何夸奖书籍的发明呢？书像船一样，在时间的大海里航行，使相距遥远的时代能获得前人的智慧、启示和发明。"

但是在这个快节奏的时代中，很多人在抱怨没有时间来阅读或者抱怨学习的环境太差，其实这都是非常拙劣的借口。只要你能养成阅读的习惯，读书跟环境和时间没有关系。我们要学习白岩松那样的读书习惯。

说出来大家也许不信，白岩松每天最少有两三个小时是专门用来阅读的。他的阅读分成三个层面，第一是每天为工作而阅读，第二是为职业而阅读，第三则是为自己而阅读。他觉得，除了需求阅读、职业阅读，还需要一种与时代无关的阅读，而这种阅读才是最重要的。

今天，对于20几岁的我们来说，不该停止阅读与自己专业相关的书，以使自己把手头上的活儿做得出类拔萃；也不该连一本有关生命意义的书也不看，那样我们会渐渐失去做人的深度。

总之，读书可以使人明心、清脑、益智、养气。明心指读书可以开阔人的心胸，涤荡人的灵魂；清脑指读书可以拓宽人的思路，开阔人的视野；益智指读书可以增长人的智慧和才干；养气则指读书能陶冶人的情操，提高人的自身修养和气质。

20几岁的时候，必须要求自己每天阅读半小时。滋润心灵的精神食粮，永远不会嫌多。而读书，是滋润心灵、完善自我的唯一途径。读书也是讲究方法的，我们在阅读的时候要注意以下几点：

### 1. 博采众长

读书需要广涉群科、博采众长。宽打基础窄打墙，是读书的方法之一。20几岁的我们，欲在任何一个领域中有大的建树，博通是必行之路。科学和艺术看来是相距甚远的领域，可也有许多相通之处。诺贝尔奖获得者格拉索在回答"如何才能造就好的科学家"的提问时，答道："往往许多物理问题的解答并不在物理范围之内。涉猎多方面的学问可以提供广阔的思路，如多看看小说，有空去逛逛动物园也

会有好处，可以帮助提高想象力，这和理解力、记忆力同样重要。假如你未看过大象，你能凭空想象得出这种奇形怪状的东西吗？"

### 2．莫做书奴

书，本应是人的奴仆，为人所用。可有时却相反，因为有的人却成了书的奴隶，这不能不令人痛惜。不顾实际、死啃书本的人，甘做书奴，他读书越多，就会变得越痴呆，使他深受书之害。因此，要善于驾驭书本，居高临下地读，而不要将自己埋进书本之中，被书淹没。你应占有书本，而不能为书本所左右、被它占有。有书就要去读，达到为我所用。有了书而不去阅读，那是莫大的悲哀。

### 3．择优而读

读书，需要选择。试想：一个经常在阅读沉思中与哲人、文豪倾心对话的人，与一个只喜爱读凶杀言情故事和明星花边逸闻的人，他们的精神空间是多么不同，他们显然是生活在两个不同的世界中。

在茫茫书海中，我们要力求寻觅上乘之作、经典之作，要多读名著，多读"大书"。所谓经典名著、"大书"，需要经过时间的沉淀和筛选。一些社会学家曾做过统计，其结论是：至少要横穿20年的阅读检验而未曾沉没，这样的著作方有资格称为经典、名著。择优读书，需要一种选择。我们应汲取前人的经验，将读书效率提高一个层次。

关于读书择优之理，德国哲学家叔本华早就指出：要坚持宁缺毋滥的原则，拒绝坏书。"应该去读那些伟人的、或已被事实证明是好书的名著"，只有这样，才能真正称得上开卷有益。

 ## 拓展人脉是人生的一项长期任务

一位成功人士曾说过："一个人的成功，20%来自自身的努力，而80%在于人际关系。"人际关系网对一个人事业的成败及工作的好坏具有极大的影响。而年轻人的人际关系还处于一个薄弱的环节，建立稳固的人际关系是一个长期的任务，用心经营，才能在社会中游刃有余。

## 别错过值得上香的"冷庙"

俗话说:"平时不烧香,临时抱佛脚。"那样佛祖虽灵,也不会帮助你。因为你平常心中就没有佛祖,有事再来求,佛祖怎会当你的工具呢?所以我们求神,应在平时。表明自己完全出于敬意,而没有功利的目的;一旦有事,你去求,佛祖念你虔诚,也不致拒绝。

年轻人做人往往过于功利,平时对人不冷不热,甚至还冷嘲热讽,有事时却换了副脸孔,又是送礼,又是送钱,显得特别热情,但这样的人做人往往很难成功。在聪明人的眼中,你只是把他当做了利用工具,如果你想比聪明人更聪明,就一定要用点"心机",平时多多去"冷庙烧香",急时便自有"神仙"相助。

一个人是否能发达,要靠很多的元素影响,比如机遇。你的朋友当中,有没有怀才不遇的人?如果有,这个朋友就是"冷庙",对他,你应该常常联系,甚至伸出援助之手,一旦他东山再起,就会成为你的知己。

很显然,人与人之间的关系会随着平时联络的增加而加深,久不见面的朋友自然会日渐疏远。建立人脉,就是要把朋友都兼顾到。

虽然身为上班族,但也不要一天到晚都埋在办公桌前,不论多么忙碌的人,也总会有吃饭的时间和休息的时间。至于那些从事业务工作的人,更是整天都在外面奔跑,这样更可以利用机会,联络那些久疏联络的朋友。至于整日守在办公桌前的人,则不妨利用午餐时间,与在同一地区工作的朋友共进午餐。如果没有时间吃饭,一起喝杯咖啡也可以。如果彼此的距离稍远,坐计程车去也没关系,反正不过是一个月一次的联谊。那些斤斤计较这些小钱的人,很难拓展自己的人际关系。虽然上班族的收入很有限,得靠省吃俭用才能存一点钱。但是,因此而失去了与朋友来往的机会,那可就得不偿失了。

在外面奔波的人不妨利用机会顺路探访久未见面的朋友,即使是五分钟也可以;或是利用中午休息时间和对方一起吃顿便饭。虽然只有短短的五分钟,但却对保持联系非常重要。

下班后,大家一起喝杯茶。不论是迎新送旧还是大功告成,找各种理由一块儿聚聚,这不只是大家互相联络感情,也是松弛一下神经的好机会。人原本就有喜新厌旧的本性,比起早已熟知的朋友,新朋友更能吸引我们的注意力。

对人情的投资,最忌讳的是急功近利,因为这样就成了一种买卖,说难听点就是一种贿赂。如果对方是有骨气之人,更会感到不高兴,即使勉强接受,也并不

以为然。日后就算回报,也是得半斤还八两。

平时不联络,事到临头再来抱佛脚是来不及的。人脉不只在建立,也要重视平时的经营,否则时间长了,人脉也变成了冷脉。

## 一回生,二回不一定熟

朋友是一种难得的遇见,对于这种难得遇见的朋友要谨慎对待,见一面是缘分,能否成为真正的朋友,还需要时间来验证,也需要双方的磨合,不可操之过急,否则会产生尴尬的局面。

有一次,布朗先生参加一个社交聚会,交换了一大堆名片,握了无数次手,最后却搞不清楚谁是谁。

几天后,他接到一个电话,原来是几天前见过面,也交换过名片的"朋友",因为那位"朋友"名片设计特殊,让他印象深刻,所以他记住了。

这位"朋友"也没什么特别的目的,只是和他聊聊,好像两人已经很熟了一样。

布朗先生不大高兴,因为他和那个人没有业务关系,而且只见了一次面,那人就这样打电话来聊天,让他有被侵犯的感觉。同时,也不知该聊什么好。

在现代社会中,这种情形常会出现。对这位"朋友"而言,他有可能对布朗先生的印象颇佳,有心和布朗先生交朋友,所以主动出击,也有可能是为了业务利益而先行铺路。但不管出于什么样的动机,他采取的方式犯了人际交往中的忌讳——操之过急。

拓展人际关系是名利场上的必然行为,但在社会上,有一些法则还是必须注意,才能达到预期的效果,而不致弄巧成拙。

这个法则为"一回生,二回半生不熟,三回才全熟",而不是"一回生,二回熟"。"一回生,二回熟"还太快了些,"一回生,二回半生不熟,三回才全熟"则是渐进的,而且是长期的、对方不知不觉的。之所以要"一回生,二回半生不熟,三回才全熟",原因如下:

一是每个人有戒心,这是很自然的反应。一回生,二回就要"熟",对方对你采取的绝对是"关上大门"的自卫姿态,甚至认为你居心不良,因而拒绝你的接近,名人、富有或有权势之人更是如此。

二是每个人都有"自我",你若一回生,二回就要"熟",必定会采取积极主动的态度，以求尽快接近对方。也许对方会很快感受到你的热情，也给你热情的回应，可是大部分人都会有自我受到压迫的感觉，因为他还没准备好和你"熟"，只是痛苦地应付你罢了，很可能第三次就拒绝和你碰面了。

"一回生，二回熟"的缺点还不只上面提的两点。因为你急于接近对方，所以很容易在不了解对方的情形下，以自己为话题，以此来持续两人交谈的热度，这无疑是暴露自己，若对方不是善类，你岂不是自投罗网吗？

在现代社会生存发展，的确需要拓展人际关系、积累人脉，但朋友的交往是需要时间的，太过心急，只会引起对方的反感。所以，建立人脉关系也要循序渐进，一步一步慢慢接触，这样拓展出的人脉才是稳定的。

## 绕过人脉误区，增加成功筹码

在拓展人脉和经营人脉的过程中，有些人往往陷入一些误区，致使人脉关系紧张，阻碍自己的发展。20几岁的年轻人，只有远离这些误区，才会获得人际关系的和谐，为自己的成功增加筹码。这些误区主要表现在：

**1．小肚鸡肠**

日常生活、工作中，嫉妒是无时不有、无处不在的。嫉妒的形式也是多种多样的。朋友之间，同事之间，同学之间，甚而兄弟姐妹之间，都会出现嫉妒现象。由于每个人所处的社会背景、家庭环境不同，所获得社会和他人的评价也就相应不同。人在一起工作、生活，自然要相互攀比，而嫉妒也就是通过比较，看到他人的卓越之处，看到他人的成功之处，而使自己产生了羡慕、苦恼和痛苦，于是对别人的才能、地位、名誉优越于自己而产生了恨意。

其实，嫉妒心往往是一个人才能、意志不足的体现。伏尔泰说："凡缺乏才能和意志的人，最易产生嫉妒。"因为自己技不如人，就只能用嫉妒的心理去排解心中的不满。一旦任由嫉妒心理发展，你就会疏远那些各方面比自己强的人，到头来不仅孤立了自己，而且也阻碍了自己的发展。

**2．孤芳自赏**

人类是群居的动物，谁都不能离群独居，既然我们是社会中的一分子，就不该与社会的纪律背道而驰，就不能不顾他人的利益，为所欲为。生活在这样复杂的社会中，必须尽可能与其他人，如上司、同事、下属等，齐心协力地开拓业务，使自己的生活更加和谐。

世界上没有全才。有人可能在建筑上有所建树，有人可能在文学上有所作为，也有人在政治上能闯出一片天地。正因为有人这一方面是行家，有人那一方面是专家，世界才这么和谐。

所以，要能正确地看待自己和别人，要有一种合作精神和团队精神。

### 3．实话实说

在人际交往中，我们要明白一点，真诚的核心和灵魂是利人，也就是与人为善。如果对别人来说，"谎话"更合适、更容易接受，又不会伤害任何人的利益，我们不妨放弃对"完全诚实"的执著。

实话实说，不是有话就说；实话实说，也不能有话就藏，而是要说与藏结合，而且是建立在有利于大家的公共利益基础上的。

聪明人知道，人无论处在何种地位，无论在哪种情况下，都喜欢听好话，喜欢听到别人的赞美。希望自己的努力得到他人和社会的认同，这也是人之常情。会为人处世的人，此时必然避其锋芒，即使觉得他干得不好，也不会直接说出来。实话实说，一定要说到点子上，让它起到画龙点睛的作用。

### 4．形影不离

朋友之间相互的磁场力不管有多大，他们毕竟是两个不同的个体，彼此所处的背景不同，人生阅历也不同，他们的人生观、价值观也必然存在着一定程度的不同。正如一对处于蜜月期的新婚男女一样，当两个人的距离逐步缩减为零时，彼此的差异和缺点也就会越来越明显地暴露出来，于是，求同的动力变小，从尊重对方到容忍对方再到指责对方，难免会在相互的摩擦中伤及情感。朋友之间也只有适当地保持距离，才能更容易贴近彼此的心灵，产生友情的共鸣。

在与朋友的相处中，我们要注意对以下几个问题的处理：

（1）分享隐私。

和朋友可以分享隐私，但即使是最好的朋友，也要注意给自己保留一定的隐秘空间。谁也不能保证友情能永远维持，一旦某天你们分道扬镳，甚至成为敌人，这种毫无保留的隐私分享所带来的后果将是灾难性的。

（2）利益均衡。

人与人之间的关系多半是建立在利益基础上的，只有互惠互利，才能使关系维持长久。朋友之间如果遇到利益问题的时候，更要谨慎处理。如果利益不均，友情则很容易瓦解。

（3）控制时间。

朋友之间的日常相处最好不要"一刻也不能分开"，夫妻之间尚且"小别胜新婚"，朋友之间更要注意相处的尺度，注意保持距离。

### 5．单枪匹马

人脉圈中有这么一种人，他们像狮子一样，能力超群，才华横溢，自以为比任何人都强，连走路的时候眼睛都往上看。他们藐视人生规则，不把朋友的忠告当回事，甚至连上司的意见也置若罔闻，在以团队合作为主的人群里，他们几乎找不到一个可以合作的朋友。

一滴水，只有融入大海，才永远不会枯竭；一个员工，只有充分地融入整个企业、整个市场的大环境当中，能力才能得到充分的发挥，才能创造更大的经济效益。所以，请把个人的目标融入集体中吧，单枪匹马闯天下的时代已经过去，现在需要的是合作。

### 6．一视同仁

在人际交往中，会遇到各种各样的人，你的朋友也必定是涉及各行各业、各个阶层的，当然，无论什么样的朋友，你都应该把他存入你的人脉存折，但是切忌一视同仁，要学会将朋友分等级，不同等级不同对待。

把朋友分等级，的确需要你费些脑筋，每个人都有主观的好恶，因此有时会把一片赤心的人当成一肚子坏水的人；也会把凶狠的敌人看成友善的朋友，以至于旁人提醒时自己仍然很执著，非等到被朋友害了才如梦初醒。当你思想上做好了分等级的准备时，交朋友就会比较冷静客观，可把朋友对自己的伤害减到最低！要把朋友分等级，对那些十分注重感情的人可能比较难，因为这种人往往在别人尚未把自己当朋友时，就已投入了感情，而且把朋友分等级，也会让他们觉得有碍情感的发展。

但是，将朋友分等级，不同等对待，是拓展人脉、经营好人脉十分关键的一课。

### 7．夜郎自大

"夜郎自大"者，不知天高地厚，也不知道山外有山，天外有天，盲目自大。人的某种盲目性的产生，往往是因为他们对某种事物缺乏深刻的了解。人的高傲或者自卑，也是由于他们对自身缺乏一定的了解所致。实践证明，人们只有对自己有了透彻的了解，才会将自己置于恰当的位置，才能有自知之明。

"有许多事我以为是对的，但是试验之后，我却发现自己错了，因此我无论对什么事都没有一种很自信的判断。如果某事临时使我觉得不对，我便可以马上抛弃自己原有的观点。"这是科学家爱迪生的表白。

作为普通人的我们，自己的能力是有限的，更要善于把别人的看法巧借过来为我所用，对于别人中肯的意见一定要虚心接受，一个好的建议说不定就可以壮大自己。

这里有一条很重要的原则应该记住：自信很重要，但千万不能让自信转为自负。

### 8. 随心所欲

朋友之间，不必事事小心，句句留神。但是不拘小节，不知避讳，只图自己痛快，不管朋友难堪和反感，也是不足取的。俗话说：病从口入，祸从口出。为了保持和增进友情，千万注意在说话时不要只顾自己一时尽兴而触犯朋友的"逆鳞"。

20几岁，在与人交往的时候，我们不仅应避免触动别人的忌讳之点，同时也应注意不要提及与其忌讳之点相关联的事情，以免引起对方的误会，使对方的自尊心受到无谓的伤害，从而影响自己的人际关系。只有巧妙地绕过人脉误区，才可以更好地编织你的人脉关系网。

# 时代要求你"攀龙附凤"

> "攀龙附凤"常被年轻有为的人所不齿，但实际上，"攀龙附凤"者未必都是一无是处的人，恰恰很多善于结交贵人为我所用的人，是气度不凡、才华出众的。在以人为纽带的世界，"贵人"是其中最关键的几个枢纽，只有"攀"上了这些贵人，你才能以此为基点，向更远的地方辐射你的影响力。这是在以人际关系为网的社会中生存的一种方式。

## 怀才若有遇，需靠贵人助

20几岁的年轻人谁也不希望自己的才能被淹没，都希望避免怀才不遇的窘境。但是如何才能避免竹林七贤、李商隐和吴敬梓那样怀才不遇的遭遇呢？那就需要结识一些贵人，让他们的资助和提拔带我们走向一条康庄大道。

那么什么是贵人呢？所谓"贵人"通常是对你的职业具有真知灼见的商界长辈，这些人可以作为你的向导、靠山、顾问和赞助者。"贵人"可以是有意识地组织起来的，也可以是遇到麻烦的时候无意中碰到的。

中国有"贵人"之说，即是一种在人生中出现"值得尊敬之人"的思想，它所说的贵人，大致都是身份比自己高或学识渊博者，德高望重者，有钱人等。而我们这里所说的"贵人"，是公司里身居高位的人，或者是令公司里掌权人物崇敬的人。这些人经验、专长、知识、技能出众，让他们扶上一把，有时可以省很多力。个人的努力像爬楼梯一样，脚踏实地，而遇上这些贵人，就相当于乘上了电梯。

这样的事情，在人生中总会有几次。因为乘上了电梯，会一下子达到与以前完全不同的世界。

美国前总统克林顿在成名之前，立志想当音乐家。可是，在白宫遇见了当时的美国总统肯尼迪之后，他的人生方向发生了改变。他放弃了当音乐家的梦想，立志走政治家的道路。肯尼迪在他的人生事业中发挥了非常大的作用。如果没有肯尼迪，也许就没有前总统克林顿，充其量会多了一个著名的音乐家。可以说肯尼迪是克林顿的"贵人"。

世界成功学权威安东尼·罗宾的事业也是因为碰到了生命中的贵人吉米·罗恩的帮助，吉米·罗恩帮他走上了研究成功学的道路。可以想象，当年如果没有吉米·罗恩的引导、提携，他可能还是一个普通人。

李鸿章早年屡试不第，他一度郁闷失意，然而1859年他却受到了命运之神的眷顾，从一个潦倒失意之人一跃成为湘系首脑曾国藩的幕僚，从此他的宦海生涯翻开了新的一页。

有人曾在很多公司中做过统计，发现90%的中、高层领导有被贵人提拔的经历；80%的总经理要得贵人赏识才能坐上宝座；自行创业成功的老板100%受恩于贵人。

所以，要想迅速成就一番大事业，光靠自己一方面的力量是不够的。要善于为自己寻找贵人，借贵人之力成就自己。

比尔·盖茨刚开发计算机软件的时候，名不见经传。他就是借IBM这条大船的声势扬帆出海的。

IBM一直是巨型计算机的"蓝色巨人"，但由于漠视了微机的发展，致使苹果电脑侵入市场。为了与对手争市场，1979年，IBM着手开发微机，并放弃了完全以自主技术来生产计算机的方式，决定采用市场上的现有技术。IBM为自己的微机选择操作系统和编译程序，先找了美国海军研究院计算机教授基尔道，他研制出的微机上市后广受欢迎，基尔道乘机索要高价。IBM没办法，这才转而找到盖茨，虽然盖茨并没

有开发过微机操作系统,但他立刻表示会为IBM专门设计一套,要价很低。只希望自己将来还可以向其他客户销售略微修改的操作系统版本,这一要求被认可。盖茨就利用西雅图计算机公司的成果,又利用了IBM遍布全球的营销力量,为日后成为"世界首富"创造了机会。

在当今社会里,这种靠贵人资助而使自己的事业步步高升的经验同样值得我们借鉴。贵人的资助和提拔往往就是强有力的敲门砖,能够为我们赢得机会和广阔的舞台。

很多贵人都有眼光,有超前意识,能看出被资助人未来的发展趋势。当初孙正义投资雅虎的时候,没人看好互联网这种东西,杨致远还是刚毕业的大学生,雅虎还只是个概念。但孙正义听了杨致远的远景描述,为他的构想所打动,毅然决定投资。

所以,现在欲施展抱负的你,如果还没遇到你生活中的贵人,就要意识到在世上还有很多比自己身份高的人。遇到这样的人时,要保持谦虚之心,要一心一意地去追求。这样就不会错过贵人资助的机遇,并使之成为改变自己命运的良机。

## 寻找贵人的几种捷径

生活中,任何人都希望能够借贵人之势,为自己求得某种利益。但是,贵人分许多种,他可能是政界名人,也可能就是你身边的上司。而你的目标也有许多个,或许为名,或许为利,也或许是为了生活中迫切需要解决的问题。那么如何才能攀附上这些贵人,得到他们的帮助呢?其实这也是有捷径可循的,我们年轻人要把握住以下这五种方式:

### 1. 攀附贵人,首先要让贵人认识你,引起他的注意

宋朝,有人假造魏国公韩琦的信去见蔡襄,蔡襄虽然有所怀疑,但是他性情豪放,就送给来者三千两银子,写了一封回信,派了四个亲兵护送他,并带了些果物赠送给韩琦。这个人到京城后,拜见韩琦,承认了假冒的罪责。韩琦缓缓地说:"君谟(蔡襄字)出手小,恐怕不能满足你的要求,夏太尉正在长安,你可以去见他。"当即为他写了封引荐信。韩琦的门人对此举表示疑惑不解,觉得不追究伪造书信的事就已经很宽容了,引荐的信实在不该写,韩琦说:"这个书生能假冒我的字,又能触动蔡君谟,就不是一般的才气呀!"这人到了长安后,夏太尉竟起用他做了官。

冒名顶替，在古代是有杀头之罪的，虽然这一招够险，可这个人有胆有识。他冒死结识贵人，进入贵人的视线，得到了贵人的欣赏和提拔，总比自己一步一步地往上爬省劲得多。

**2. 要得到贵人的重视和关爱，就必须采取主动**

俗话说："老实人吃哑巴亏，会哭的孩子有奶吃。"在同等条件下，两个同事工作都勤恳认真，业绩也不相上下。但在分房时，一个"有苦难言"对领导只提了一次要求，虽然自己结婚好几年，三口人挤在一间破旧的平房里，希望领导能照顾自己。但另一位却三天两头地找领导诉苦，结果被优先考虑，而他的那位老实巴交的同事却只能眼巴巴地看着别人住进宽敞明亮的新房。

有些人认为向领导要求利益，会影响自己在他心目中的形象，因此只会埋头苦干，而事实上，领导也会把手中的利益作为一个笼络人心、激励下属的手段。只要自己尽心尽职地做好本职工作，采用合适的方法主动争取领导的帮助，不但能解决自身的实际问题，还能够加深与领导的感情。

另外，和贵人攀关系，求领导办事，一定要掌握分寸，只有关系到你的切身利益，而又不影响对方面子的事才有可能得到帮助。

**3. 结交贵人，要掌握好技巧**

依靠贵人办事，如果能得到对方的认可，做起事来自然如同顺水行舟。省心省力的同时，也更容易达到自己的目标。所以，在了解贵人的基础上，投其所好，主动逢迎，这是一举两得的好事，一来博得了贵人的赏识，赢得了贵人的欢心，让贵人喜欢你；二来得到了贵人的相助，这才是真正的目的所在。

结交贵人，也是要讲究技巧的，无外乎两种方式：以物予之，以情感之。第一种主要是指根据贵人的喜好赠送礼品。送礼品时一定要注意，不能选太过昂贵的，不能送得太频繁，只能偶尔为之。第二种是把握贵人的心理、兴趣爱好，从情感上接近他。注意把握火候、分清眉高眼低，不引起反感。

**4. 恰当的恭维让贵人乐于助你**

贵人也是人，自然也就有着普通人的弱点。因此，恰当的恭维也能起一定的作用，选择正确的恭维方式对于找贵人办事来说，甚至能起到决定性的作用。

有一个政客，想在东北谋一个美差，曾经请了个有势力的大老板，把他推荐给张作霖，结果无功而返。有一次他遇到了一位旧友，此人正好是张作霖的顾问。这位政客把自己的处境告诉了他，请求他催催张作霖。

旧友见他一脸失望，就为朋友想出个主意："我想到一计，老头子近来很高兴

打牌,我们请他来吃饭打牌,打牌时你只许输,不许赢。不妨连自己的底也输光,一定要让老头子赢得满意。到那时候,我自有妙计。"一切照顾问的计划进行,这天,张作霖的牌风可顺了,要什么牌就来什么牌,要吃有吃,要碰有碰,坐庄就连庄。他高兴得一个劲儿地乐!

打过牌后,张作霖和顾问边吃边聊,顾问捧他:"大帅,您这牌可打得太棒了!"张作霖笑道:"哪里,碰运气罢了!"那顾问话锋一转:"今天那一位可输苦了!他也不是个富有的人,这次到北京来,是想谋一个差事的。"张作霖听了,道:"他是你的朋友,那就把支票还给他得了,咱们一千两千的也不在乎!"说着就去口袋里掏支票。

那顾问连连摆手道:"使不得,他也是个要面子的人,输了的钱,他绝不会收回的。大帅要是可怜他,不如给他一个什么职位,他就感激不尽啦!"张作霖突然想起了什么,拍拍脑袋道:"噢,想起来了,某老也曾经推荐过他,我成全了他吧!"那顾问忙道:"那我先替他向大帅谢恩啦!"不出一个星期,那个政客就到东北去做官了。

这位政客的经历也许对你会有所帮助,有所启发。要找贵人办事一定要学会适当的恭维,并且一定要采取恰当的恭维方式,要清楚地掌握贵人的喜好,投其所好,在其心情愉悦的情况下,寻找合适的契机,把你的要求提出来,这样才会容易把事办成。拥有贵人的帮助,再难办的事也会变得水到渠成。

**5. 以柔克刚、出奇制胜**

以柔克刚是最高明的处世艺术。幽默大师林语堂曾说过:"中国是女权社会,女人总是在暗地里对男人施加影响,左右着男人的心理情绪和处世态度,无形中便决定了事态的发展。"因此,依靠贵人时,走"夫人路线"也不失为一条妙计。除此之外,我们还可以通过贵人的父母孩子对贵人施加影响,亲情的作用有时是不可估量的。因为相比之下,老人、小孩更容易接近,且通过老人、小孩,可以达到融洽全家的目的。当你与贵人的老人、孩子打成一片时,你想依靠的贵人也会非常高兴。

总之,利用贵人必须讲究方式。对不同的人采取不同的策略,对不同的事也要具体问题具体分析。灵活处理,善于变通,才能更好地靠住大树。

# 世界上没有绝对的公正

> 上帝究竟是不是公平的？20几岁这个年龄段的人往往为这个问题而苦恼。他们埋怨着生活对自己的不公，感叹自己生不逢时。其实，不管生活对你是不是公正的，你都别无选择地要面对它，不管生活给你的是什么，你都有权利打破它，你不能控制生活，但是你可以和它抗争。

## 这个世界不是根据公平的原则创造的

在我们这个世界上，许许多多的人都认为公平合理是生活中应有的现象。我们经常听人说："这不公平！""因为我没有那样做，你也没有权利那样做。"我们整天要求公平合理，每当发现公平不存在时，心里便不高兴。应当说，要求公平并不是错误的心理，但是，如果因为不能获得公平，就产生一种消极的情绪，就值得注意了。

实际上绝对的公平并不存在，你要寻找绝对公平，就如同寻找神话传说中的宝物一样，是永远也找不到的。这个世界不是根据公平的原则而创造的，譬如，鸟吃虫子，对虫子来说是不公平的；蜘蛛吃苍蝇，对苍蝇来说是不公平的；豹吃狼、狼吃獾、獾吃鼠、鼠又吃米……只要看看大自然就可以明白，这个世界并没有公平。飓风、海啸、地震等都是不公平的，公平只是神话中的概念。人们每天都过着不公平的生活，快乐或不快乐，是与公平无关的。

这并不是人类的悲哀，只是一种真实情况。

生活不总是公平的，这着实让人不愉快，但确实是我们不得不接受的真实处

境。我们许多人所犯的一个错误便是为自己或他人感到遗憾，认为生活应该是公平的，或者终有一天会公平。其实不然，绝对的公平现在不会有，将来也不会有。

承认生活中充满着不公平这一事实的一个好处便是能激励我们去尽己所能，而不再自我伤感。我们知道让每件事情完美并不是"生活的使命"，而是我们自己对生活的挑战，承认这一事实也会让我们不再为他人遗憾。每个人在成长、面对现实、做种种决定的过程中都会遇到不同的难题，每个人都有感到成了牺牲品或遭到不公正对待的时候。承认生活并不总是公平这一事实并不意味着我们不必尽己所能去改善生活，去改变整个世界；恰恰相反，它正表明我们应该这样做。当我们没有意识到或不承认生活并不公平时，我们往往怜悯他人也怜悯自己，而怜悯自然是一种于事无补的失败主义的情绪，它只能令人感觉比现在更糟。但当我们真正意识到生活并不公平时，我们会对他人也对自己怀有同情，而同情是一种由衷的情感，所到之处都会散发出充满爱意的仁慈。当你发现自己在思考世界上的种种不公正时，要提醒自己这一基本的事实。你或许会惊奇地发现它会将你从自我怜悯中拉出来，使你采取一些具有积极意义的行动。

许多不公平的经历我们是无法逃避的，也是无从选择的，我们只能接受已经存在的事实并进行自我调整，抗拒不但可能毁了自己的生活，而且也许会使自己精神崩溃。因此，人在无法改变不公和不幸的厄运时，要学会接受它、适应它。

## 像骆驼一样坚忍

对强求生活公正的人来说，生活就是一出不可逆转的悲剧。在这出悲剧中，人们先是冷眼旁观片刻，然后就扮演起自己的角色。但是我们活在这个世上，绝不只是为了屈服某种不可知的力量，生活的另一层意义就是征服天空和地下无穷无尽的力量的斗争。

我们承认生活是不平等的这一客观事实，并不意味着消极的开始，正因为我们接受了这个事实，我们才能放平心态，找到属于自己的人生定位。命运中总是充满了不可捉摸的变数，如果它给我们带来了快乐，当然是很好的，我们也很容易接受。但事情往往并非如此，有时，它带给我们的会是可怕的灾难，这时如果我们不能学会接受它，反而让灾难主宰了我们的心灵，那生活就会永远地失去阳光。

威廉·詹姆士曾说："心甘情愿地接受吧！接受事实是克服任何不幸的第一步。"

新英格兰的妇女运动名人格丽·富勒曾将一句话奉为真理，这句话是："我接受整个宇宙。"

是的,你我也应该能接受不可避免的事实。即使我们不接受命运的安排,也不能改变事实分毫,我们唯一能改变的,只有自己。成功学大师卡耐基也说:"有一次我拒不接受我遇到的一种不可改变的情况。我像个蠢蛋,不断作无谓的反抗,结果带来无眠的夜晚,我把自己整得很惨。后来,经过一年的自我折磨,我不得不接受无法改变的事实。"面对不可避免的事实,我们就应该学着做到诗人惠特曼所说的那样:

"让我们学着像树木一样顺其自然,面对黑夜、风暴、饥饿、意外等挫折。"

面对现实,并不等于束手接受所有的不幸。只要有任何可以挽救的机会,我们就应该奋斗!

但是,当我们发现情势已不能挽回时,最好就不要再思前想后、拒绝面对,要坦然地接受不可避免的事实,唯有如此,才能在人生的道路上掌握好平衡。

明白了这些,你就会善于利用不公正来培养你的耐心、希望和勇气。比如在缺少时间的时候,可以利用这个机会学习怎样安排一点一滴珍贵的时间,培养自己行动迅速、思维灵敏的能力。就像野草丛生的地上能长出美丽的花朵,在满是不幸的土地上,也能绽开出美丽的人性之花。

生活的不公正更能培养美好的品德,我们应该做的就是让自己的美德在不利的环境中放射出奇异的光彩。

你也许正为一个专横的老板服务,并因此觉得很不公平,那么不妨把这看做是对自己的磨炼吧,用亲切和宽容的态度来回应老板的无情。借着这样的机会磨炼自己的耐心和自制力,转化不利的因素,利用这样的时机增强精神的力量。而老板经过你的感化,将会认识到自己行为的不妥,从而改变对你的不公正做法。同时,你自己也提升到更高的精神境界,一旦条件成熟,你就能进入崭新的、更友善的环境中。

张薇大学毕业后求职受挫,最后终于在一家小公司里谋得一份业务员的工作。尽管这份工作与她名牌大学的学历不符,但她并不计较,因为她懂得:一个人只有把自己的心灵回归到零,用一颗平常心学会忍耐,才能在这个社会上立足,才会取得事业的发展。面对刁钻的同事和无理取闹的客户,她时刻提醒自己:我是在学习,我要坚持。她咬紧牙关,忍受着各方面的压力,在一次次的挫折中总结经验,积攒力量。两年后,凭借着出色的业务能力和坚忍的态度,她成为该公司的业务经理。

外界的事物什么样,这由不得你去选择和控制,但用什么样的心态去对待,可以由你自己做主。面对生活中的种种不公正,能否使自己像骆驼一样坚忍,关键就在于你能否以一颗平常心去面对。

# 你已经过了"叛逆"的年龄

"叛逆"是青春期的主要表现,逆流而行、个性十足是青春期的一个典型特征,如果20几岁的你还经常我行我素,做出一些与常理背道而驰的事情,难免就有一点哗众取宠或者不知轻重的味道了。要知道,你的现在决定着今后的生活、工作、家庭等,这都不是儿戏,需要我们慎重严肃地对待。

### 不要表现得过于"特立独行"

逆潮流而行是叛逆的常见行为之一,年轻人常常表现为个性化,表现自己反传统的观念和与众不同的行为方式。殊不知,社会上有很多人会认为这是哗众取宠,是为了引起别人的注意,他们甚至会因此而轻视年轻人,并通过各种可能的方法对其进行惩罚。所以,20几岁的我们不要表现得过于"特立独行",只有当我们的"逆反心理"中的积极品行被合理引导,表现出的个性被社会所接受的时候,才不会阻碍我们的发展。

佳宜是一个个性张扬的前卫女孩,她喜欢无拘无束的生活方式,把平凡、规矩、条条框框视为死敌。

大学毕业后,她获得了一家合资企业的面试机会。当天,她的打扮令所有面试官目瞪口呆,露脐装、超短裙、冲天辫,手腕上数十个银手链……出门时母亲一再让她穿得"正常"点,她依然我行我素。

佳宜的专业能力和外语口语能力确实不俗,面试官最后和颜悦色地说:"你的条件很优秀,可以胜任这项工作,不过,我想提醒你,我们公司是一家正规企业,着装方面有一定要求,不能太随便,更不允许暴露……"佳宜立刻打断了他:"我的能力与我的衣着没有任何关系,这么穿我觉得最舒服。如果非要穿正装上班,我会连气都喘不上来!"面试官被这么抢白还真是头一遭,他表情严肃起来,冷冷地说:"那么好吧,请你去能让你随心所欲的地方发展,我们公司不欢迎像你这么有个性的天才。"

不懂收敛的个性就这样让佳宜失去了一个难得的工作机会。张扬个性肯定要比压抑个性舒服,但是如果张扬个性仅仅是一种任性,仅仅是一种意气用事,甚至是对自己的缺陷和陋习的一种放纵,那么,这样的张扬个性对你的前途肯定是没有好处的。

很多人热衷于特立独行,张扬自己的个性,相当一部分是一种习气,是一种希望自己能任性地为所欲为的愿望。他们不希望把自己的行为束缚在复杂的条条框框中,他们希望畅快地发泄自己的情绪。

但作为一个社会中的人,真的能这么"洒脱"吗?比如你走在公路上,如果仅仅走自己的路而不注意交通规则的话,警察就会来干涉你,会罚你的款。如果你走路也要张扬个性,一味横冲直撞的话,还有可能出车祸,为张扬个性付出血的代价。

所以,"走自己的路,让别人去说吧"这种态度从某种意义上来说,在现实生活中是不大行得通的。

社会是一个由无数个体组成的人群,每个人的生存空间并不很大,所以当你想伸展四肢舒服一下的时候,必须注意不要碰到别人。当你张扬个性的时候,必须考虑到你张扬的个性是什么,必须注意到别人的接受程度。如果你的这种个性是一种非常明显的缺点,你最好的选择还是把它改掉,而不是去张扬它。

不要使张扬个性成为你纵容自己缺点的一种漂亮的借口。社会需要你创造价值,社会首先关注的是你的工作品质是否有利于创造价值。逆反的个性行为也不例外,只有当你的个性有利于创造价值,是一种生产型的个性,才能被社会接受。

我们可以看到许多名人都有非常突出的个性,爱因斯坦在日常生活中不拘小节,巴顿将军性格极其粗野,画家凡·高是一个缺少理性、充满了艺术妄想的人,但这并不代表个性就是正确的、必需的。

名人因为有突出的成就,所以他们许多怪异的行为往往被社会广为宣传,有些人甚至产生这样的错觉:怪异的行为正是名人和天才的标志,是其成功的秘诀。我们只要分析一下,就会发现这种想法是十分荒谬的。

名人确实有突出的个性，但他们的这种个性往往表现在创作的才华和能力之中。正是他们的成就和才华，使他们的特殊个性得到了社会的肯定。如果是一般的人，一个没有多少本领的人，他们的那些特殊的行为可能只会得到别人的嘲笑。

社会需要的是生产型的个性，你的逆反个性只有融合到创造性的才华和能力之中，才能够被社会接受。如果你的个性没有表现为一种才能，仅仅表现为一种脾气，它往往只能给你带来不好的结果。

如果你想成就一番事业，就应该把逆反中积极的个性行为表现在创造性的才能中，尽可能与周围的人协调一些，这是一种成熟、明智的选择。

## 稳重才是你应贴上的标签

20几岁的年轻人已经过了叛逆的年龄了，如果还继续在叛逆、特立独行的路上前进就不免引来他人的轻视，这个时候我们需要的是告别稚嫩的叛逆，应该给自己贴上一种稳重的标签。稳重是褪去稚气后的成熟，只有成熟、做事沉稳的人，在工作和生活中才能得到重用，一展自己的才华。

三国时期鼎鼎大名的谋士诸葛亮便是一个十分稳重的人，翻开《三国演义》，我们便不难发现，诸葛亮从来都不打没有准备的仗，也从来不过早地妄下结论，他做任何事情、做任何决定，都是先经过深思熟虑，并对当时的形势有一定的了解和掌握后才开始行动的。他稳重的性格也让他几乎是事必躬亲，而且总是将事情做得善始善终。这也难怪刘备放心地将军中大小事务一一交于诸葛亮，甚至在自己弥留之际还将儿子刘禅与蜀国一并交到他的手里。正是诸葛亮的稳重让刘备对他做事十分放心并完全信任他。

可见，性格稳重的人往往能担负起别人的嘱托，并获得别人的信任。因此我们要让逆反的个性隐藏，彰显自己沉稳的做人做事风格，稳妥地将事情做好，让人不仅仅是放心，还要省心。

稳重是理性的沉淀，生活需要稳重。稳重能让我们远离厄运，远离诱惑，稳重能让我们拥有智慧。考场上，稳重是一把锁；赛场上，稳重是一面旗；碰到困难时，稳重是希望的曙光。可以说，稳重是人生的一种生存智慧，得到他，我们的人生就能少有挫折，多有收获。

但有的时候，我们觉得稳重很难把握，掌握不好就会变成默默无闻。那应如何培养自己的稳重性格呢?

第一,为稳重性格画像,让自己更容易把握它的状态。"宁静以致远,淡泊以明志。"

第二,给心灵一个沉淀的机会。生活中的烦心琐事就如同水中的灰尘,慢慢地,静静地,它们就会沉淀下来。

第三,保持冷静,从容镇定。生活中,总会有许多让人着急的事情经常让人手忙脚乱,结果是越急越糟糕,所以,我们要冷却性情,戒除急躁,无论何时,保持冷静、从容镇定都能让我们更好地洞悉局面,从而做出正确选择。

第四,培养宠辱不惊的心态。洪自诚的《菜根谭》中有这样一句名言:宠辱不惊闲看庭前花开花落,去留无意漫观天外云卷云舒。著名人口学家马寅初也曾将这句名言书于自己的书房,以润泽自己的心胸,这也成为他对任何事情都宠辱不惊的心态的写照。我们也应保持这种心态,从容镇静。

第五,俯视人生。俯视,可以让我们看透生活的琐碎、人生的匆忙、世事的变化。同样,俯视,也可以让我们的性情变得更加稳重。

第六,给烦躁的心情一些转变的时间。当我们遇到烦恼的事情,不免焦虑不安,心急气躁,这时给心灵一个转变的时间,才能让自己渐渐地摆脱困扰,镇静下来,达到心如止水的境地。

第七,学会独处养生。独处,可以养生;独处,可以让疲惫的身心得到休息;独处,可以解脱自己。学会独处,有利于培养我们的稳重性格。

## 身处就业危机,创业成了最好的避风港

"努力学习,毕业后找份好工作"是很多年轻人的人生规划,虽然平淡无奇却也无甚风险。但突如其来的金融危机让人们不得不重新审视这一观点。就业危机似乎正在步步紧逼,身处风暴中心,创业可能成为新的避风港。在大学生创业上,国家也提供了很多扶植的政策,这对于年轻人来说无疑是一个很好的契机。

## 创富必须先找到适合自己的掘金之地

这是一个创业的年代,更是一个创业英雄辈出的年代。在这样的年代,创业已没有年龄、身份、资历的限制,只要有足够的自信,只要有尝试的勇气,谁都有可能成为老板。

随着大学生就业形势的日趋严峻,自主创业成为考研、出国深造之后又一条生存之道。而像陈天桥、乔志刚、傅章强等一批大学生创业精英的成功,更激起大学生内心深处的创业热情。但是创业毕竟也有一定的风险,怎样才能找到自己的掘金地呢?

这块地应该具有如下特点:必须是市场所需要的;你的竞争对手不具备优势或不愿涉足;尚未被大多数人发现。

掘金之地应从以下几个方面寻找:首先应该从自身的经历找。以往的学习和工作经历,绝不是时间的简单堆砌,而是智慧的积累和能量的储备。无论是愉快的经历、艰苦的经历,还是漫不经心的经历,都蕴藏着许多可供利用的有价值的东西。如果放着"资源"不去开发利用,无异于一种浪费。从经历中找优势,加以更新提高,你会发现创业并不像想象的那么难。

其次,从个人的"爱好"寻找。每一个人都有自己的爱好与兴趣,如果平时在爱好与兴趣之外稍加留意外面的世界,并将爱好与投资有机结合起来,你就有可能因"爱好"而富裕起来。这样的事例很多,那些IT英雄几乎无一不是电脑的"发烧友",正是这浓厚的兴趣引领他们一步步走向财富殿堂。

此外,选择投资创业必须与自己的秉性结合起来。如果你浑身充满创造力,内心热情如火,外表光芒万丈,可考虑投资经营公关公司、自助火锅店、快餐外送等服务业。但如果你天性好静,不愿与别人打交道,那做这一行就是一种折磨,不如自己在家做股市炒手,会有更多的收获。还有,如果你喜欢精致有品位的生活,那么涉足美容业、精品店、手工艺品专卖店及小型咖啡屋,一定能让你一展雄才。如果你能时时设身处地为他人着想,那么开一家心理诊所、办一家花店或园艺店正符合你的特点,因为这些行业正好需要你这种特征。

## 找一些志同道合的人一起去创业

俗话说一个好汉三个帮,刘关张拧成一股绳才有了三分天下。创业路上找一些志同道合的人结伴而行,将解决你单打独斗的许多麻烦。尤其是在这个竞争日趋激烈的时代,合伙会让你的创业之路从不可能到可能,从小打小闹到大规模作战。

"武大七侠"——周汉生、艾路明、张晓东、张小东、潘瑞军、贺锐、陈华是当代集团的创始人。1988年夏,艾路明从武汉大学研究生毕业后,从家里拿出1000元,周汉生等人又凑了1000元,在洪山区注册成立当代生化技术研究所。"七个人中有四个是学生物的,大家觉得做生化技术比较有把握。"周汉生辞去水生所的工作,与艾路明一起彻底"下海",其他几个人边教书,边经营这个企业。

1988年底,当时在武汉大学留校工作的张晓东到复旦大学做实验时,认识了一位做尿激酶项目的博士。该项目是从男性小便中提取尿激酶,出口日本。他得知这个信息后立即通知艾路明、周汉生等,几个人分头行动准备从武汉各大厕所里"掘金"。

经过考察,他们选中人口稠密的江汉区,租下一个废弃停车场作为加工车间。经江汉区环卫局同意,该区的厕所里出现许多白色的塑料大尿桶。尿液在4小时以内没有味道,物质活性也较高,利于加工。白天,周汉生与艾路明蹬着三轮车,到各个厕所将盛满尿液的塑料桶扛到三轮车上。晚上,他们将拖回的尿液倒进大缸里处理,并守在缸边,根据情况随时添加各种化学药品。

1991年底武汉东湖开发区成立,政府开始扶持高科技企业。当时,葛洲坝集团为了开拓新的产业领域,想利用武大生科院的技术,生产赤霉素(一种植物生长激素)。此时,武大正与国内数家公司合作开发这个项目,无力再派技术人员开发新项目。

周汉生来到武大生科院深入实验室,向专家请教生产赤霉素的关键技术,直到全部掌握。然后以当代生化技术研究所的名义与葛洲坝集团进行技术转让与合作,组织生产。这个项目获得国家"火炬计划"100万元贷款。接着,他们又开发一个"原子灰"项目(生产油漆底层的腻子),再次得到国家"火炬计划"500万元的项目贷款。1993年初,当代有了三个项目:尿激酶、赤霉素、原子灰,资产已达数百万元,开始走上发展的快车道。

眼看公司有了规模,几个创业者都想按自己的想法试一下。一年后,各个公司的经营都开始萎缩。大伙意识到还是合在一起好!

在尿激酶生产中,公司从进口试剂中得到启发。"医院检测科需要一种检测致婴儿残疾的诊断试剂,这个市场很大。"艾路明与国家计生委协商合作,成立了一个公司;又用一年时间兼并了扬子江制药厂,取得了针剂生产的批号,诊断试剂和

尿激酶临床针剂投入生产。"这就是上市公司人福医药的前身。"

1995年，当代公司开始参与国有企业的并购和重组，资产迅速扩张。到1996年，资产已达5000万。同年6月，人福科技上市，成为东湖开发区第一家上市公司，资本扩充至一亿元。并购握有医药生产资源的企业，是快速增长的捷径。2000年，当代集团兼并了宜昌医药集团。如今当代集团所属的人福高科技产业股份有限公司在全国医药企业中排进了前50名。

当代集团初次创业小有成就后，"七侠"曾分道扬镳，但业务马上下滑，最后不得不强强联手。20几岁的年轻人一定要懂得合伙创业的确可以产生1+1>2的效果，它使合伙人的优势互补，产生强大的能动力，使创业之路左右逢源，一路高歌。

合伙创业让不能干的事成为能干的事，不过合伙人之间若是发生内讧等矛盾，也会使创业之路难以为继或将创下的基业毁于一旦，所以合伙创业要慎重，特别要处理好以下几个问题。

### 1. 理清选择合作的原因

当单个创业者没有足够的力量撑起创业大旗时，可以找一些人合作！合作可以使项目很好地发展实施，合作可以使合作双方资源共享，合作可以使自己变得更强大。合作方式有：项目与项目的合作；项目与人的合作；项目与技术的合作；项目与资金的合作；项目与社会资源的合作。

### 2. 合作目的与目标

创业合作要有相同的目的和目标，因为有了共同的创业目标，才能走到一起来，所以目标的正确与合作有很大的内因！也是能否找到合作伙伴的重点，利益的合理分配是合作伙伴选择你的主要原因。当你有了任何一种资源的时候，在选择合作者时，看中的合作伙伴必然有很好的可合作资源，这种资源就是你的合作目的，目标是在行业上的定位，有了清楚的合作目的和目标，合作才会顺利。

### 3. 合作伙伴的职责

合作初期，创业合作者要明确合作伙伴的各自职责，不能模糊，要能拿出书面的职责分析，因为是长期的合作，明晰责任最重要，这样可以在后期的经营中不至于互相扯皮，推卸责任，好多的创业合作中出现问题，就是因为责任明细不够！

### 4. 合伙投入比例利润分配

合作投入比例是合作双方根据各自的合作资源作价而产生！因为投入比例和分配利益成正比的关系，也要书面明细清楚。当然根据经营情况的变化，投入也要变化，在开始的时候，就要分析后期的资金或者资源的再进入情况。如果一方没有融资的实力，那另一方的投入会转换成相应的投资占有股，来分配投入产出的利益！根据合作双方约定的书面分配合同，分配双方的利润。

### 5. 合伙人之间的信任

大多数合伙人初期都很重情意，直接导致一些合作细节模糊不清，这是创业中非常不利的因素。如果有问题出现，没有一个根本的解决办法，互相推诿，留下一堆烂摊子，无人收拾残局！创业中正确的做法是，将朋友和亲人之间的合作建立在商业的基础上，用商场的解决方法去解决合作纠纷，避免纠纷，一切的合作细节都及早预防，提前明晰！一切合同化！创造一个良好的合作的平台！

# 没钱更要学会像富人一样思考

>>>>> 像富翁一样生活需要很多钱，像富翁一样思考却是分文不用的。要想拥有财富，就要把自己当成一个能够干一番大事业的人来思考，你所需要的，并不仅仅是资金。怎样利用眼下的资源，怎样整合自己的人脉，怎样为下一步做铺垫等，这就是富翁的思考方式。青年人不要对眼下的清贫恐慌，也完全不必自卑。只要你有了富翁的头脑，存折里面有一个怎样的数字又有多重要呢。<<<<<

## 没钱的年轻人不必自卑和恐慌

世界上到处都有精明伶俐、才华横溢，受过良好教育的人，我们每天都会碰到他们，或许他就在我们的周围。然而遗憾的是，能够利用这种才华的人总是太少，但是有才华的穷人与富人可能就在灵光闪现的一瞬间，会彻底地改变一个人的财富命运。

在《富爸爸，穷爸爸》中，清崎从美国商业海洋学院毕业了。他受过良好教育的爸爸十分高兴，因为加州标准石油公司录用他为运油船队工作。他是一位三副，比起他的同班同学，他的工资不算很高，但作为他离开大学之后的第一份真正的工作，也还算不错。他的起始工资是一年4.2万美元，包括加班费。而且他一年只需工作七个月，余下的五个月是假期。如果他愿意的话，可不休那五个月的假期而去一家附属船舶运输公司工作，这样做能使年收入翻一番。

当他放弃在标准石油公司收入丰厚的工作后，他受过良好教育的爸爸和他进行了推心置腹的交流。爸爸非常吃惊和不理解他为什么要辞去这样一份工作：收入高，福利待遇好，闲暇时间长，还有升迁的机会。他一晚上都在问他："你为什么要放弃呢？"他没法向他解释清楚，他的逻辑与他的不一样。最大的问题就在于此，他的逻辑和富爸爸的逻辑是一致的，而受过良好教育的爸爸的逻辑与富爸爸的逻辑却不相同。

对于受过良好教育的爸爸来说，稳定的工作就是一切。而对于富爸爸来说，不断学习才是一切。

1973年从越南回国后，他离开了军队，尽管他仍然热爱飞行，但他在军队中学习的目标已经达到。他在施乐公司找了一份工作，加盟施乐公司是有目的的，不过不是为了物质利益。他是一个腼腆的人，对他而言营销是世界上最令人害怕的课程，而施乐公司拥有在美国最好的营销培训项目。

他在施乐公司工作了四年，直到他不再为吃闭门羹而发憷。当他稳居销售业绩榜前五名时，他再次辞去了工作，放弃了又一份不错的职业和一家优秀的公司。

1977年，他组建了自己的第一家公司。富爸爸培养过他怎样管理公司，现在他就得学着应用这些知识了。他的第一种产品是尼龙做的带褡裢的钱包，在远东生产，然后装船运到纽约。他的正式教育已经完成，现在是他单飞的时候了。如果他失败了，他将会破产。富爸爸认为破产最好是在30岁以前，"这样你还有时间东山再起"。就在他30岁生日前夜，他的货物第一次装船驶离韩国前往纽约。

直到今天，富爸爸仍然在做国际贸易，并在寻找新兴国家的商机。现在他的公司在南美、亚洲、北欧等地都拥有投资。

20几岁的年轻人工作和事业才刚刚起步，没有金钱做后盾也没必要惊慌。只要能够像富人一样思考，在寻找工作时看能从中学到什么，而不是只看能挣到多少钱。在选择某种特定的职业之前或者在陷入为生计而忙碌工作的"老鼠赛跑"之前，要仔细看看脚下的道路，弄清楚自己到底需要获得什么技能，不论你选择了什么工作，都不要忘记培养自己成为金钱的主人，让金钱为自己工作，你就会成为一个成功的人。

## 远见是一种看不见的素质

争夺财富,眼光一定要长远,若为眼前小利断了长远发展的道路,那就亏大了。

有个年轻人,开了家杂货店。他卖的很多东西都比别人的便宜。于是就有人笑他,说:"你卖的东西价格比别人低,还有什么赚头?反正大家卖的东西都差不多,定价一样就行了。"年轻人却说:"以后会有越来越多的人买我的东西的。"这个年轻人就是沃尔玛连锁超市的创始人。

在商战中,有远见的公司会花大量的时间去思考自己的发展道路,有时候一条道路是否正确,需要很长的时间去等待。

1950年,丰田公司因破产危机,工业公司和销售公司发生分离。不久之后,朝鲜战争爆发,美军在丰田公司订了大批的卡车,丰田公司马上就能起死回生。亲身体验了产销分离痛苦的丰田英二自然希望恢复以前产销一体的体制。但是事情并非那么简单,工业公司和销售公司分离的体制已经形成,当时负责技术部门的董事丰田英二,深知即使他提出重新合并的建议,在当时也是行不通的。

丰田英二在确定丰田的未来发展方向时,决断很慢,这是因为丰田英二在深思熟虑、考察各种条件的同时,还要衡量各方面的利益是否均衡。他认为条件不成熟,即使勉强行事也会失败,他只有耐心地等待。

直到20世纪80年代初,丰田的两家公司终于结束了长达32年的产销分离状态,诞生了全新的丰田公司,丰田英二的等待终于有了丰硕的成果。

假如你能在20年前看出个人电脑将会成为趋势,你现在就是世界首富了。当时你没有看出来,但是比尔·盖茨看出来了,所以他是世界首富。丰田英二和盖茨都不是天才的预言家,他们只是比我们更早地看到未来的趋势而已。这种能力有时候是天生的,但更多时候是依靠自己长期的积累和对行业的了解形成的。

有没有在成功面前多考虑几步,这往往是成功与否的分界线。善于经商的犹太人指出,远见虽然是一种看不见的素质,但它却影响着商人们的成败。对于优秀的商人来说,远见告诉我们可能会得到什么东西,远见召唤我们去行动。

狭隘的目光扼杀了一切可能，多给自己几种思考问题的角度，慢慢你也能成为一个有远见的人。

## 把握时机，醒目地"秀"出你自己

> 打工皇帝"唐骏"是一个很会作秀的人，在华尔街的"作秀"表演，为盛大带去亿万财富。商场通过作秀来汇聚资本，职场需要"作秀"来展现自己。20几岁的年轻人，也许你有很强的职业能力，也许你有超人的才能和谋略。但是，如果你不展示出来，你的一切努力只有你自己清楚。隐居是功成名就的人做的事情，20几岁的年轻人，千万不要将自己淹没在人群中。只有站出来，让大家认识你，才会得到别人的鼎力相助。

### 推销自己是一种才华和能力

人生有许多机会是要靠自己去争取的。如果你有能力，就应该及时"秀"出来，让别人了解你的才华，然后你才能争取到那些许多人无法胜任的工作，你的毛遂自荐也正好显示你的存在，你成功的机会才将会大大增加。在金融危机和就业形势如此严峻的情况下，你更加需要推销自我的能力，这样才能增强你的竞争力。

有这样一个故事，讲的是一个多次失业者在面试时推销自己的妙招：

某大公司招聘人才，应者云集。其中多为高学历、多证书，有相关工作经验的人。经过三轮淘汰，还剩11个应聘者，最终将留用六人。因此，第四轮总裁亲自面试，将会出现十分"残酷"的场面。可奇怪的是，面试现场出现了12个考生。

总裁问："谁不是应聘的？"

坐在最后一排的男子一下子站了起来："先生，我第一轮就被淘汰了，但我想参加一下面试。"

在场的人都笑了，包括站在门口闲看的老头子。总裁饶有兴趣地问："你连一关都过不了,来这儿又有什么意义呢?"

男子说:"我掌握了很多财富,我本人即是财富。"

大家又一次笑得很开心,觉得此人不是太狂妄,就是脑子有毛病。

男子接着说:"我只有一个本科学历,一个中级职称,但我有11年工作经验,曾在18家公司任过职……"

总裁打断他:"你学历、职称都不算高,工作11年倒是很不错,但先后跳槽18家公司,太令人吃惊了。我不欣赏。"

男子站起身:"先生,我没有跳槽,而是那18家公司先后倒闭了。"在场的人第三次笑了。一个考生说:"你真是倒霉蛋!"男子也笑了:"相反,我认为这是我的财富!我不倒霉,我只有31岁。"

这时站在门口的老头走过来,给总裁倒茶。男子继续说:"我很了解那18家公司,我曾与大伙努力挽救那些公司,虽然不成功,但我从他们的错误与失败中学到了许多东西,很多人只是追求成功的经验,而我,更有经验避免错误与失败!"

男子离开座位,一边转身一边说:"我深知,成功的经验大抵相似,而失败的原因各不相同。与其用11年学习成功的经验,不如用同样的时间去研究错误与失败;别人成功的经历很难成为我们的财富,但别人的失败过程却是!"

男子就要出门了,忽然又回过头说:"这11年经历的18家公司,培养和锻炼了我对人、对事、对未来的洞察力,举个例子吧,真正的考官不是您,而是这位倒茶的老人。"

全场哗然,惊愕地盯着倒茶的老头。那老头笑了:"很好!你第一个被录取了,因为我急于知道,我的表演为何失败。"

在这里,该男子的面试过程可谓一波三折,他的所作所为都是在展示自己,从而让老板在了解自己的过程中录用了他。因此,20几岁的年轻人在工作中要想使别人接纳自己,并重用自己,就需要适时地推销自己,在必要的时候,你必须使出全部招数,竭尽全力去游说,留给别人一个鲜明的印象,让用你之人因佩服而接纳你。

推销是一种才华,就像是绘画的能力,两者都需要培养个人的风格,没有风格的话,你只是芸芸众生中的一个而已。推销自己是一种才能,也是一种"作秀"的艺术。有了这种才能,人们才可能安身立命,才能抓住机遇使自己立于不败之地。能够适时"秀"出自己,把自己推销给别人的人才能推销世界上任何有价值的东西。

## 选对时机才能"秀"得精彩

既然我们已经懂得了,推销自己是20几岁年轻人必备的一种能力,我们就要选择恰当的时机来展示自己。

刚刚开始工作的时候,都会被过来人叮嘱,在单位一定要踏踏实实地干。实际上"老实做人,踏实做事"固然重要,但也要懂得表现,做好本职工作的同时也要让领导注意到自己,别让事情"白"做了。要懂得先让自己的上司注意到自己,再一步步让上司赏识你,乃至提拔你,在这方面东方朔为我们做了一个很好的榜样。

东方朔起初在汉武帝面前并不受重视,于是他就哄骗宫中看守马圈的侏儒们说:"皇上认为你们这些人对朝廷无用,耕田劳作体力不够,任职做官又不能治理政事,参军入伍也不会指挥作战,只会白白耗费衣食,如今想把你们全部杀掉。"侏儒们听说后十分害怕,哭了起来。东方朔又建议他们:"皇上就要从这里经过,你们何不叩头谢罪?"

当汉武帝来到马圈,侏儒们都跪在地上,一边磕头,一边痛哭。汉武帝问清怎么回事后,非常生气,派人把东方朔召来,责问道:"你胆敢编造谎言,该当何罪?"东方朔正等待着这个机会,于是振振有词地说:"我活着也要说,死也要说。侏儒身高三尺,俸禄是一袋粟,钱是二百四十;臣东方朔身长九尺多,俸禄也是一袋粟,钱也是二百四十。侏儒饱得要死,臣却饿得要死。如果臣的话可以采用,请用厚礼待我;不采用,请让我回家,不要让我尸位素餐。"汉武帝听了哈哈大笑,赦免了他的罪过。不久后,东方朔就被提升了官职。

东方朔无疑是很聪明的,他懂得如何去表现自己,以吸引汉武帝的注意,一经得到汉武帝的赏识,他就能平步青云了。官场如此,职场也是如此。

20几岁进入公司,你会看到很多人在单位里像老黄牛一样默默耕耘了很多年,还是没有升迁的机会,有时不免抱怨上司太不够意思,没有多关照一下自己。其实,这种情况下,你也许应该问问自己,有没有做过什么特别的工作给老板留下深刻的印象?有没有说过令老板都惊奇的话?等等,如果没有的话,那就不用抱怨什么了,因为你从来就不敢在老板面前展现自己与众不同的一面,老板事情那么多,自然很少会关注到你了。如果能够像东方朔一样,善于抓住时机,在上司面前表现自己,情况也许就不一样了。

不想当将军的士兵不是好士兵。要想出人头地,首先要让领导"注意"你,而后才有可能"重视"你。晋升之路通过领导实现,朝气蓬勃的你千万不要太默默无闻了,一定要选择合适的时机"秀"出自己,只有敢"秀",才会成功。

 # 成功也可以复制

> 有"打工皇帝"之称的唐骏写了一本广为人知的书,名叫《我的成功可以复制》。复制别人的成功,无疑是成功的一种方式。20几岁的年轻人有的刚刚从学校走入社会,有的在工作中历练了几年,但都缺少实战的经验,借鉴成功人士的方法,无疑是对我们自身的一个弥补。任何成功的人都有出类拔萃的一面,只要我们能科学合理地吸取他们的方法和经验,结合自己的情况恰当地运用,就可以取得与他们相似的成功。

## 成功无捷径,但是有方法

20几岁的我们渴求成功的愿望是很迫切的,我们认为有热情和决心就没有办不成的事。但是事实证明,仅有成功的决心和热情是不够的。现在是一个讲究时间和效益的时代,尽管我们年轻,拥有大量的时间。也不能花十年、二十年,甚至穷尽一生的精力去慢慢摸索成功之道,那毕竟不是最好的方法,成功虽然没有捷径,但是有方法。我们可以学习他人已经证明的有效的经验、成功的模式和方法。

希尔顿是一个有名的旅馆业商人。当他的事业进入轨道,并赚到相当多的利润时,他自豪地去告诉母亲。母亲却不以为然,而且还提出了新的要求:"到目前为止,你还没有什么好办法使住过希尔顿旅馆的人成为回头客,你要想出一种简单、容易、不花本钱而又行之久远的办法来吸引顾客,你的旅馆才有前途。"

"简单、容易、不花本钱而又行之久远",具备这四个条件的究竟是什么办法呢?希尔顿为此而冥思苦想了好久,仍然不得其解。

后来他跟那些成功的商场、旅店老板咨询这个问题，寻求答案。他们给出的一致意见是学会微笑，这就是那个简单、容易、不花本钱而行之久远的服务方式。

他对服务员常常说的一句话就是："今天，你对顾客微笑了吗？"他要求每个员工不论如何辛苦，都不能将自己心里的愁云挂在脸上。就这样，在经济大萧条中，无论旅馆本身遭受到什么样的困难，希尔顿旅馆服务员脸上的微笑始终如一，永远是旅客的阳光。结果，经济萧条刚过，希尔顿旅馆就率先进入新的繁荣时期，跨进了黄金时代。

可见已经被证明了的成功的方法是很有效的。那么有很多人会问已经证明有效的成功方法在哪里？其实就在成功人士那里。因此，向成功的人学习成功的方法，可以说是追求成功的捷径。

因为，向成功的人学习成功的方法，可以肯定这个方法是经过实践检验的、行得通的、可操作的；另外，向成功的人学习成功的方法，就必然要直接或间接地与成功者为伍，受他们的世界观、思维方法的影响而积极上进。

美国的一个机构经调查后认为，一个人失败的原因，90%是因为这个人周边的亲友、伙伴、同事、熟人都是些失败和消极的人。正所谓近朱者赤，近墨者黑，没有正确的方法指导，没有积极的思想引导，走向失败是在所难免。因此，向成功的人学习成功的方法，不仅能成功，而且能早日成功。

在向成功人士学习的时候，我们会在他们身上散发出的闪光点的影响下，迅速提升自我，在他们成功方法的指导下，提高我们成功做事的效率，从而在成功的道路上迅速前进。

所谓成功者成功的方法，一定是他们穷数年之功，历经无数次失败的经历。我们不必完全走他们的老路，而是直接学习、借鉴他们的经验、原则。做成功者所做的事情，了解成功者的思维模式，并运用到自己身上。

任何一位成功者，之所以在某一方面高人一等、出类拔萃，必定有其与众不同的方法。只要科学地学习他的做法，我们也可以做出和他相似的成就。

## 努力接近成功人士

20几岁的年轻人所处的是一个多变的时代，我们喜欢用"瞬息万变"来形容这个时代。似乎很多东西是我们把握不住的，对于成功的经验和模式也是如此，因此我们要学会把握成功模式和经验中最核心的东西。我们所要复制的不是成功人士的人生或者经历，而是他们的思维习惯。

心理学研究表明，环境可以让一个人产生特定的思维习惯，甚至是行为习惯。环境能够改变我们的思维与行为习惯，直接影响我们的工作效能与生活。和成功人士在一起，有助于我们在身边形成一个"成功"的氛围。在这个氛围中，我们可以向身边的成功人士学习正确的思维方法，感受他们的热情，了解并掌握他们处理问题的方法。

有这样一个故事，从中我们可以知道和成功人士在一起有多么重要。

"为什么你能成为千万富翁，而我却只能成为百万富翁，难道我还不够努力吗？"一位百万富翁向一位千万富翁请教道。

"你平时和什么人在一起？"

"和我在一起的全都是百万富翁，他们都很有钱，很有素质……"那位百万富翁自豪地回答。

"呵呵，我平时都是和千万富翁在一起的，这就是我能成为千万富翁而你却只能成为百万富翁的差别。"那位千万富翁轻松地回答。

由此我们可以看出，造成百万富翁和千万富翁差距的是他们所处的环境不同，也就是说交往的朋友不一样。有时决定一个人身份和地位的并不完全是他的才能和价值，而是他与什么样的人在一起。一个人要想取得成功，就必须结交一些成功人士，为自己平步青云铺路。

19世纪20年代初期，罗斯柴尔德在巴黎发迹，不久之后他就面对最棘手的问题：一名犹太人，法国上流社会的圈外人，如何才能赢得仇视外国人的法国上层阶级的尊敬呢？罗斯柴尔德是了解权力的人，虽然自己拥有财富，但是如果被那些成功上流人士疏远，就不会获得更大的成功。因此他仔细观察当时的社会，思考如何受那些上流人士的欢迎，只有在他们的影响下，才能获得更多的财富和成功的社会地位。

慈善事业？法国人一点也不在乎。政治影响力？他已经拥有，再在上面花工夫只会让人们更加猜疑。他终于找到一个缺口，那就是无聊。在君主复辟时期，法国上层阶级非常无聊，因此罗斯柴尔德开始花费惊人的巨款供他们娱乐。他雇用法国最好的建筑师设计他的庭园和舞厅，他雇用最驰名的法国厨师卡雷梅准备了巴黎前所未有的奢华宴会。

没有任何法国人能够抗拒,即使这些宴会是德国犹太人举办的,罗思柴尔德的晚会吸引了越来越多的客人。

终于,罗斯柴尔德的晚会使他与法国社会打成一片,而不是仅混迹于商界。通过在"夸富宴"中挥霍金钱,他进入了更珍贵的文化领域。罗斯柴尔德通过花钱赢得了社会的接纳,但是他所获得的支持不是金钱本身可以买到的。从此以后他一直受惠于这些贵族客人,并将事业做得越来越大。

可见,和成功的人在一起不但能学习他们成功的思维和模式,还可以得到他们的帮助,让我们在成功的路上越走越远。但是,通常情况下,我们很少有机会接近那些非常成功的人士。没有关系,只要你的身边是一群准备成功的人,你也能被他们的情绪和冲劲感染,保持成功的欲望和信心。换句话说,那些经历了失败、正在努力拼搏的人,也向你证明了某种方法的不可用性,这也是一种成功。

## 头脑要比手脚更勤快

> 从小到大,我们已经掌握了许多关于勤奋的格言,以至于勤奋几乎成了我们眼中唯一不变的法则和真理。但是也许你总会陷入这样的情景中:工作经常加班加点,但是还没有得到升迁的机会;付出的总比别人多,却没有看起来更轻松的人那么富有;累死累活却得不到众人的肯定……这些事实的存在说明你过分迷信勤奋的作用,而忽略了勤奋和努力的一个必要前提,那就是:作出正确的选择。

### 选择正确的道路,永远比跑得快更重要

有一个非常勤奋的青年,很想在各个方面都比身边的人强,但经过多年努力,仍然没有长进,他很苦恼,就向智者请教。

智者叫来正在砍柴的三个弟子,嘱咐说:"你们带这个施主到五里山,打一担自己认为最满意的柴火。"年轻人和三个弟子沿着门前湍急的江水,直奔五里山。

等到他们返回时，智者站在原地迎接他们。年轻人满头大汗、气喘吁吁地扛着两捆柴，蹒跚而来；两个弟子一前一后，前面的弟子用扁担左右各担四捆柴，后面的弟子轻松地跟着。正在这时，从江面驶来一个木筏，载着小弟子和八捆柴火，停在智者的面前。

年轻人和两个先到的弟子，你看看我，我看看你，沉默不语；唯独划木筏的小徒弟，与智者坦然相对。智者见状，问："怎么啦，你们对自己的表现不满意？""大师，让我们再砍一次吧！"那个年轻人请求说，"我一开始就砍了六捆，扛到半路，就扛不动了，扔了两捆；又走了一会儿，还是压得喘不过气，又扔掉两捆；最后，我只把这两捆扛回来了。可是，大师，我已经很努力了。"

"我和他恰恰相反，"那个大弟子说，"刚开始，我俩各砍两捆，将四捆柴一前一后挂在扁担上，跟着这个施主走。我和师弟轮换担柴，并不觉得累，反而觉得很轻松。最后，又把施主丢弃的柴挑了回来。"

划木筏的小弟子接过话，说："我个子矮，力气小，别说两捆，就是一捆，这么远的路也挑不回来，所以，我选择走水路……"

智者用赞赏的目光看着弟子们，微微颔首，然后走到年轻人面前，拍着他的肩膀，语重心长地说："一个人要走自己的路，本身没有错，关键是怎样走；走自己的路，让别人说，也没有错，关键是走的路是否正确。年轻人，你要永远记住：选择比努力更重要。"

生活中有很多人都在从事着自己并不喜爱的职业，于是总会发出"我也很努力，但就是做不到最好"的感慨。有的人会指责说这话的人还是工作态度有问题，不然真努力工作了，岂有做不好之理？其实归根结底并不是这些人不够爱岗敬业，而是职业本身并不适合他们。换言之，要想真正把一项工作做得得心应手，就要选择正确的人生目标。那么，原来选错了怎么办？不要犹豫，放弃它，去把握属于你的正确方向。

人生的悲剧不是无法实现自己的目标，而是不知道自己的目标是什么。成功不在于你身在何处，而在于你朝着哪个方向走，能否坚持下去，没有正确的目标，就永远无法到达成功的彼岸。

## 结果重于过程，学会聪明地做事

有一位美国青年无意间发现了一份能将清水变成汽油的广告。

这位美国青年喜欢搞研究,满脑子里都是稀奇古怪的想法,他渴望有一天成为举世瞩目的发明家,让全世界的人都享用他的发明成果。

所以,当他看到水变汽油的广告时,马上买来了资料,把自己关在屋子里,不接待任何客人,电话线掐断,手机关机,总之一切与外界的联系都被断了。他需要绝对的安静,需要绝对的专心,直到这项伟大的发明成功。

青年夜以继日地研究,达到了废寝忘食的程度。每次吃饭的时候,都是母亲从门缝里把饭塞进来,他不准母亲进来打扰他。他常常是两顿饭合成一顿吃,很多时候都把黑夜当做黎明。善良的母亲看见自己的儿子越来越瘦,终于忍不住了,趁儿子上厕所的时候,溜进他的卧室,看了他的研究资料。母亲还以为儿子的研究有多伟大,原来是研究水如何变成汽油,这根本是不可能的事情。

母亲不想眼睁睁地看着儿子陷入荒唐的泥淖无法自拔,于是劝儿子说:"你要做的事情根本不符合自然规律,别再瞎忙了。"可这位青年压根儿就不听,他头一昂,回答说:"只要坚持下去,我相信总会成功的。"

五年过去了,十年过去了,二十年过去了……转眼间,那位青年已白发苍苍,父母死了,没有工作,他只能靠政府的救济勉强度日。可是他的内心却非常充实,屡败屡战,屡战屡败。

一天,多年不见的好友来看他,无意间看到了他的研究计划,惊愕地说:"原来是你!几十年前,我因为无聊贴了一份水变汽油的假广告。后来有一个人向我邮购所谓的资料,原来那个人就是你!"

他听完这一番话,当即疯了,最后住进了精神病院。

我们一直以为坚持就是好的,而放弃就是消极的思想。其实坚持代表一种顽强的毅力,它就像不断给汽车提供前进动力的发动机。但是,前进需要正确的方向,如果方向不对,只会越走越远,这时,只有先放弃,等找准方向再重新努力才是明智之举。这就是水变汽油的悲剧带给我们的启示。

每个人都有梦想,人类因梦想而伟大,没有梦想的人是会被社会淘汰的。为了实现自己的梦想,我们每个人都在努力。努力很重要,但是努力就一定会有一个好结果吗?不见得,我们曾为工作绞尽脑汁,我们曾为工作夜以继日,但我们得到的结果是什么呢?我们的梦想像肥皂泡一样一个个地破灭,直到现在依然两手空空。

21世纪的今天,选择比努力更重要,努力一定要放在选择之后。昨天的选择决定今天的结果,今天的选择决定明天的结果,选择不对,努力白费。20几岁的你，在刚刚步入社会的时候，作出正确的选择了吗？

# 提高效能，坚持做最重要的事

> 社会发展是快节奏的，要想跟上时代的发展，你必须成为一个高效的工作人士。做高效的工作是有章可循的，任何事情都要有轻重缓急，不能眉毛胡子一把抓，这样才能一步一步地把事情做得有节奏、有条理。越是渴望高效，越要懂得效率的关键在于条理，不乱方寸才能步步为营。

## 先做最重要的事情

失败必有原因，成功自有方法。高效做事者之所以能在最短的时间完成最漂亮的工作，是因为他们掌握了先做重要事情的原则。

伯利恒钢铁公司总裁理查斯·舒瓦普，为自己和公司的低效率而忧虑，于是去找效率专家艾维·李寻求帮助，希望李能卖给他一套思维方法，告诉他如何在短短的时间里完成更多的工作。

艾维·李说："好！我10分钟就可以教你一套至少提高50%效率的最佳方法。"

"把你明天必须要做的最重要的工作记下来，按重要程度编上号码。最重要的排在首位，以此类推。早上一上班，马上从第一项工作做起，一直到完成为止。然后用同样的方法对待第二项工作、第三项工作……直到你下班为止。即使你花了一整天的时间才完成了第一项工作，也没关系。只要它是最重要的，就坚持做下去。每一天都要这样做。在你对这种方法的价值深信不疑之后，叫你公司的人也这样做。"

"这套方法你愿意试多久就试多久，然后给我寄张支票，并填上你认为合适的数字。"

舒瓦普认为这个思维方式很有用，不久就填了一张25000美元的支票给李。舒瓦普后来坚持使用艾维·李教给他的那套方法，五年后，伯利恒钢铁公司从一个鲜为

人知的小钢铁厂一跃成为最大的不需要外援的钢铁生产企业。舒瓦普常对朋友说:"我和整个团队坚持拣最重要的事情先做,我认为这是我的公司多年来最有价值的一笔投资!"

对待工作,一定要注意区分轻、重、缓、急,集中力量在重要的事情上,而不是每天完成一堆既不重要又不紧急的事情以自慰。对待生活也是如此,在一段时间内肯定有你生活的重心,要把精力投入到重要的事情上,我们每天都能过得很充实。

在一堂时间管理课上,教授在桌子上放了一个装水的罐子,然后又从桌子下面拿出一些正好可以从罐口放进罐子里的鹅卵石。当教授把石块放完后,问他的学生:"你们说这罐子是不是满的?""是!"所有的学生异口同声地回答。"真的吗?"教授笑着问。然后再从桌底下拿出一袋碎石子,把碎石子从罐口倒下去,摇一摇,再加一些,再问学生:"你们说,这罐子现在是不是满的?"这回他的学生不敢回答得太快。最后班上有位学生怯生生地细声回答道:"也许没满。""很好!"教授说完后,又从桌下拿出一袋沙子,慢慢地倒进罐子里。倒完后,于是再问班上的学生:"现在你们再告诉我,这个罐子是满的呢,还是没满?""没有满!"全班同学这下学乖了,大家很有信心地回答。"好极了!"教授再一次称赞这些"孺子可教"的学生们。称赞完了,教授从桌底下拿出一大瓶水,把水倒在看起来已经被鹅卵石、小碎石、沙子填满了的罐子里。当这些事都做完之后,教授正色问他班上的同学:"我们从上面这些事情得到什么重要的启示?"班上一阵沉默,然后一位自以为聪明的学生回答说:"无论我们的工作多忙,行程排得多满,如果要逼一下的话,还是可以多做些事的。"这位学生回答完,心中很得意地想:"这门课到底是讲的时间管理啊!"教授听到这样的回答后,点了点头,微笑道:"答案不错,但并不是我要告诉你们的最重要信息。"说到这里,这位教授故意顿住,用眼睛向全班同学扫了一遍说:"我想告诉各位最重要的信息是,如果你不先将大的'鹅卵石'放进罐子里去,你也许以后永远没有机会把它们再放进去了。"

这个故事告诉我们就是要先做第一重要的事情。就像往罐子里先放鹅卵石一样,与其把你所有的精力分散到许多无关紧要的事情上,还不如看准一件最重要的工作,集中精力,埋头苦干。这样就一定会收到更好的效果。人的精力是有限的,集中精力在重要的事情上是提高工作效率的一个重要方法。

## 对重要的事情要格外认真

20几岁的人都已经或者正在自己的事业上迈步前行,如果要想获得事业的成功,避免遭受损失,对重要的事情不能用"大概"、"也许"来搪塞。要养成对工作和生活中重要的事情反复确认的习惯。

小惠是一个公司的会计,工作几年的她对工作有一些倦怠。有一段时间她做事情不是那样的积极,老板吩咐了的事情,她也总是在老板催了几次的情况下才能勉强完成。

每次当老板问他"某项工作的预算表是不是可以如期交出来"时,她总是给出一个模棱两可的答复。刚开始的时候老板理解她可能是因为情绪的原因,只是委婉地提醒她要努力工作了。但是她根本没意识到这一点,后来又遇到好几个项目都没有如期完成,当老板问的时候,她总是以大概之词来做挡箭牌。最后老板失去了耐性,辞退了她。

从小惠的经历中,我们要认识到:你万不可用一个"大概可以"之类的模棱两可的回答来搪塞自己的上司,而要提供一个确切的回答,即使是否定的。

要知道,上司只想获得一个确定的答复,不是"大概",应是"一定"。如果你的回答不能确定,上司问了也等于白问。当你自己也不确定时,就要先向经办人查问清楚。

很多人把"大概是这样子"常常挂在嘴上,这种以推测和期待为基础的事件,被称为"大概业务"。所以,年轻人千万要记住"绝不要做大概业务"。

或许你曾经有过这样的经历:你认为"已经有人承诺了,这件事应该没有问题才对",而到了约定日期,你却发现一点动静也没有。打电话过去催促,对方竟然说:"真对不起,我忘记了。"

因为对方忙着做其他工作,而把你托付的事情给忘了。其实,这也是你的疏忽,因为你没有提醒他别忘了你托付的事情。

在工作中,如果要避免遭受损失,再三叮咛承诺的一方是有必要的。

比如,主办人为了避免出席人数不足而导致会议流产,通常会在开会前再次确认出席人数;订购的材料如果不能如期交货,会严重地破坏生产计划,所以也必须反复叮嘱供货商。

绝对不要以为，已经约好了的事，就应该不会有什么问题了。再去确认一下吧！

因此，为了确保自己事情办得顺利妥当，避免遭受损失，对我们重要的事情要再三叮嘱，这才是一个具有责任心的人会做的事情。

## 为自己涂一层"保护色"

> 年轻人要敢爱敢恨，但胸无城府，总是喜怒皆形于色，很可能会被人利用或者算计，让自己受到伤害。给自己涂一层保护色，适当地隐藏自己的意图，你前进的路上就会少很多不必要的消耗，更加顺利和平坦。

### 在不显不露中出头

聪明人为了实现内心的远大抱负，当处于不利状态时常能隐藏自己的目的，能忍受巨大的屈辱和磨难，以求得最终的胜利。

春秋时期，吴国把越国打败了，吴王夫差便趁机要越王勾践到吴国为奴。勾践将国事托给大夫文种，让范蠡随他到吴国。于是，夫差便令勾践为其牵马。

有一回夫差大病，勾践便亲自去见夫差，并且当着众人的面亲口尝了夫差的粪便，凑近他身旁告诉他："我曾经跟名医学过医道，刚才我尝了大王的粪便，味酸而稍微有些苦头，这是得了医生所说的'时气病'，此症一定能够好转，大王不用太担忧。"

几天后，夫差的病果然好了，从此他对勾践有了很好的印象。

勾践在吴国吃尽了苦头。两年后，文种又给伯嚭送来珍宝美女。伯嚭进宫见夫差，说道："勾践事吴两年，服侍大王也殷勤周到，现在您可知道他是真心归顺了吧！大王不如放他回去，要他多多进贡就是了。"

勾践回国后，自己亲自种田，妻子亲手织布，并且用绳悬一苦胆，日日尝之，以此提醒自己不要忘掉以前受的凌辱与苦难。文种精通经济内政，范蠡擅长外交和军务。勾践充分信任他们，让他们各司其职。

夫差好色，伯嚭贪财，勾践让人尽量满足他们，还派范蠡物色了越国最美的女子西施，给夫差送去。夫差果然一见倾心，用大量人力、物力建姑苏台，取悦西施。勾践以为时机成熟，想发兵攻吴。文种进谏道："吴国府库尚余，加上伍子胥在，足以抵挡三万越甲，伐吴时机未到。"勾践虚心纳谏。

面对越强吴弱的发展态势，伍子胥忧心如焚，劝谏夫差："臣闻勾践食不重味，与百姓同苦乐。此人不死，必为吴患。"夫差充耳不闻，伍子胥愤然道："大王不听劝阻，不过三年，吴国必为越国所破。"

伯嚭巴不得夫差杀伍子胥，就进谗言道："伍相国不顾父兄被楚平王杀害而自己一个人逃命，为报私仇又覆灭了自己的国家。"在伯嚭的谗言迷惑下，夫差终于疏远了伍子胥。又过了两年，夫差带兵攻齐，获胜还师。

文武官员全说恭维话，只有伍子胥在夫差兴头上批评说："此次攻齐，不过是偶获小胜而已；越国不灭，才是心腹大患。"吴王夫差大怒，令他自裁。伍子胥自刎之前说："我死后，一定要取出我的眼睛，放在吴国都城的东门，我将看着越兵攻入。"

公元前482年，吴王夫差带着精兵强将在黄池会盟中原诸侯，勾践乘机率精兵五万袭击吴国，打败吴国守军，杀了吴国太子。公元前473年，勾践再次攻吴，把夫差包围在姑苏山上。夫差势单力薄，派公孙雄袒胸露背，跪行至越军求和。勾践不忍，欲许之。范蠡谏道："当年大王兵败会稽，天以越赐吴，吴王不取，以致有今日；现在夫差兵败姑苏，天又以吴赐越，越岂能不取？大王卧薪尝胆，不就为有今日吗？愿大王三思！"不待勾践点头，范蠡果断地下令擂鼓进兵。

不久，越军灭吴。夫差痛悔自己误信伯嚭之言，而忠言逆耳却听不进，于是他以布蒙面，伏剑自杀，临死前大叫一声："伍相国，我没有脸面见你啊！"

勾践之所以能取得最后的胜利，在于他能隐藏自己的真实用心。在吴国受尽千辛万苦也毫无抱怨，就是因为他明白当自己的力量无法达到追求的目标时，为了防止别人干扰、阻挠、破坏，而采取了一种低调的策略保护自己。这样才不容易引起他人的注意，才可以蓄积力量，最后一举成功。

在激烈的职场竞争中也是如此，聪明的人要学会谨慎，不要轻易暴露自己的真实意图，低调做人做事，等待时机到来再挺身而出。

## 真假结合显奇效

唐朝中叶,安禄山发动叛乱。叛军一路上势如破竹,这一天来到了雍丘。著名将领张巡率领雍丘军民进行了积极的抵抗。守卫战坚持了40多天,城中的箭都已用完。张巡叫士兵们扎了一千多个草人,给草人穿上黑衣,系上绳子。晚上,叫士兵提着绳子把草人从城墙上慢慢放下去。围城的叛军以为是唐军偷越出城,一阵乱箭射去。等草人身上扎满了箭,士兵们再把草人拉上城来。这样反复好多次,得到了十几万支箭。秘密泄露出去,叛军才知道张巡用了草人借箭的计策。又一天夜里,只见又有好多人从城上吊了下去。叛军将士都哈哈大笑,嘲笑张巡愚蠢。有个将领说:"张巡还想用草人来赚我们的箭呀,弟兄们,别上当啦!咱们不理它,让他们自等着吧!"

过了一阵子,有人报告城墙上的草人不见了。那个将领说:"咱们不射箭,张巡准是等得不耐烦,把草人收回去了。没事啦,大家都睡觉去吧。"夜深人静的时候,突然跑出一支唐军,直向叛军兵营杀来。城里唐军也擂鼓呐喊,就要杀出城来。叛军将士早已进入梦乡,遭到这突然袭击,立刻大乱。叛军将领从睡梦中惊醒,以为是唐朝的增援大军杀来了,不敢抵抗,慌忙下令放火,把那些工事壁垒一齐烧毁,然后逃跑了。原来这又是张巡用的计。这次吊下城来的不是草人,是唐军的敢死队。敢死队下城以后就找地方埋伏起来,到深夜发动突然袭击,城里再呼应助威,好像增援大军从天而降。其实敢死队一共才500人。等叛军惊慌逃跑,敢死队和城里的唐军乘胜追杀十多里,取得大胜,才收兵回城。

这是充分利用思维定式的谋略,张巡利用了敌军习以为常的心理,先频频以假象示敌,从而使对方麻痹,再在适当的时机发动进攻,给敌人以沉重打击。

做一些表面看来毫无意义甚至愚蠢的事情,可以麻痹敌人,分散敌人的注意力,然后趁机行动。这种蒙蔽方法着眼于扰乱对手视线,就好像是虚晃一枪的障眼法。这样可以在你的对手搞不清状况的时候,轻松取胜。

在现实的生活中为了不让对方搞清楚你的主张和观点,为了不让自己被人玩弄,就需要迷惑对方,以保护自己。这是需要一定技巧的。从很多城府很深的人身上我们能够看到这一点,那就是要懂得真假结合,以搅乱对方的判断。

 # 先纵后擒，有退让才有占领

> 你把弹簧压得越紧，它就会弹得越高。弹簧的智慧，就在于懂得伸缩之理。"三十六计"中也有一条"欲擒故纵"计，越是想要得到的东西，越是要懂得慢慢去寻找机会。急躁是这个时代的通病，年轻人更是容易急躁。要知道急躁并不能找到最好的方法，不妨放一放手，也许看得更加全面，懂得更加彻底。

## 纷繁社会，退是一种自保

武则天14岁时，已是艳名远播，她被唐太宗李世民招入宫中，封为才人，唐太宗十分宠爱她，称她为"媚娘"。不久，人们盛传唐朝将遭受"女祸"之乱，且公开言及这个女人姓武。宫中观测天象的大臣面谏唐太宗说："帝星晦暗，女主环伺。这个女人看来已在宫中，陛下为了确保江山永固，应当查出此人，以绝后患。"

唐太宗心有震动，但并未深信，他对言事的大臣说："此事非同小可，不能随便乱说。若有偏差，朕岂不遭人指责？"这个说法越来越盛，许多大臣纷纷上奏，有的竟出语尖刻道："天象已显，此是上天示警，陛下怎能视而不见呢？此事关系大唐江山存亡，纵使牵扯无辜，也是无可奈何之事，陛下绝不可掉以轻心，遗下大患。"

见群臣如此郑重其事，唐太宗也重视起来，不敢怠慢了。他命人暗中把姓武之人逐一检点，不惜找借口或逐或废，一时搞得人心惶惶，武姓之人更是人人自危。武则天陪伴唐太宗左右，很会讨唐太宗的欢心。有人上奏唐太宗说："武媚娘虽是年少性纯，但她终究是大嫌，陛下应当立即下决心，把她废除，宫中才可得保平安。"

唐太宗对他人的劝谏只是一笑,对媚娘说:"你娇媚单纯,若说你为女祸之主,谁会相信呢?"

武则天撒娇道:"陛下英明,自然会保全妾身了。妾永远忠于陛下,天日可表。"武则天暗感凶险,她处处讨好唐太宗,又私下和太子李治偷情,作为以后的依靠。

唐太宗将死之时,有的大臣重提旧事,进谏说:"女祸之事,不可不防。如今武媚娘年纪渐长,陛下百年之后,她贵为陛下的旧人,他人就难以治御了。"唐太宗为了子孙后代着想,也慎重起来,他开始打算除去这块心病了。

一日,唐太宗对武则天说:"朕病之甚重,料不久于人世了。你在朕身边多时,朕实不忍心弃你而去。朕死之后,你将如何自处呢?"武则天听出了唐太宗的话外之音,她为了保全性命,这时机智答道:"妾深受大恩,本该一死报答。不过圣上虽染疾患,但终有望痊愈,请让妾削发为尼,长斋拜佛,到尼姑庵去日日拜祝圣上长寿,求取上天赐福。"

唐太宗本想处死武则天,这时听她出家为尼,遂动了不忍之心。他自忖武则天当了尼姑,也就不能为患了。唐太宗答应了武则天的请求,和武则天相好的太子李治却痛惜不已,他私下对武则天埋怨说:"你我海誓山盟,难道你都忘了吗?父皇时日无多,我们不久就可长相厮守,你为何把这一切都轻轻放弃了呢?"

武则天垂泪道:"皇上对我疑心没有去除,我若不抛弃一切,自请归入佛门,那就必死无疑了。我虽然舍不得眼前的荣华,可不这样做,命都不保,又拿什么来谈将来呢?只要太子对我仍有情意,我总会有出头之日啊!"李治敬佩武则天的才智,他含泪点头,发誓说:"我若辜负了你,天地不容。"

后来李治登基,武则天被他接入宫中,宠爱无比。武则天从此干预朝政,最终成为一代女皇。

武则天在进退之间果断地选择退而自保,以期东山再起,是人生一大策略。害人之心不可有,防人之心不可无。在现实社会中,无端的陷害无处不在,没有人能够永远躲避。20几岁的我们在陷害面前,如果无法解脱,就应该舍弃既得的利益而保住自己的根本。这是明智者的选择,也是以退求进的处世之法。把利益抛开,损失虽然惨重,但不足以致命;有了利益的牺牲,害人者才会有所满足,或许会罢手。俗话说:"留得青山在,不怕没柴烧。"只要保全根本,就不是最坏的结果。

## "退"不是屈服和软弱

在适当的时候,学会"退"不是屈服、软弱,而是非常务实、通权达变的智慧,退可改变现况、转危为安。退,是一种战术,也是一种战略,更是20几岁做事的必然要求。

三国时期的司马懿就是利用以退为进的方法夺得兵权的。

孔明取下陈仓,魏主曹睿面对如雪片般飞来的陈仓告急文件,又听闻郝昭已死,诸葛亮再出祁山,不但收了陈仓,更攻下了附近的城池,一时间,竟不知如何是好。

另一方面,文告又到,说东吴孙权称帝,与蜀国结盟,陆逊在武昌练兵,随时会入侵中原。两处告急,如何是好?此时又传出曹真病危的消息,曹睿只好再次找司马懿商量妙策。

司马懿说:"以我猜测,东吴孙权只是增号称帝,伪称与蜀国结盟,故作兴兵。我们不用派兵防吴,只要集中兵力防蜀便可以了。"曹睿认为有理,立即封司马懿为大都督,总摄西边各路兵马。又吩咐左右,说:"去曹真府取总兵将印来。"

司马懿阻止说:"让我自己去取吧!"说完辞别而出,直往曹真大都督府。

司马懿见了卧病的曹真,说:"东吴、西蜀联盟兴兵来犯,孔明又再次出祁山,你知道吗?"

曹真大惊,说:"我因为病重,家人封锁了消息。现在国家危急,只有司马兄才有能力拒蜀兵呀!"

司马懿谦虚地说:"我才薄智浅,怎可称职呢?"

曹真命左右,说:"取总兵将印来!"

司马懿说:"都督不用担心,我愿助你一臂之力拒敌,只是受不了这个帅印呀!"

曹真听了,整个人跃起,央求道:"你如果不担此重任,国家就危急了!我今日病重,也要面见皇帝推荐你呀!"

司马懿见他如此有诚意,便只好说:"天子已有恩命,唯我不敢接受罢了!"

曹真大喜,说:"你若肯担当此任,蜀兵可退!"

司马懿再三推辞后终于接受了。

在官场打滚多年的司马懿,恰当地运用了一招以退为进的方法,化解了曹真被夺权的怨愤,真是高手。

　　以退求进是高明的处世哲学,因为只有后退才能跳得更高,只有收拳才能出拳有力,只有退一步才能进两步。

　　以退让开始,以胜利告终,是人际关系学中不可多得的一条锦囊妙计。你先表现得以他人利益为重,实际上是在为自己的利益开辟道路。在做有风险的事情时,冷静沉着地让一步,方能取得绝佳效果。

　　成功的第一步便是让自己的利益和意图丝毫不露,让对方因为你能投其所好而情愿做你要他做的事。尊重并突出别人的观点和利益,这是我们欲求他人合作的最有力的法宝。人们不会正确使用这一法宝,是因为他们常常忘记了,如果我们过分强调自己的需要,那别人对此即便本来是有兴趣的,也会改变态度。

　　因此,人生在世,为人处世要学会退让。退让不是一种软弱和屈服,是一种智慧,是一种艺术,更是一种走向成功的谋略。

　　20几岁的年轻人应该养成以退为进做事情的习惯,如果使用得当,就会收到事半功倍的效果。以退为进对商场中的年轻人尤为重要,在商场竞争中,一个经营者如果不懂得以退为进的谋略,就会在盲目前进中碰壁。反之,当你所经营的产品出现市场疲软,难以销售的时候,当你与竞争对手在实力对比上相差悬殊,难以取胜的时候,不妨采用退一步的策略,以退求进,迂回前进,定能取得比盲目前进更大的成效。

# 卷 三

有很多实力雄厚、深谋远虑、目光敏锐、吃苦耐劳的大企业家,都是以沉默寡言和办事迅速、敏捷而著称的。即使他们所说出来的话,也是句句都很准确、很到位,都有一定的目的。他们从来不愿意在这里头多耗费一点一滴的宝贵资本——时间。当然,有时一个做事待人简捷迅速、斩钉截铁的人,也容易引起一些不满,但他们绝对不会把这些不满放在心上。为了要在事业上有所成就,为了要恪守自己的规矩和原则,他们不得不减少那些和他们的事业没什么关系的人际来往。

生命中没有任何一天是多余的,所以没有供我们浪费的时间。浪费时间是一种坏习惯,要戒掉这个坏习惯,需要付出一定的努力。

## 我碌碌无为度过的今天，正是昨日殒身之人企望的明天

> 世上存在着很多的不公平，但有一样东西是大家都拥有的，那就是时间。不管老人还是年轻人，每天拥有的时间都是绝对平等的。在相等的时间里有些人成功了，做出了非凡的事业，有些人却蹉跎岁月，最终一事无成。成功的人生，永远属于那些成功支配时间的人。有的人整日在忙碌中度过却无所作为，而有人却可以轻松自在、从容不迫地工作和生活，这并不是因为他们拥有的时间多少不同，关键在于是否有效地利用了时间。

### 没有任何一天是多余的

年轻人是听着"一寸光阴一寸金"的童谣长大的，很多人都明白这个道理，结果还是任时间白白流逝。我们都深知时间的重要性，可又不得不无谓地浪费掉很多宝贵的时间，真像你说的那样"没办法"吗？其实不然，关键是你没有真正掌握控制时间和利用时间的艺术。

由于每一天都是一次性的，所以，无所谓"失去的"日子，也没有更多的时间供你挥霍。有时你也许会想就在例行的事务中混下去，打发光阴，消磨时间。但是没有任何一天是"多余"意义上的徒劳，也没有哪一天可以如此糟糕地度过。千万不要睡懒觉，要平静和崇敬地开始每一天。

那些在大银行、大公司工作的许多经理们，以及在各大企业财团工作的许多高级职员们，多年来都养成了这种本领。有很多实力雄厚、深谋远虑、目光敏锐、

吃苦耐劳的大企业家，都是以沉默寡言和办事迅速、敏捷而著称的。即使他们说出来的话，也是句句都很准确、很到位，都有一定的目的。他们从来不愿意在这里头多耗费一点一滴的宝贵资本——时间。当然，有时一个做事待人简捷迅速、斩钉截铁的人，也容易引起一些不满，但他们绝对不会把这些不满放在心上。为了要在事业上有所成就，为了要恪守自己的规矩和原则，他们不得不减少那些和他们的事业没什么关系的人际来往。

生命中没有任何一天是多余的，所以没有供我们浪费的时间。浪费时间是一种坏习惯，要戒掉这个坏习惯，需要付出一定的努力。

你应立即着手寻找你在哪些地方浪费了时间，并将它们一一列在清单上，然后用命令式的语气写下自己现在对这些做法的态度。举例来说，如果拖拖拉拉是你浪费时间的坏习惯，那么你就该在清单上这样写："别再拖延了"。如果你因为不喜欢拒绝别人，反而害自己得承担过多不必要的责任，那么就在清单上写下："学会说不"。

把这张清单放在经常看得到的地方，如你面前的墙上或你自己的告示板上，或是贴到门上，还可以把清单放在抽屉里，只要每天都可以看到它就好。当你看到这张清单时，就不断地提醒自己要避免这些恶习，同时要把自己浪费时间的行为矫正好。不久，你就会发现自己有很大的进步，可以在很短的时间内做完更多事情。

## 化零为整，积累零散时间

时间不会因为谁而逗留片刻，每分每秒它都在匆匆地赶路，我们年轻人该如何在有限的时间中创造更大的价值呢？那就需要利用好零散的时间。

我们经常会碰到一些零散的时间，它们不成体系，散布在我们的生活中，有时候甚至引不起我们的注意。所谓零散时间，是指连续的时间或一个事务与另一事务衔接时的空余时间。这些零散时间包括工作的间隙、晚饭后、临睡前等，它们都不长，可能就是10~15分钟。这样短暂的时间似乎什么也干不了，零散得好像没有价值。其实，这些零散时间的价值来源于它们的积累，假如每天有15分钟的零散时间被你利用起来，你每年就可以有超过90个小时的时间在从事一些有意义的事情。

美国近代诗人、小说家和出色的钢琴家艾里斯顿善于利用零碎时间的方法颇值得借鉴。他写道：其时我大约只有14岁，年幼疏忽，对于爱德华先生那天告诉我的

一个真理未加注意，但后来回想起来真是至理名言，从那以后我就得到了不可限量的益处。

爱德华是我的钢琴教师。有一天，他给我教课的时候，忽然问我每天要练习多少时间钢琴，我说大约每天三四小时。

"你每次练习，时间都很长吗？是不是有个把钟头的时间？"

"我想是这样。"

"不，不要这样！"他说，"你将来长大以后，每天不会有长时间的空闲。你可以养成习惯，一有空闲就几分钟、几分钟地练习。比如在你上学以前，或在午饭以后，或在工作的休息余闲，五分钟、五分钟地去练习。把小的练习时间分散在一天里面，如此弹钢琴就成了你日常生活中的一部分了。"

当我在哥伦比亚大学教书的时候，我想兼从事创作。可是上课、看卷子、开会等事情把我白天、晚上的时间完全占满了。差不多有两个年头我一字不曾动笔，我的借口是没有时间。后来我才想起爱德华先生告诉我的话。到了下一个星期，我就把他的话实践起来。只要有五分钟左右的空闲时间，我就坐下来写作一百字或短短的几行。

出乎意料，在那个星期的终了，我竟写出了不少东西。后来我用同样积少成多的方法创作长篇小说。我的教授工作虽一天一天繁重，但是每天仍有许多可资利用的短短余闲。我同时还练习钢琴，发现每天小小的间歇时间，足够我从事创作与弹琴两项工作。

人们总是感叹为什么伟大的人能够做出非凡的成就，仿佛时间特别厚待他们，让他们能做那么多的事情。实际上，时间对于每一个人来说都是公平的，能不能在一样多的时间里创造出比别人更多的价值，关键看你能不能有效地利用时间。运用生活中的零散时间，化零为整，你的生活和工作将更加轻松。

利用零散的短暂时间有一个诀窍：你要把工作进行得迅速，如果只有五分钟的时间给你写作，你切不可把四分钟消磨在咬你的铅笔尾巴上。思想上事先要有所准备，到工作时间届临的时候，立刻把心神集中在工作上。迅速集中脑力，这并不像一般人所想象的那样困难。不要让这些零散的五分钟、十分钟随便过去，毫不拖延地充分加以利用，就能积少成多。

有人算过这样一笔账：一个人如果每天临睡前挤出15分钟看书，他的看书速度为中等水平，即每分钟能读300字，那么，15分钟他就能读4500字，一个月读13.5万字，一年的阅读量就可以达到162万字。如果每本书平均约20万字，一年他就可以读8本书。这个数目是可观的，远远超过了世界上人均年阅读量。而且，这并不难实现。许多伟人之所以能流芳百世，一个重要的原因就在于他们十分珍惜时间。他们在一生有限的时间里，不但充分利用上天赐予他们的每一分每一秒，还善于把隐藏的时间找出来，一刻不停地工作、积累、进步。

趁着我们还年轻，树立起化零为整的时间观念，在零散的时间中拿起一本书或者一个本，哪怕是一张宣传广告，你就不会在地铁上苦熬着等待下车，你就不会在拥挤的取款机前焦急张望。利用好零散的时间，人生的道路上，我们会取得不平凡的成就。

# 拖延就是浪费生命

> 当拖延成为你的习惯时，死神也就在不知不觉中来临了。
> 
> "明天，明天，还有明天"，很多人总是在这样的自我安慰中度过了一个又一个今天，殊不知，时间滔滔不息地奔赴终点，当你把今天应该完成的事拖到明天去做时，这个"明天"会把你的生命无限拖延，直到坟墓。20几岁正是人生的大好时光，行动起来吧！万万不能因为拖延而浪费生命。

## 你的抱负和梦想在拖延中化为灰烬

你的抱负和梦想，是怎么化为灰烬的？是拖延，如果你打算用你的白日梦和你从没按时履行过的计划表来实现梦想，等待你的只有生命的损耗和机会的擦肩而过。

李明大学毕业，在北京做过很多工作，但每个工作都没做足三个月，原因是李明自小有一个拖拉的坏习惯，干什么事都是今天推明天，明天推后天，推来推去什么事也没做成。就拿当初考大学来说，要不是他妈妈天天逼着学习，恐怕至今他还在复读呢！就因为这个毛病，李明求过职的很多公司都辞退了他，谁也不愿和一个"三天打鱼，两天晒网"、办事拖拖拉拉的人共事。

不久，李明又去一家公司求职，这家公司也觉得李明有市场策划的才能，决定经试用后再录用他。这家公司让他用半个月的时间搞个市场策划。这次李明吸取了上次的教训，决心改掉自己办事拖延的坏毛病，他决定用一周时间搞市场调查，用五天时间写出规划，三天时间进行修改。这样，不到15天就能完成工作任务。开始几天李明不辞辛苦地奔波于各大市场进行调查，可没坚持几天，他拖延的老毛病又犯了，十天过去了材料还没动笔写，一天经理要看他写的市场策划材料，他推脱还不到交稿时间。经理见离交稿时间只有3天了，李明还没出成稿，觉得他办事拖延，对工作极不认真，就对他说："你也不用写了，从明天起你就不用来上班了。"这个公司又因为李明办事拖延把他给解雇了。

或者目前你还没遇到李明这样的境况，但是或许你有过这样一种经历：清晨，闹钟把你从睡梦中叫醒，想着自己所制订的计划，同时却感受着被窝里的温暖，一边对自己说"该起床了"，一边又不断地给自己寻找借口"再等一会儿"。于是，在忐忑不安之中，又躺了五分钟，甚至十分钟。

类似的情况我们在生活中经常会遇到，如果哪天你把一天的时间记录一下，会惊讶地发现，"拖延耗掉了我们很多的时间"。很多情况下，拖延是因为人的惰性在作怪，每当自己要付出劳动时，或作出抉择时，我们总会为自己找出一些借口，总想让自己轻松些、舒服些。有的人能在瞬间果断地战胜惰性，积极主动地面对挑战；而有的人却深陷于"激战"的泥潭，自己被主动性和惰性拉来拉去，不知所措，无法定夺……其实拖延就是纵容惰性，也就是给了惰性机会，如果形成习惯，它会很容易消磨人的意志，使你对自己越来越失去信心，怀疑自己的毅力，怀疑自己的目标，甚至会使自己的性格变得犹豫不决，养成一种办事拖拉的毛病。

当然，有时拖延是因为考虑过多、犹豫不决造成的。比如，有一方案即使在会议上已经通过，经理还在考虑万一职工有意见怎么办，万一上级领导有看法怎么办，非要再拖几天才去实施，诸如此类的事情每一天都在我们的身边发生。

适当的谨慎是必要的，但谨慎过头就是优柔寡断，更何况很多像早上起床这样的事是没必要进行任何考虑的，所以，我们要想尽一切办法不去拖延，而不是想尽一切借口去拖延。绝不要让"我是不是可以等一等"的念头控制自己。

爱默生曾说："紧驱他的四轮车到别的星球上去的人，倒比在泥泞的道上追踪蜗牛行迹的人，更容易达到他的目标！"当你准备把今天的事情放到明天去做时，你应该想想到底有多少明天在等着你，到底有多少机会在等着你，今天的太阳明天还会升起吗？

## 奔跑起来

为了改掉拖延的毛病,你不妨采取以下几种方法:

第一种,为自己规定一个期限,但你不要暗地里规定一个期限,这样很容易被人忽视。要让其他人都知道你的期限,并且期望你能如期完成。

第二种,勇敢揭开自己的伤疤。你可能想减肥、戒烟、学习一门技术,与好久没联系的朋友重新联系,可是你在犹豫,迟迟不能开始你的行动。因为你认识不到问题的严重性。对美食的依赖会令你发胖,爱人可能会因此另寻新欢;吸烟令你的肺黑得像煤炭一样,并使你早早死于肺癌;能力的欠缺让你没有养家糊口的本领,朋友也会疏远你,你会成为一个孤立的人,最后郁郁而终。所有这些,只是因为你现在拖延,你的誓言如同垃圾一样。所以你应该在纸上写下你要做的事,把最严重的后果写出来,而不是写些无关痛痒的东西。

第三种,不要等到万事俱备以后才去做,永远没有绝对完美的事。

第四种,认真审视一下自己的生活。假设你今生今世还有六个月的时间,你还会做自己目前所做的事情吗?如果不会的话,你最好尽快调整自己的生活,现在就去做你觉得最紧迫的事情。为什么?因为相对而言,你的时间是很有限的。在时间的长河中,30年和六个月是相差不多的。你的全部生命只不过是短暂的一瞬间,因而在任何方面拖延时间都毫无道理。

第五种,在拖延的时候惩罚自己。例如你今天还是没有按时起床,那么你应该狠狠地惩罚自己一下。如果你没能按时完成你的既定工作,那么就取消一顿丰盛的午餐或晚餐吧。当你能够不拖延地做事时,你就不会像驴和马一样,在别人的鞭策和命令下才肯生活。

第六种,不要再使用"希望"、"但愿"、"或许"等词,因为这些词会促使你拖延时间。每当你发觉自己的话里又出现这几个词时,就应该改变自己的话。例如,你应该:

将"我希望事情会得到解决"改为"我要努力解决这件事";

将"但愿我心情会好一些"改为"我要做些事情,保持心情愉快";

将"或许问题不大"改为"我要保证没有问题"。

明日复明日,明日何其多,在时间的河流中,我们永远不要因为拖延而将自己的人生之船搁浅,时间永远不会等着你的下一步行动。

## 积极的后悔才有意义

> 很多的年轻人认为"覆水难收,悔恨无益"是陈词滥调而不屑一顾。虽然这是老生常谈的一句话,但却蕴涵了深沉的智慧。所谓谚语,就是人类在长年累积后生活体验和世代相传的智慧结晶。我们要学习这种对待过错的心态,错过了就别后悔。后悔不能改变现实,只会消弱今天的美好,给未来的生活增添阴影。当我们和成功失之交臂后,不要悔恨难过,要有再试一次的勇气,人生才会有转机。

### 一时错过,不代表一生错过

人生一世,花开一季,谁都想让此生了无遗憾,谁都想让自己所做的每一件事都永远正确,达到自己预期的目的。可这只能是一种美好的幻想。人不可能不做错事,不可能不走弯路。做了错事,走了弯路都会让我们或多或少错过一些美好。这个时候难免会有一种悔恨情绪。有后悔情绪是很正常的,这是一种自我反省,是自我解剖的前奏曲,正因为有了这种"积极的后悔",我们才会在以后的人生之路上走得更好、更稳。

但是,如果你后悔不已,或羞愧万分,一蹶不振;或自惭形秽,自暴自弃,那么你的这种做法就很愚蠢了。要知道人生没有返程票,世上亦没有后悔药。

在各种误区行为中,悔恨是最无益的,是在浪费你的情感。悔恨是你在现实中由于陷在过去的事情里而产生的惰性。然而,时光一去不复返,无论你怎样悔恨,已经发生的事情是无法挽回的。

在这里,我们有必要指出,悔恨与吸取教训是存在很大区别的:悔恨不仅仅是对往事的关注,而且是由于过去某件事情产生的惰性。这种惰性范围很广,其中包括一般的心烦意乱直至极度的情绪消沉。假如你是在吸取过去的教训,并决意不再重蹈覆辙,这并不是一种消极悔恨。但是,如果你由于自己过去的某种行为而到现在都无法积极地生活,那就变成了一种消极的悔恨。吸取教训是一种健康有益的做法,也是我们每个人不断取得进步与发展的必要环节。悔恨则是一种不健康的心理,它会令人白白浪费自己目前的精力。这种行为完全没有好处,只会有损于身心健康。实际上,仅靠悔恨是绝不能解决任何问题的。因此,我们不应该让自己陷入无尽的悔恨当中,那么我们该怎样做呢?

英国首相劳合·乔治有一个习惯——随手关上身后的门。
有一天,乔治和朋友在院子里散步,他们每经过一扇门,乔治总是随手把门关上。
"你有必要把这些门关上吗?"朋友很是纳闷。
"哦,当然有这个必要。"乔治微笑着对朋友说,"我这一生都在关我身后的门。你知道,这是必须做的事。当你关门时,也将过去的一切留在后面,不管是美好的成就,还是让人懊恼的失误,然后,你才可以重新开始。"

年轻人应该向乔治学习!随手关上身后的门,学会将过去的失误、错误通通忘记,不要沉湎于懊恼、后悔之中,一直往前看。这时你会发现,我们在每一天里重新诞生,每一天都是我们新生命的开始。在不为错过夕阳而悔恨的时候,才不会错过明天的夕阳。

## 再试一次才不会留下遗憾

当我们在成功路上失败时,千万不要为自己的失败而后悔,我们错过了一次花开,等待时机会迎来另一次繁花似锦,面对失败也是如此,不可能永远错过,等待时机,要有再试一次的勇气。如果你的策划方案在竞标中失败了,我们要总结经验,积蓄力量争取在下一次竞标中脱颖而出,这是我们年轻人需要的一种精神。

要想取得成功就要学会在失败之后再努力一次,因为在成功和失败之间,有时只相隔不到一米的距离,就如让大树倒下的往往是最后的一击,关键就在于能否再试一次,砍那最后一斧头,再试一次才不会让我们错过成功。

凡尔纳是一位世界闻名的法国科幻小说家,可他在发表第一部作品时也遭受过很大的挫折!

1863年冬天的一个上午,凡尔纳刚吃过早饭,正准备到邮局去,突然听到一阵敲门声。凡尔纳开门一看,原来是一个邮政工人。工人把一包鼓囊囊的邮件递到了凡尔纳的手里。一看到这样的邮件,凡尔纳就预感到不妙。自从他几个月前把他的第一部科幻小说《气球上的五星期》寄到各出版社后,收到这样的邮件已经是第14次了。他怀着忐忑不安的心情拆开一看,上面写道:"凡尔纳先生:尊稿经我们审读后,不拟刊用,特此奉还。某某出版社。"每看到这样一封封退稿信,凡尔纳都是心里一阵绞痛。这次是第15次了,还是未被采用。

凡尔纳此时已深知,那些出版社的"老爷们"是看不起无名作者的。他愤怒地发誓,从此再也不写了。他拿起手稿向壁炉走去,准备把这些稿子付之一炬。这时,凡尔纳的妻子赶过来,一把抢过手稿紧紧抱在胸前。此时的凡尔纳余怒未息,说什么也要把稿子烧掉。他妻子急中生智,以满怀关切的感情安慰丈夫:"亲爱的,不要灰心,再试一次吧,也许这次能交上好运的。"听了这句话以后,凡尔纳抢夺手稿的手慢慢放下了。他沉默了好一会儿,然后接受了妻子的劝告,又抱起这一大包手稿到第16家出版社去碰运气。

这次没有落空,读完手稿后,这家出版社立即决定出版此书,并与凡尔纳签订了20年的出书合同。

没有他妻子的疏导,没有"再努力一次"的勇气,我们也许根本无法读到凡尔纳笔下那些脍炙人口的科幻故事,人类就会失去一份极其珍贵的精神财富。

所以,我们不要为错过的成功而气馁,成功不会永远被错过,我们要有再试一次的勇气,这样才不会让我们的人生中留下遗憾,所有的努力才不会前功尽弃。

## 别让健康毁了你有所作为的可能性

一旦失去健康,快乐、智慧、知识和美德都会黯然失色。没有健康就没有追求自由的基础,没有健康财富也等于废物。有一个可怕的现象是"40岁以前拿命换钱,40岁以后拿钱换命",20几岁正在"拿命换钱"的阶段,千万不要真的去这样做。身体是陪伴自己一生的朋友,善待它才是善待生命。

## 对健康的投资永不亏本

人们对几年前的一部电影《蒋筑英》可能还记忆犹新，蒋筑英是我国著名的光学科学家，是典型的成功者，但他最终却因积劳成疾而英年早逝。

陕西省作协主席路遥，创作小说《人生》时已身患重病，为路遥治病的老中医劝他不要太玩命，但路遥却说反正时间不多了。几年后，一部反映中国当代青年成长经历的长篇小说《平凡的世界》问世，立刻引起了轰动。《平凡的世界》成了新时期中国长篇小说里的制高点。然而不久以后，心力交瘁的路遥与世长辞。

孙中山先生是我国伟大的革命先行者，一生历经了许多挫折——辛亥革命的胜利果实被剥夺，第一次、第二次护法运动的失败……但他从不向挫折和困难低头，终于找到了革命的正确道路："联俄、联共、扶助农工"三大政策和"新三民主义"。孙中山亲手创建的"黄埔军校"为革命培养了一支训练有素的武装力量。可以说，当时的革命形势是一片大好！但就在这时，孙中山先生因病离世！孙中山先生带着"革命尚未成功，同志仍需努力"的遗憾离开了人世，而留给后人的却是失去健康、壮志难酬的惨痛教训。

"壮志未酬身先死，长使英雄泪满襟"，这是纪念古代的伟大人物诸葛亮的一句诗。诸葛亮是三国时期一位足智多谋的政治家、军事家。有许多关于他的传说，几乎被"神化"，他成为"智慧"的代名词。诸葛亮"鞠躬尽瘁，死而后已"的精神不知感动了多少仁人志士，然而他因不擅授权，集统领军事、行政事务于一身，事无巨细，打20大板以上的刑罚都要亲自裁定，亲自核阅公文，做得多，吃得少，积劳成疾。为了统一天下、结束混乱的局面，诸葛亮"七出祁山"，但终因身体不佳而未能完成统一天下的重任，最后只能"攘是乞命"，但却未能成功。

世间有千千万万的人，就因为对身体不曾注意与留心，以致壮志未酬、饮恨病殁！他们毁掉了自己有所作为的可能性；他们在身体在该强壮的时候，已经是"老态龙钟"的迟暮之态了。有些人有着很好的天赋，但最终只取得了微小的成功，就因为损伤了自己的身体，就因为他不能供给必要的动力来运行身体这部机器。

体力与精力是宝贵的！所以我们必须不惜任何代价，保持它们。换一句话说，如果我们能够获得更多的体力、精力，使我们在事业上能有更良好、更迅速的发展，那么，付出任何代价都是值得的。

如果你是一个想成大事的年轻人，就必须懂得"努力自爱"。也就是说，要尽力保持其身心健康，使力量达到顶点。你必须明白，成功多半是依赖自己的身体，所以对自己的身体必须注意。

## 每天挤出一点时间来运动

世界卫生组织和国际体育医学联合会针对全球有一半人口缺乏运动的现象，敦促各国政府将促进和加强体育运动以及保持良好的身体状态作为公共卫生政策的一部分。其主题是：应当天天将运动作为健康生活的基础，体育运动应成为每日生活中不可缺少的一项内容。

我们先来看一看运动对我们都有哪些益处：

经常运动可以改善消化功能、排泄功能，增加体能与活力，一面消耗脂肪，一面强壮肌肉，提高血液中良性胆固醇的比例，降低不良胆固醇的比例，从而降低总胆固醇的水平。它是放松的重要方法，能帮助你缓解日常生活的压力，并防止压力致病。

增氧健身练习可以使人产生生理变化。它可以降低人体静止时的心率和血压，减少体内脂肪。增氧健身练习还可以提高心脏的最大输出量和最大的耗氧量。这对你的健康影响极大！

研究人员发现运动还可以消除焦虑和消沉情绪，改善自我形象。它能提高情绪水平，使人感觉良好。因此，出门去，走一走，跳一跳，跑跑步。虽然所有锻炼方法都有局限性，但只要持之以恒，任何运动都是有益的。1996年，增氧健身法纵向研究中心在《美国医学会期刊》上刊登了一份报告。报告指出，身体锻炼不足对健康的损害同吸烟一样大，比高胆固醇症、高血压和肥胖症的危害还大。报告还说，适量锻炼身体的吸烟者虽然血压和胆固醇都高，但比身体健康却久坐的非吸烟者活得长。统计数字表明，积极锻炼身体能促进健康，减少早逝的倾向，这是没有争议的。

少吃多运动有助于减肥和保持正常体重。不断有研究证明，不管是想减轻体重还是保持体重，经常锻炼加健康的饮食习惯是控制体重最有效、最合理的方法。如果摄取的热量超过了日常活动之所需，机体就会把多余的热量储藏起来，导致体重增加。所有的食物都含有热量，而人体的任何活动都会消耗热量，其中包括散步、睡眠、呼吸以及消化食物。保持摄入热量与消耗热量之间的平衡，可以助你达到理想的体重。任何活动方式，比如费劲一点的跑步或增氧健身练习，或者轻松一点的步行或做家务，都能增加热量的消耗。

运动医学专家认为，要想保持持久旺盛的精力，需要经常运动，以增加体能储存，每周散步4～5次，每次30～45分钟，或一星期进行3～4次温和的户外活动，每次30分钟，都是必要的。刚开始时，你也许会感到运动后更为疲劳，这正说明你的机体需要调整，坚持一段时间后便会慢慢适应，体能会逐渐增加，抵抗疲劳的能力会得到强化。

现代生活的节奏越来越快，"没有时间运动"便成了有健康意愿又没付诸行动者的借口。实际上，运动不需要场所、技巧，重要的是持久的参与。

其实，一个充实有效的健康计划只需要你一周168小时中的3小时，仅占你一周时间的2%。但每运动1小时，就可延长寿命3小时，难道还有比生命更值得你去珍惜的吗？

所以年轻人不要再以"没有时间运动"为借口，每天挤出一定的时间运动吧，它会激活我们身上的每一个细胞，从而提高我们的生存质量。

# 外貌也是生产力

> 在长期以来的"外表美"和"内心美"孰轻孰重的大讨论中，"内心美"的拥护者们总是保持着压倒性的趋势，这样的事实确实令人欣慰。但是，这也导致了大多数人的一个重大误解，那就是：只要有心灵美就行了，外表怎样无足轻重。这种观念是有失偏颇的，它让很多有着善良本性和丰富内心的"不重外表者"在人生中的各种大大小小的竞争和博弈中屡战屡败，吃尽苦头却弄不清楚原因。其实，外貌也是一种生产力，它的价值往往超出了人们的想象。

## 人人都在"以貌取人"，包括你自己

"以貌取人"的做法可能有失公正，但是在现实生活中，几乎人人都有这样的倾向，这不仅因为外表美是内心美的一种表现，也因为外表美是一个人给他人留

下的最直观、最有冲击力的印象。如果可以长久地与人交往，还有可能被人发现自己的内在美，但更多的时候，人与人的交往是短暂的，别人根本就没有机会了解你的内在。更可悲的事，有很多人，由于糟糕的外表而使自己失去了被别人深入了解的机会。

试想，一个衣冠不整、邋邋遢遢的人和一个装束典雅、整洁利落的人在其他条件差不多的情况下，同去办一样重要的事情，恐怕前者很可能受到冷落，而后者则容易得到善待。特别是到一个陌生的地方办事，怎样给别人留下一个美好的第一印象十分重要。世上早有"人靠衣装马靠鞍"之说，一个人若有一套好衣服配着，仿佛能把自己的身价提高一个档次，而且在心理和气势上增强了自己办事的信心。聪明人切莫怪世人"以貌取人"，人皆有眼，人皆有貌，衣貌出众者，谁不另眼相看呢？着装艺术不仅能给人以好感，同时还能直接反映出一个人的修养、气质与情操，它往往能在你或你的才华尚未被认识之前，向别人透露出你是何种人物。因此，在这方面稍下一点工夫，就会有半功倍的效果。

英国一位心脏病医学专家认为，整洁的和干净利落的外表对心脏外科医师来说是极为重要的。"你可称其为虚荣，但是我认为，那却是有关自尊心的问题。"他说道，"我认为，如果我打算给我的病人诊视，告诉他们如何料理他们自己，而在与他们谈话时，他们看到我身体短粗肥胖，嘴角衔着根香烟，他们肯定会对我失去信任……没有谁想让一位作风邋遢、不修边幅的外科医生给自己做手术。"

所以，无论你是否愿意承认，"以貌取人"是大多数人的识人标准之一，对于初涉世事的年轻人来说，重视外表的修饰和重视内心的修养一样重要。

## 得体的外表帮你叩开所有的大门

良好的形象犹如一支美丽的乐曲，它不仅能够给自己提供自信，也能给别人带来审美的愉悦，使你办起事来信心十足，一路绿灯。

有这样一件事：

我国东北盛产大豆，以其粒大、油多、脂肪丰富而闻名全国。改革开放时期，一大批农民企业家因加工大豆而迅速崛起，陈志贵就是其中的一个。他胸怀宽广、目光长远、就地取材，以当地特产的优质大豆为原料，创办了一家豆粉饼加工厂。由于经营有方，业务很快就做大了，不仅将客户发展到全国，甚至还发展到了东南亚地区。

一天，陈志贵收到了一张来自香港的大订单，他亲自带领工人连夜加班，终于在规定的时间内完工，将货物发往了香港。但几天之后，香港公司却打来电话，说货物"有质量问题"，要求退货。

陈志贵十分纳闷，自己的产品一向以质量过硬而赢得卓越信誉，况且，这批产品由自己亲自监工生产，怎么会出现质量问题呢？一定是其他环节出现了问题！陈志贵十分自信，他简单收拾了一下行李，立即飞往香港。

当西装革履、风度翩翩的陈志贵出现在香港公司的总经理面前时，对方竟然惊讶地张大了嘴巴。虽然还不明白退货的问题出在哪里，但感觉敏锐的陈志贵已从对方的细微变化中捕捉到了什么。

在之后两天的相处中，陈志贵不卑不亢、侃侃而谈，充分表现出一个现代企业家应有的气质和风度，最终不仅"质量问题"烟消云散，还和那位总经理成了好朋友，成为长期的商业伙伴。但是"质量问题"始终是陈志贵心中的一个疑团，因为他和对方谈的多是企业管理和人生修养方面的问题，他们根本没有再提什么质量问题。直到多年之后，陈志贵向那位总经理询问才得知真正原因。

原来，这批货是香港公司的一个部门经理向陈志贵订的货，但在向总经理汇报后，总经理得知这批货是由农民家庭式的加工方式生产出的时候，脑海里凭空臆想出了一个土得掉渣的农民形象。他顾虑重重，对那批货看也不看，就做了退货的决定。但当形象良好、个性十足的陈志贵突然出现在他面前时，他才知道自己犯了个多么可笑的错误。

亨利·福特说："好形象是一个人事业成功的通行证。"这句话就是对陈志贵成功的最恰当注释，同时也为20几岁的年轻人提供了一把打开成功大门的钥匙。

# 很少有人愿意听到你的得意之事

> 人活着难免有得意和失意之时。面对失意的人，你千万别说自己的得意事，更不要在因为失落而情绪低迷的人面前显示你的优越，20几岁的年轻人尤其要注意这一点。

## 失意人最需要的不是指点，而是恰到好处的安慰

一个懂得做人之道的人很清楚，当自己的人生处于得意之时，不会将得意之色在那些此时正处于人生低谷的人面前显露，这样你才能不会伤人，也不会被伤。反之，当把自己的得意展现无遗时，就会招来别人的怨恨。为什么？因为你拿自己的成功，凸显了他的失败。

所以，当别人夫妻失和，跟你诉苦，你与其大发宏论，教他夫妻相处之道，不如说："其实，家家如此，你看我和我的另一半，现在好像很恩爱，其实，我们以前也常吵架，甚至曾想过要离婚呢！"

这样，他就会在心中想，他比你当年还要强很多，以后应该至少会跟你一样好。

别人事业失败，跟你诉苦，与其以成功者的姿态来指导事业通畅之道，不如告诉他，你当年跌得比他更惨，现在的辉煌是一点一点又做起来的。

这样，他也会想，他也能东山再起，和你一样成功。

大家的婚姻都曾失和，大家的事业都曾失利，你和他不是因此而有了共鸣，在感觉上走得更近了吗？

人生在世，难免有婚姻失和、事业失利的时候，所以在他人遇到生活的低谷时，你千万不要将自己的成就摆出来炫耀。不要太过张扬，否则，你最终将在交往中使自己孤立无援，甚至引起别人的厌烦，使他渐渐与你疏远。

## 很少有人愿意听到你的得意之事

生活中，确实有些人总认为自己比别人能力高，事事比人强。这样，他们就总喜欢把得意挂在嘴上，逢人便夸耀自己如何如何能干，完全不顾及别人的感受，甚至没有顾及当时的听者是不是一个正处于低迷期的人。他们夸夸其谈后总以为就能够得到别人的敬佩与欣赏，而事实上，别人并不愿意听你的得意之事，自我炫耀的效果往往会适得其反。

王昭的母亲是一个喜欢炫耀的人，不论谁到她家去，椅子还没有坐热，他母亲就把自己家值得炫耀的事情一件一件地告诉人家，还是一副十分得意的样子。王昭一个同学的父亲下岗了，经济上有点紧张，他母亲知道了，非但没有安慰人家，反而对这位同学的父亲说："我家老头子每月工资3000元，我们家花也花不完。"

她女儿给她买了一件漂亮的衣服,因为很值钱,她就跑到人家那里去炫耀:"这是我女儿在上海给我买的衣服,猜一猜多少钱?1800元。"说完,脸上露出得意的表情,意思是:怎么样,买不起吧。就因为她的这个毛病,到她家里去的客人越来越少,因为没有人愿意听她的长篇大论,充当她炫耀自己的陪衬。

在别人面前一定要多一点谦虚,少一点炫耀,尤其不能在失意者面前炫耀你的得意,因为你的得意往往会衬托出别人的失意,甚至会让对方认为你炫耀自己的得意之事便是嘲笑他的无能,让他产生一种被比下去的感觉,让失意的人更加恼火,甚至讨厌你。

一次,李仁约了几个朋友来家里吃饭,这些朋友彼此都是熟识的。李仁把他们聚拢来,主要是想借着热闹的气氛,让一位目前正处于人生低潮的朋友心情好一些。

这位朋友不久前因经营不善,关闭了一家公司,妻子也因为不堪生活的压力,正与他谈离婚的事。内外交迫,他实在痛苦极了。

来吃饭的朋友都知道这位朋友目前的遭遇,大家都避免去谈与事业有关的事。可是其中一位朋友因为赚了很多钱,酒一下肚,忍不住就开始谈他的赚钱本领和花钱功夫,那种得意的神情,连李仁看了都有些不舒服。那位失意的朋友低头不语,脸色非常难看,一会儿去上厕所,一会儿去洗脸,后来提早离开了。李仁送他出去,在巷口,他愤愤地说:"老吴会赚钱也不必在我面前说得那么神气。"

李仁了解他的心情,因为在多年前他也遭遇过低潮,而当时正风光的亲戚在他面前炫耀自己的薪水、年终奖金,那种感受,就如同把针一支支插在他心上一样,说不出的苦楚。

在朋友面前,千万不要过于炫耀自己,没人愿意听这样的消息。如果你只顾炫耀自己,对方就会疏远你,于是你不知不觉中就失去了一个朋友。

## 把自己的得意事放在心里,把朋友的得意事挂在嘴边

聪明的人会将自己的得意放在心里,而不是放在嘴上,更不会把它当做炫耀的资本。

当你和朋友交谈时,最好多谈他关心和得意的事,这样可以赢得对方的好感和认同,从而加深你们之间的感情。

有一个人刚调到市人事局,最初的那段日子里,几乎在同事中连一个朋友也没有,他自己也搞不清是什么原因。

原来,这个人认为自己正春风得意,对自己的机遇和才能满意得不得了,几乎每天都使劲向同事们炫耀他在工作中的业绩,炫耀每天有多少人找他帮忙,又有几乎说不出名字的人昨天硬是给他送了礼等"得意事"。但同事们听了之后不仅没有人分享他的"得意",而且还极不高兴。

后来,还是他当了多年领导的老父亲一语点破,他才意识到自己到底错在了哪里。以后,每当他有时间与同事闲聊的时候,他总是让对方把自己的得意炫耀出来,与其分享,久而久之,他的同事们都成了他的好朋友。

生活中,与人相处一定要谨记——不要在失意者面前谈论你的得意。

诚然,人在得意之时难免有张扬的欲望,但是谈论你的得意时,要注意场合和对象。你可以在演说的公开场合谈,对你的员工谈,享受他们投给你的钦羡目光;也可以对你的家人谈,让他们以你为荣,但就是不要对失意的人谈。因为失意的人最脆弱,也最敏感,你的谈论在他听来都充满了嘲讽的味道,让失意的人感受到你"看不起"他。因此,你所谈论的得意,对大部分失意的人是一种伤害,这种滋味也只有尝过的人才知道。

一般来说,失意的人攻击性较弱,郁郁寡欢是最普遍的心态,但别以为他们只是如此。听你谈论了你的得意后,他们可能会产生一种心理——怀恨。这是一种转移到心底深处的对你不满的反击,你说得唾沫横飞,不知不觉已在失意者心中埋下一颗炸弹。

失意者对你的怀恨不会立即显现出来,因为他无力显现,但他会通过其他方式来泄恨,例如说你坏话、扯你后腿、故意与你为敌,主要目的则是——看你得意到几时,而最明显的则是疏远你,避免和你碰面,以免再见到你,于是你不知不觉就失去了一个朋友。

随意自夸是不善做人者的通病。只有改变这一点,不被人讨厌,才有可能真正被人接纳,找到成事的"切入点"。

# 面对伤害，原谅但不遗忘

"Only forgive, never forget."这句话是多年前犹太人理直气壮地对已经流泪道歉的德国人所说的。他们愤怒地说："不要希望我们忘记，我们可以原谅，但永远不会遗忘。"

是的，被损害、被欺侮的人可以在时过境迁之后与侵略者握手言和，成为合作伙伴，但他们永远无法抹去那段痛苦的记忆。就像列宁说过的："忘记历史就等于背叛。"

世间万事的道理本就相通，这样的结论对于个人来讲也再适合不过。在现实生活中，如果有人伤害了你，你可以原谅他，因为没有原谅，就没有新的开始，没有真正自由快乐的心情。但是，你千万不要将它真正遗忘。因为伤害是一面镜子，它照出了你结交之人的一个侧面，启发你重新认识人性。同时，它也是一座警钟，时时警示你避免再遭受同样的创痛。

## 宽容，一种疼痛的过程

哲人说，宽容和忍让的痛苦，能换来甜蜜的结果。

这句话说得诚恳而有深度，宽容是痛苦的，它意味着放弃心中的愤懑不平，将往日的种种侮辱和痛苦生生咽进肚里。这位哲人能体会到宽容者内心的矛盾和波动，是从人的内心出发，十分诚恳；同时，他又指出了宽容的必然性，因为宽容最终会换来甜蜜，而不宽容则只能给人带来更多的痛苦，即使是从追逐快乐远离痛苦这一"趋利避害"的简单本性出发，我们也应该在伤害面前选择原谅。确实，宽容

是我们面对伤害应有的态度。

在现实生活中，难免会发生这样的事：亲密无间的朋友，无意或有意做了伤害你的事，你是宽容他，还是从此分手，甚至伺机报复？有句话叫"以牙还牙"，分手或报复似乎更符合人的直觉本能。但这样做了，怨会越结越深，仇会越积越多，真是冤冤相报何时了。

一般人总认为，做了错事得到报应才算公平。但英国诗人济慈说："人们应该彼此容忍，每个人都有缺点，在他最薄弱的方面，每个人都能被切割捣碎。"每个人都有弱点与缺陷，都可能犯下这样那样的错误。作为肇事者，要竭力避免伤害他人，但作为当事人，要以博大的胸怀宽容对方，避免消极情绪的产生，并让彼此回到和谐的状态中来。

芝加哥人茅谭在林肯竞选总统期间频频发出尖刻批评。林肯当选之后，为芝加哥人茅谭在大饭店举行了一个欢迎会。林肯看见茅谭正站在角落里，虽然茅谭曾大声辱骂过林肯，林肯却仍然很有风度地说："你不该站在那儿，你应该过来和我站在一块。"

参加欢迎会的每个人都亲眼目睹了林肯赋予茅谭的荣耀，也正因为此，茅谭之后成为林肯最忠诚、最热心的支持者。

所以，原谅正是消除矛盾的有效方法，冤冤相报抚平不了心中的伤痕，它只会将伤害者和被伤害者捆绑在无休止的争吵战车上。甘地说得好，如果我们对任何事情都采取"以牙还牙"的解决方式，那么整个世界将会失去色彩。对志趣相同的群体来说，只有彼此互相谅解，才能共同获得事业上的成功。

## 原谅别人，就是放过自己

也许你曾经遭受过别人对你的恶意诽谤或者致命伤害，这些伤痛在你的心底一直没有得到抚平，你可能至今还在怨恨，不能原谅。其实，怨恨是一种被动和侵袭性的东西，它像一个不断长大的肿瘤，使我们失去欢笑，损害我们的健康。怨恨，更多地伤害了怨恨者自己，而不是被仇恨的人。

一位画家在集市上卖画，不远处，前呼后拥地走来一位大臣的孩子，这位大臣在年轻时曾经把画家的父亲欺诈得心碎而死去。这孩子在画家的作品前流连忘返，并且选中了一幅,画家却匆匆地用一块布把它遮盖住,并声称这幅画不卖。

从此以后,这孩子因为心病而变得憔悴,最后,他父亲出面了,表示愿意出高价购买那幅画。可是,画家宁愿把这幅画挂在自己画室的墙上,也不愿意出售。他阴沉着脸坐在画前,自言自语地说:"这就是我的报复。"

每天早晨,画家都要画一幅他信奉的神像,这是他表示信仰的唯一方式。

可是现在,他觉得这些神像与他以前画的神像日渐相异。

这使他苦恼不已,他不停地找原因。然而有一天,他惊恐地丢下手中的画,跳了起来:他刚画好的神像的眼睛,竟然像那个大臣的眼睛,而嘴唇也酷似。

他把画撕碎,并且高喊:"我的报复已经回报到我的头上来了!"

可见,当你无法忘记心中的怨恨,总是想着去报复时,最终受伤害的不仅仅是对方,也许你自己所受的伤害会远远超过对方。

心理学专家研究证实,心存怨恨有害健康,高血压、心脏病、胃溃疡等疾病就是长期积怨和过度紧张造成的。

有一位好莱坞的女演员,失恋后,怨恨和报复心使她的面孔变得僵硬而多皱,她去找一位最有名的化妆师为她美容。这位化妆师深知她的心理状态,中肯地告诉她:"如果你不消除心中的怨和恨,我敢说全世界任何美容师都无法美化你的容貌。"

当你被痛苦折磨得筋疲力尽时,不妨学着宽恕,忘记怨恨,沉浸在痛苦的回忆中是徒劳的。与其咒骂黑暗,不如在黑暗中燃起一支明烛。忘记怨恨能让你告别过去的灰暗情绪,重新变得积极乐观起来。

## 原谅不是无原则的忍让

原谅并不是毫无原则的忍让。在武则天统治时期,有个丞相叫娄师德,史书上说他"宽淳清慎,犯而不校"。意思是:处世谨慎,待人宽厚,对触犯自己的人从不计较。

娄师德的弟弟出任代州刺史时,娄师德嘱咐说:"我们弟兄受到的恩宠太多了,这是要遭人嫉恨的。你想过没有,怎样才能保全自己?"弟弟回答说:"以后,有人朝我脸上吐唾沫,我擦干就是了,你尽管放心吧!"

娄师德忧虑地说："我不放心的就是这点！人家吐到你脸上，是生你的气，你把唾沫擦掉，岂不是顶撞他？这只能使他更火。所以，人家唾你，要笑眯眯地接受。唾在脸上的唾沫，不要擦掉，让它自己干！"

在封建社会，娄师德这种"唾面不拭"的做法，一直被传为美谈。然而，在今天看来，这种不辨是非、不讲原则的一味忍让、屈从，以求保全自己的做法，并不是真正的宽容。这是因为，不加分析地对一切凌辱、欺压统统忍受、退让、委曲求全，只能起到纵容邪恶势力、助长歪风邪气的作用。这样的"委曲求全"实质上与"姑息养奸"没有多大差别。我们提倡的宽容，是指在一些非原则问题上，不要斤斤计较，睚眦必较。在涉及全局和整体利益的问题上要坚持原则，严于律己，要避免打着宽容的幌子做老好人，而损害全局或整体的利益。

而且，这种"唾面自干"的做法也包含了一种忽视自尊或者用屈辱换取安宁的不良心态，这非常不利于自我身心的健康发展。如果真的从自身的角度出发，就应该坚持原则，只在该原谅的时候原谅，并在原谅的同时，让该事在记忆中存档，避免以后再受同样的或者同类的伤害，所谓"吃一堑，长一智"正是这个意思。

## 你不可能让所有人都满意

> 在意他人的想法和感受，本来是善解人意的表现，但是有很多心地淳厚的年轻人，过于在意别人的想法，做事时总希望做到让所有的人都满意，这是不可能的。每个人都有自己的观念和眼光，都会用他独特的价值观来评判周围的世界。苛求自己让所有人都满意，会让自己越活越累，再也快乐不起来。

### 拒绝是一种生活必需品

在生活中，我们经常会面对他人的请求，比如借钱、帮忙做某事，等等。如果我们对这些请求并不愿意接受，却又不好意思说"不"，我们就会使自己陷入十

分为难的境地。但若违心地答应下来，心里却别别扭扭；或者假装答应却不做，就会导致失信于人……

一般来说，我们应该尽可能地帮助他人，因为乐于助人是我们做人的一种美德，但帮助别人不能没有原则。

例如，你在法院工作，你的一个朋友的亲戚做了违法的事，正好由你审理，朋友的亲戚托他给你送来5000元钱，求你网开一面，从轻发落。如果你收了钱，那么你就是知法犯法。

许多人不敢拒绝别人的不合理"请求"，实际上是给自己以后求别人办一些"不光明正大"的事留后路。这才是真正自私的念头。

记住，所有人的意志都是不相同的，无论你怎么努力，也不可能让所有的人都满意，你必须学会恰当地拒绝。

# "不"字有几种说法

下面介绍几种委婉拒绝的经验之谈：

## 1．巧妙转移法

不好正面拒绝时，可以采取迂回的战术，转移话题也好，另有理由也罢，主要是善于利用语气的转折——决不答应，但也不致撕破脸。比如，先向对方表示同情，或给予赞美，然后再提出理由，加以拒绝。由于先前对方在心理上已因为你的同情而对你产生好感，所以对于你的拒绝也能以"可以谅解"的态度接受。

比如，有些人认为当别人邀请自己参加聚会时，是不应该拒绝的，如果拒绝的话，就太没有礼貌了。事实上，这并非一种没有礼貌的行为。如果你不想参加的话，不妨如此说：

"真谢谢你的邀请。不过，碰巧我有重要的事情要办，没有参加的机会了，真是遗憾。请代我向大家问好。"

这样的说法很得体，不至于影响到双方的关系。

## 2．幽默回绝法

这也是一种很好的方法。

幽默拒绝是希望对方知难而退。钱钟书在拒绝别人时用过一个奇妙的比喻。一次，钱钟书在电话里对想拜访他的英国女士说："假如你吃了个鸡蛋觉得不错，又何必认识那个下蛋的母鸡呢？"用下蛋的母鸡比喻自己，不但巧妙生动，而且表现出了钱老和蔼可亲的性格，幽默风趣地拒绝了对方。

### 3. 回避主要问题法

通过回避主要问题，而将话题引向细枝末节，这样的回绝同样很高明。

为了加薪的问题，员工代表使出了眼泪战术，向老板哀求说："老板，请你一定要帮帮忙，现在这点薪水我实在无法和我太太继续在一起生活下去了！"

老板回答说："好吧！那么我会出面来说服你太太不要跟你离婚。"

大个子吉姆是一位被公司冷落的老主任。有一天，某部门经理拍着他的肩膀说："吉姆，你看是不是要早日把你的职位让给年轻人？"

"好啊！就这么办！"

"咦，你愿意？"

"是啊！不过俗话说'鸟去不浊池'，所以我有一个请求，希望能让我把正在进行的工作彻底完成再走。"

"哦！这是理所当然的。不过，你那个工作预计什么时候可以完成呢？"

"我想，大概还要10年吧！"

这回答乍一听，似乎能证明老主任是个很大度的人，不计较个人利益，然而他找了一个听来冠冕堂皇的借口"站好最后一班岗"，而部门经理不知道，这正是他回绝的理由，迂回中才表露出来。这位老主任的拒绝艺术实在令人叹服。

### 4. 敷衍拒绝法

敷衍式的拒绝是最常用的一种拒绝方法，敷衍是在不便明言回绝的情况下，含糊回绝请托人。敷衍是一种艺术，运用好会取得良好的效果。

有一次庄子向监河侯借贷，监河侯敷衍他，说道："好！再过一段时间，等我去收租，收齐了，就借你三百两金子。"监河侯的敷衍很有水平，不说不借，也不说马上借，而是说过一段时间收租后再借。这话有几层意思：一是我目前没有，现在不能借给你；二是我也不是富人；三是过一段时间不是确指，到时借不借再说。庄子听后已经很明白了，但他不会怨恨什么，因为监河侯并没有说不借给他，只是过一段时间再说而已，还是有希望的。

### 5. 肢体表达法

有时开口拒绝对方不是件容易的事，往往在心中演练多次该怎么说，一旦面对对方又无法启齿，这个时候，肢体语言就派上用场了。一般而言，摇头代表否定，别人一看你摇头，就会明白你的意思，之后你就不用再多说了，面对推销员时，这是最好的拒绝方法。另外，微笑中断也是一种拒绝的暗示，突然中断笑容，便暗示着无法认同和拒绝。类似的肢体语言包括：采取身体倾斜的姿势，目光游移不定，频频看表，心不在焉……但切忌伤了对方的自尊心。

#### 6. 一拖再拖法

如果已经承诺的事还一拖再拖，是不明智的，这里的一拖再拖法指的是暂不给予答复，也就是说，在对方提出要求后你迟迟没有答应，只是一再表示要研究研究或考虑考虑，那么对方马上就能了解你是不太愿意答应的。

总之，委婉拒绝不仅是一种策略，也是一门艺术。委婉地说话，正是待人诚挚的表现。作为一个现代人，应当有这种文明意识，并掌握这一有利于人际交往的语言表达方式。

## 低头认输是一种重要能力

> 20几岁的年轻人大都不谙世事，只会冲撞，不懂低头，结果往往碰壁，吃了不少苦头。这是大多数人的通病，并不足为奇，重要的是在碰壁后，你要"吃一堑长一智"，慢慢学会暂时投降、暂时低头、暂时认输，才能踏上通畅的人生之路。如果你总也不懂低头，结果就只能处处碰壁，四面楚歌，甚至身败名裂，抱恨终生。

### 天地之间的高度只有三尺

如果把我们的人生比作爬山，有的人在山脚刚刚起步，有的人正向山腰跋涉，有的人已信步顶峰。但此时，不管你处在什么位置，请记住：要把自己放在山的最低处，即使"会当凌绝顶"，也要会低头，因为，在你所经历的漫长人生旅途中，总难免有碰头的时候。

富兰克林年轻时曾去拜访一位前辈。年轻气盛的他，昂首挺胸迈着大步，一进

门就撞在门框上。迎接他的前辈见此情景,笑笑说:"很疼吗?可这将是你今天来访的最大收获。一个人活在世上,就必须时刻记住低头。"

无独有偶,有人问过苏格拉底:"你是天下最有学问的人,那么你说天与地之间的高度是多少?"苏格拉底毫不迟疑地说:"三尺!"那人不以为然:"我们每个人都有五尺高,天与地之间只有三尺,那还不把天戳个窟窿?"苏格拉底笑着说:"所以,凡是高度超过三尺的人,要长立于天地之间,就要懂得低头啊。"

人在30岁前,学会低头、懂得低头和敢于低头是非常重要的。尤其是在社会竞争激烈的今天,生命的负载过多,人生的负载太沉,低一低头,可以卸去多余的沉重;面对自身的不足,低一低头,就可以赢得别人的谅解和信任,免去不必要的纠纷。

要学会低头,就必须懂得低头是一种智慧,它需要求同存异、应时顺势、谦恭温良。要懂得低头,就必须理解低头是一种境界。在处理人与人之间的矛盾时,懂得低头,适时投降,是君子怀仁的风度,是创造和谐社会的必备品格;在处理人与社会的矛盾时,懂得低头,那是理性人生的闪光,是取得共赢的光明之路;在处理人与自然的矛盾时,懂得低头,那是避免盲目蛮干的镇静剂,是实现人与自然相融共荣的有效途径。

要敢于低头,就必须知道低头需要勇气。面对别人的批评时,我们要勇敢地承担责任,接受教训;面对强大的敌人和困难时,我们同样需要避其锋芒,保存实力,以图再战。

现实生活中,总有那么一些人缺乏低头的勇气,结果不是碰壁,就是触礁,对其教训颇深。其实,何必总是一副宁死不屈的倔犟样子,低一低头,给自己多一次机会,岂不是更好?

也许,当你明白了低头的智慧,当你从困惑中走出来时,你会发现,一次善意的低头,其实是一种难得的境界。低头并不是自卑,也不是怯弱,而是能力的体现。

低头是一种智慧,低头也是一种能力。有时,稍微低一下头,或许你的人生之路会走得更精彩。

## 及早认输,下次还有赢的机会

适时认输,才能保存实力。美国有一位拳王说过,任何拳手都不可能打败所有的对手，好的拳手知道在恰当的回合认输。因为，及早认输，下次还有赢的机会，如果逞能，让对手把你拖垮了，你不是连输的机会也没有了吗？

拳击是光明磊落的竞技，但在人生的长河中，竞争却是纷繁复杂的，其中不乏乱箭和暗器。面对不讲竞争规则的阴损小人，碰上怀着"谁也别想比我好"的病态心理的嫉妒小人，你斗得越勇，只会陷得越深。与其让生命的价值在乱斗中无端地折损，不如认个输，离开是非圈，用自己保存下来的实力，去寻找真正的舞台。

当我们明白自己不是对手时，就应该认输。生活中常有竞争和角逐，但深知自己"斗"不过对手，还一味地跟人家"斗"，又有何益呢？"斗"得愈起劲，只会使自己输得更惨。选择认输，急流勇退，能使我们避开锋芒，以退为进，赢得发展的主动权；能使我们冷静下来去认识差距，虚心向对手学习，从而真正打败对手。

著名的美国柯达公司在与日本富士公司竞争时，就颇有自知之明，勇于认输，不盲目跟富士争"第一"。柯达公司甘拜下风，既减少了恶性竞争造成的大量人财物力的浪费，又使他们能够根据自己的实际情况制定适宜的发展策略，老老实实向富士取经。结果柯达快速发展起来，成了和富士不相伯仲的胶卷大王。

当我们知道自己不可能做到时，就应该认输。并不是所有的困难和挫折都可以逾越，并不是所有的机遇和好运都可以把握。在明知无力回天，败局已定时，我们应该认输。选择认输，不去坚持下完一盘根本下不赢的棋，避免付出更惨重的代价。

认输不是自甘堕落，它有积极进取的内涵，使人以退为进，赢得潜心发展的主动权，扬长避短，夺取成功。如果硬认死理，逞强好胜，盲目蛮干，一味地刚强，一味地硬撑，只会给自己带来不必要的伤害，甚至牺牲，最终输掉全局。只有做到审时度势，随机应变，刚柔相济，懂得认输，才能保护自己，立于不败之地。

认输也是一种自我认识，一种积极的自我评价，在与别人竞争时，认同他人优势的同时，也看到自己的缺陷与不足。面对自己的缺陷与不足，只有学会认输，才能正视。有错误和不足并不可怕，只要学会认输、知道自省，就能避免铸成大错以致抱憾终身；只要学会认输，就能及时调整人生的航向，去争取"赢"的机遇和时间。

总之，认输不失为一种策略，它将使你彻底摆脱不健康的心理羁绊，使你调整好，进入最佳的心理状态，它造就的将是一片心灵的净土。人生有涯，时光匆匆，学会认输，将有助于20几岁的你在短暂的人生旅途中成为赢家！

# 做一个吃亏主义者

> 从利己的角度讲,没有人愿意吃亏,但这只是一般人的想法。聪明的人能够把目的和过程区分开来,把眼前利益和长远利益结合起来,他们看到的是吃亏之后的长远受益。吃亏只是一种方法和手段,而不是最终目的。能够吃一时小亏的人,最后往往能够得到大利。

## 从辩证思维的角度看吃亏

在幸福与灾祸这对矛盾关系中,我国很早就发现了它们的辩证关系,"塞翁失马,焉知非福"就是最好的例证。

古时有一老翁,住在两国的边境上,由于不小心丢了一匹马,邻居们都认为是件坏事,替他惋惜。老翁却说:"你们怎么知道这不是件好事呢?"众人听了之后大笑,认为老翁丢马后急疯了。几天以后,老翁丢的马又自己跑了回来,而且还带回来一群马。邻居们看了,都十分羡慕,纷纷前来祝贺这件从天而降的大好事。老翁却板着脸说:"你们怎么知道这不是件坏事呢?"大伙听了,又哈哈大笑,都认为老翁是被好事乐疯了,连好事坏事都分不出来了。果然不出所料,过了几天,老翁的儿子骑新来的马玩,一不小心把腿摔断了。众人都劝老翁不要太难过,老翁却笑着说:"你们怎么知道这不是件好事呢?"邻居们都糊涂了,不知老翁是什么意思。事过不久,发生战争,所有身体好的年轻人都被拉去当了兵,派到最危险的第一线去打仗。而老翁的儿子因为腿摔断了未被征用,在家乡大后方安全幸福地生活着。

这就是老子的《道德经》所宣扬的一种辩证思想。基于这种辩证关系，你可以明白，即使是看上去的"吃亏"，也能为你带来意想不到的好处。

生活中总是有一些聪明的人，能从吃亏当中学到智慧，"吃亏是福"也是一种哲学的思路，其前提有两个，一个是"知足"，另一个就是"安分"。"知足"使人对一切都感到满意，对所得到的一切，内心充满感激；"安分"则使人从来不奢望那些根本就不可能得到的或者根本就不存在的东西。没有妄想，也就不会有邪念。所以，表面上看来"吃亏是福"、"知足"、"安分"会给人以不思进取之嫌，但是，这些思想也是在教导人们成为对现实有清醒认识的人。

不要因为吃一点亏而斤斤计较，开始时吃点亏，是为以后的不吃亏打基础，不计较眼前的得失是为了着眼于更大的目标。

没有"手腕"的人怕便宜了别人，吃亏的却往往是自己。

生活中总有这样的人，他们做事时一门心思只考虑不能便宜了别人，但却忽视了于自己是否有利。他们认为便宜别人就是自己吃亏，但其实不要怕便宜了别人，"便宜"别人又"得益"自己，何乐而不为呢？

怕便宜别人，其根本是怕自己吃亏。不妨放开心胸，给别人点甜头，对自己的将来是有好处的。

人非圣贤，谁都无法抛开七情六欲，但是，要成就大业出人头地，就要学会适度糊涂，其根本是得分清轻重缓急，该舍的就得忍痛割爱，该忍的就得从长计议。

## 吃亏是福

有些时候，糊涂处世，主动吃亏，山不转水转，也许以后还有合作的机会，又走到一起。若一个人处处不肯吃亏，处处想占便宜，于是，妄想日生，骄心日盛。而一个人一旦有了骄狂的态势，难免会侵害别人的利益，于是纷争又起，在四面楚歌之中，又焉有不败之理？

"吃亏"也许只是指物质上的损失，但是一个人的幸福与否，却往往是取决于他的心境如何。

有人问李泽楷："你父亲教了你一些怎样成功赚钱的秘诀吗？"李泽楷说，赚钱的方法他父亲什么也没有教，只教了他一些为人的道理。李嘉诚曾经这样跟李泽楷说，他和别人合作，假如他拿七分合理，八分也可以，那么拿六分就可以了。

李嘉诚的意思是,吃亏可以争取更多人愿意与他合作。你想想看,虽然他只拿了六分,但现在多了100个合作人,他现在能拿多少个六分?假如拿八分的话,100个人会变成五个人,结果是亏是赚可想而知。李嘉诚一生与很多人进行过或长期或短期的合作,分手的时候,他总是愿意自己少分一点钱。如果生意做得不理想,他就什么也不要了,愿意吃亏。这是种风度,是种气量,也正是这种风度和气量,才有人乐于与他合作,他的生意才越做越大。所以李嘉诚的成功得益于他恰到好处的处世交友经验。

吃亏是福,乃智者的智慧。不管你是做老板也好,与人合作也罢,旁边的人跟着你有好日子过、有奔头,他才会一心一意与你合作,跟着你干。

有人一旦与朋友分手,就翻脸不认人,不想吃一点亏,这种人是否聪明不敢说,但可以肯定的是,一点亏都不想吃的人,只会让自己的路越走越窄。让步、吃亏是一种必要的投资,也是朋友交往的必要前提。生活中,人们对处处抢先、占小便宜的人不会有什么好感。占便宜的人首先在做人上就吃了大亏,因为他已经处处抢先,从来不为别人考虑,眼睛总是盯着他眼中的利益,迫不及待地想跳出来占有它。他周围的人对他很反感,合作几个来回就再也不想继续合作了。合作伙伴一个个离他而去,那他不是吃了大亏吗?

据说有个砂石老板,没有文化,也绝对没有背景,但生意却出奇的好,而且历经多年,长盛不衰。说起来他的秘诀也很简单,就是与每个合作者分利的时候,他都只拿小头,把大头让给对方。如此一来,凡是与他合作过一次的人,都愿意与他继续合作,而且还会介绍一些朋友,再扩大到朋友的朋友,也都成了他的客户。人人都说他好,因为他只拿小头,但所有人的小头集中起来,就成了最大的大头,他才是真正的赢家。

"吃亏是福"不是句套话,关键时刻要有敢于吃亏的气量,这不仅体现你大度的胸怀,同时也是做大事业的必要素质。把关键时候的亏吃得淋漓尽致,才能获得最后的成功。

# 控制不了情绪,成功只会渐行渐远

> "爱你时,一切美好;怨你时,人生灰暗。"我们所看到的世界,就是我们自己的内心:乐观的人看到花朵和阳光,悲观的人看到离别和误解。如果你感到人生无望、徒劳无功,或许不是这个世界出了问题,而是我们的心情蒙上了灰色的滤镜。

## 只有小孩子才不会控制自己的情绪

你是一个情绪化的人吗?你是不是总是把喜怒哀乐挂在脸上,是不是经常随意把自己的愤怒和不满随处抛洒呢?是不是也会遇到下面故事中芬妮的情况呢?

芬妮是一个脾气暴躁、容易出现情绪波动的女孩,经常因为小事和别人吵架。她的人际关系因此愈来愈紧张,在公司经常与人发生矛盾,结果男友也难以忍受她的坏脾气,和她分手了。终于有一天,她觉得自己已经处于崩溃的边缘。

她打电话向她的一个朋友詹森求救。詹森向她保证:"芬妮,我知道现在对你来说是有点糟,可是只要经过适当的指引,一切就会好转。你现在要做的第一件事是让自己安静下来,好好地享受一下宁静的生活。"

听了詹森的话,芬妮开始试着放弃先前忙碌的生活,好好地放松一下自己,给自己休了一个长假。当她稳定了一段时间之后,詹森又建议道:"在你发脾气之前,不妨想想,究竟是哪一点触动了你?"

"你可以拥有两种思考方式,一种是让每件事情都在脑海里剧烈地翻搅,另一种则是顺其自然,让思想自己去决定。"说着,詹森拿出了两个透明的刻度瓶,然

后分别装了一半的清水，随后又拿出了两个塑料袋。芬妮打开来，发现里面分别是白色和蓝色的玻璃球。詹森说："当你生气的时候，就把一颗蓝色的玻璃球放到左边的刻度瓶里；当你克制住自己的时候，就把一颗白色的玻璃球放到右边的刻度瓶里。最关键的是，现在，你该学会控制自己的情绪，如果你不试着控制自己的情绪，你还会把你的生活搞得一团糟。"

此后的一段时间内，芬妮一直照着詹森的建议去做。后来，在詹森的一次造访中，两个人把两个瓶中的玻璃球都捞了出来。他们同时发现，那个放蓝色玻璃球的水变成了蓝色。原来，这些蓝色玻璃球是詹森把水性蓝色涂料染到白色玻璃球上做成的，这些玻璃球放到水中后，蓝色染料溶解到水中，水就成了蓝色。詹森借机对芬妮说："你看，原来的清水投入'坏脾气'后，也被污染了。你的言语举止，是会感染别人的，就像玻璃球一样。当心情不好的时候，要控制自己。否则，坏脾气一旦投射到别人身上的时候，就会对别人造成伤害，再也不能回复到以前。所以一定要控制好自己的情绪。"

芬妮后来发现，当按照詹森的建议去做时，她真的不再那么矛盾了，事情也容易理出头绪。在此之前，她的心里早已容不下任何不满、愤怒的情绪，一定要全部发泄出来，许多麻烦就是这样造成的。

此后，芬妮开始有意地控制情绪。当詹森再次造访的时候，两个人又惊喜地发现，那个放白色玻璃球的刻度瓶竟然溢出水来！

看来芬妮对自己的克制成效不小。慢慢的，芬妮已学会把自己当成一个思想的旁观者，来看清自己的想法。一旦有了不好的想法就很快发现，情绪失控的时候就及时制止。这样持续了一年，她逐渐能够控制自己的情绪，生活也步入正轨，并重新得到了一位优秀男士的爱，美好在她的生活中渐渐展现。

如果你也有和芬妮一样的问题，你就得学着控制自己的情绪了。

不能控制情绪的人，往往给人一种不成熟或还没长大的印象。如果你仔细想想，只有小孩子才会说哭就哭，说笑就笑，说生气就生气，这种行为发生在小孩身上，大人会认为这是天真烂漫，但如果发生在一个成年人身上，人们就不免会对这个人的人格发展产生怀疑了，至少也会认为你还没长大。谁能放心让一个满身"孩子气"的人来完成重要的事务呢？控制不了情绪，只会让你离成功越来越远。

## 失业并不能否定你

控制自己的情绪是一个年轻人必备的素质，在我们的生活中会有很多的不如意，会有很多的意外，职业和工作中晋升受挫、失恋、失业都会影响我们的心情，在这些意外中，失业最能破坏一个人的心情，最能让人情绪失控。

美国心理学家霍尔姆斯关于人生活上的变化与精神紧张疲劳综合征之间相互关系的研究表明，失业对人的精神刺激，居于人生重大事件的第七位（前六位是配偶的死亡、离婚、夫妇分居、亲人死亡、自己患重病或受重伤、结婚），而在职业生活的刺激中居于首位。

处于失业状态之中的年轻人，其心理危机的特征主要表现在四个方面：

一是生计上的恐慌不安。在现代经济社会里，金钱往往是衡量事物的价值基准，人一旦失去了经济生活的基础，便容易导致生活贫困，并造成家庭成员关系的紧张，有时甚至可能会引起婚姻破裂，从而对人形成巨大的心理压力。

二是被时代抛弃的无奈。职业具有联系个人和社会的媒介以及纽带作用，人一旦失业，过去工作单位的人际交往相对冷淡下来，社会组织活动也必然减少，各种关系逐渐开始疏远。由此，个人的社会生活节奏发生剧变，容易造成心理上的错乱，形成被时代抛弃的低落感。

三是对于个人前程的绝望感。因失业或再就业失败，而陷入心灰意冷的心境，并开始怀疑自己的职业能力，担忧自己今后能否被职业社会再接纳，继而，对今后的生活方式与职业前途失去自信。

四是对于自我存在感消失的恐惧。就业作为一种人生价值观念，因失业而受到了挑战，尤其是对于具有一定技术与学历的人来说，他们原来的自我期待比较高，失业不仅意味着失去了自我能力发挥的场所，同时也意味着个人地位与尊严的丧失，因此在心理上容易产生恐惧感。

莎士比亚说："聪明人永远不会坐在那里为他们的损失而哀叹，而用情感去寻找办法来弥补他们的损失。"想发挥自己的潜能，取得事业的成功，必须勇于忘却过去的不幸，重新开始新的生活。

某一心理学家说，性格决定人的命运。一个人能力再强，但性格有问题，也会影响他能力的发挥。同样，只要一个人具备坚韧的性格和不被困难压倒的精神，那么任何打击和磨难都不会使他放弃自己的信念和追求。就像外国一句古老的名言所说，"不要为打翻的牛奶哭泣"，这句话包含了丰富深刻的哲理。过去的已经过

去，不管从前多么辉煌，都已经成为历史，重要的是要接受现在的事实，让一切从头再来。分析失业人员再创业的经历不难看出，他们的成功与其坚强的性格、豁达乐观的处世态度有着密切的联系。

在一般情况下，失业者会产生诸如没面子、抱怨"命运不佳"、消极、刚愎自用、自暴自弃、异想天开等心理，但却没有从行动上来改变自己，从而陷入巨大的心理落差之中不能自拔。而成功者则善于调整自己的心理状态，不回避或歪曲失业的现实，他们抛弃怨天尤人或自暴自弃的心理，乐观生活，积极调整自己的不良情绪。

对于失业，切忌对自己失去信心。列出你曾经取得的成就，帮助自己认识到曾对原先雇主作出的贡献和自身的价值，激发自我认同感。首先要让你自己相信，雇主让你离职是一个非常愚蠢的决定，你一定会取得更好的职位和更好的业绩，让他后悔莫及。恢复自信心，是你走出失业困扰的第一步。

# 折磨并非都来自恶意

> 遭受过折磨的人都是有福的，因为命运给了你一次战胜自我，升华自我的机会。换一种眼光来看待折磨，你会发现并非所有的批评都是出自恶意，并非所有的挫折都能造成伤害。也许今天的你能够如此从容、自信、谨慎，都要感谢那些在工作和生活中给过你痛苦和磨炼的人。

## 感谢折磨你的人

学会感谢那些在工作中、生活中折磨你的人。唯有感谢，你才能领悟到折磨的价值所在。

20几岁的年轻人面对人生中各种各样的不顺心，要保持感谢的态度，因为唯有折磨才能使你不断地成长。法国启蒙思想家伏尔泰说："人生布满了荆棘，我们处理的唯一办法是从那些荆棘上面迅速踏过。"人生是不平坦的，但同时也说明生命正需要磨炼，"燧石受到的敲打越厉害，发出的光就越灿烂。"因此，燧石需要

感谢那些敲打。人也一样,感谢折磨你的人,你就是在感恩命运。

美国独立企业联盟主席杰克·弗雷斯从13岁起就开始在他父母的加油站工作。弗雷斯想学修车,但他父亲让他在前面接待顾客。当有汽车开进来时,弗雷斯必须在车子停稳前就站到司机门前,然后去检查油量、蓄电池、传动带、胶皮管和水箱。

弗雷斯注意到,如果他干得好的话,顾客大多还会再来。于是弗雷斯总是多干一些,帮助顾客擦去车身、挡风玻璃和车灯上的污渍。有一段时间,每周都有一位老太太开着她的车来清洗和打蜡。这个车的车内踏板凹陷得很深很难打扫,而且这位老太太极难打交道。每次当弗雷斯给她把车清洗好后,她都要再仔细检查一遍,让弗雷斯重新打扫,直到清除掉每一缕棉绒和灰尘,她才满意。

终于有一次,弗雷斯忍无可忍,不愿意再接待她了。这时他的父亲告诫他说:"孩子,记住,这就是你的工作!不管顾客说什么或做什么,你都要记住做好你的工作,并以应有的礼貌去对待顾客。"

父亲的话让弗雷斯深受震动,许多年以后他仍不能忘记。弗雷斯说:"正是在加油站的工作使我学到了严格的职业道德和应该如何对待顾客,这些东西在我以后的职业生涯中起到了非常重要的作用。"

其实,弗雷德的成功与他懂得感谢那些折磨自己的人有着莫大的关系。"吃一堑,长一智",那些让你"吃一堑"的人正是给你"一智"的客观条件。你为什么不对他心存感激呢?学会感谢折磨你的人,这样,你注定会与成功结缘。

## 让磨难成为你的天使

阿迪·达斯勒兄弟被公认为是现代体育工业的始祖,他凭着不断的创新精神和克服困难的勇气,终身致力于为运动员制造最好的产品,并最终建立了与体育运动同步发展的庞大体育用品制造公司。

阿迪·达斯勒兄弟的父亲靠祖传的制鞋手艺来养活一家四口人,阿迪·达斯勒兄弟帮助父亲做一些零活。一个偶然的机会,一家店主将店房转让给了阿迪·达斯勒兄弟,并可以分期付款。

兄弟俩高兴之余,发现资金仍是个大问题,他们从父亲作坊搬来几台旧机器,又买来了一些必要的二手工具。这样,他们正式挂出了"达斯勒制鞋厂"的牌子。

起初，他们以制作拖鞋为主，由于设备陈旧、规模太小，再加上兄弟俩刚刚开始从事制鞋行业，经验不足，款式上不得不模仿别人的老式样，种种原因导致生产出来的鞋，销售情况并不好。

困境没有让两个年轻人却步，他们想方设法找出矛盾的根源所在，努力走出失败的困境。

他们逐渐意识到：那些企业家成功的秘诀在于牢牢抓住市场，而他们生产的款式已远远落后于当时的需求。

兄弟俩着手寻找自己的市场定位，经过市场调查，终于有了结果：他们应该立足于普通的消费者。因为普通大众大多数是体力劳动者，他们最需要的是既合脚又耐穿的鞋。再加上阿迪是一个体育运动迷，并且深信随着人们生活的提高，健康将越来越会成为人们的第一需要，而锻炼身体就离不开运动鞋。

定位已经明确，接下来就是设计生产的问题了。他们把自己的家也搬到了厂里，一个多月后，几种式样新颖、颜色独特的跑鞋面世了。

然而，新颖的跑鞋没有像兄弟俩想象的那样畅销。当阿迪兄弟俩带着新鞋上街推销时，人们首先对鞋的构造和样式大感新奇，争相一睹为快。可看过之后，真正购买的人很少，人们看着两个小伙子生涩、稚嫩的脸孔，带着满脸的不信任离开了。

兄弟俩四处奔波，向人们推荐自己精心制作的新款鞋，一连许多天，都没有卖出一双鞋。

阿迪兄弟本以为做过大量的市场调查之后生产出来的鞋子，一定会畅销，然而无法解决的困难又一次让两个年轻人陷入绝境。

可阿迪·达斯勒的字典里没有"认输"这个词，勇气陪伴着他们，去闯过一个个难关。

在困难面前，阿迪兄弟没有消沉，没有退缩，而是迎着困难继续努力，在仔细分析当时的市场形势和自己工厂的现状后，终于找到了解决的办法。

兄弟俩商量后决定：把鞋子送往几个居民点，让用户们免费试穿，觉得满意后再向鞋厂付款。

一个星期过去了，用户们毫无音讯。两个星期过去了，还是没有消息。兄弟俩心中都有些焦躁，有一些坐不住了。

在耐心的等候中，又一个星期过去，他们现在唯一的办法也只有等待了。一天，第一个试穿的顾客终于上门了。他非常满意地告诉阿迪兄弟俩，鞋子穿起来感觉好极了，价钱也很公道。在交了试穿的鞋钱之后，又订购了好几双同型号的鞋。

随后不久，其余的试穿客户也都陆续上门。一时之间，小小的厂房竟然人来人往,络绎不绝。鞋子的销路就此打开,小厂的影响也渐渐扩大了。

阿迪兄弟俩没有被初次创业所遭受的种种困难所吓倒,面对资金不足、经验不足、信誉缺乏等困难,他们凭着自己的信心和勇气一一攻克,为日后家族现代体育工业帝国的建立,打下了坚实的基础。

有很多年轻人跟阿迪兄弟一样,在推销或者事业的发展中正在遭受折磨,这个时候如果对顾客的不满抱怨、厌烦的话,我们就会自暴自弃,错过成功。因此要正确看待认顾客的不满,在顾客的各种折磨中,提升业务能力,这会为你今后的成功奠定坚实的基础。从这个意义上来讲,唯有这些折磨才能将你磨炼成美丽的"天使"。

# 和颜悦色才能更显威严

真正有威严的人,不会用刻意的昂首怒目来证明。他们往往更容易做出俯身的姿态,露出和蔼的笑容,在这种表面的谦卑和淡定背后,却存在着不容忽视的影响力,这让他们更容易得到他人的尊重。所以,20几岁的年轻人,千万不要落人"尊严"的误区,孤傲清高和趾高气扬不会给你带来任何好处和帮助,只可能让你陷人更加孤独和不利的境地。

## 清高孤傲的心态让你变成别人眼中的怪物

清高孤傲的人总是会与普通人格格不入,纵使他们确实很有才情、品位、格调,却只会遭到别人的反感、疏远。

清高孤傲在别人眼中是目中无人的盲目行为,是不自量力的狂妄作为。

清高孤傲是危险的,要摆脱它需要注意做到如下两点:一是认识自己;二是平等待人。防止清高孤傲首先要认识自己。一个人要正确认识自己是很不容易的。清高孤傲者要么自以为有知识而清高,要么自以为有本事而自大,殊不知,"山外有山，楼外有楼，还有能人在前头"。人贵有自知之明，古今中外成大事业者，都是虚怀若谷，好学不倦，从不过分自负的人。宋代文学家欧阳修，其晚年的文学造诣可说是达到了炉火纯青的地步，但他从不恃才傲物，仍一遍遍修改自己的文章。他的夫人怕他累坏了身体，劝他说："何必这样自讨苦吃？又不是小儿，难道还怕先生生气吗？"欧阳修回答说："不是怕先生生气，而是怕后生笑话！"虚心自知，才是医治孤傲的良方。

此外，与人交往一定要做到平等待人。平等待人不仅是文明礼貌的行为，也是人品修养的天平。平等待人是针对傲慢无理而言的。它要求人们在社会交往中，不管彼此之间的社会地位和生活条件有多大差别，都一视同仁。切忌眼高于顶，看不起人。

人本无高低贵贱之分，每个人都有自己的人格。人格作为人的一种意识和心理深深地附着在人的身上，并时时加以维护。人格的基本要求是不受歧视，不被侮辱，即要求平等。

如果你不愿遭到别人的反感、疏远，那你就切勿清高孤傲和过分强调自我，要注意加强品德修养，那么你的人际关系就会变得很和谐，你的生活会更加幸福和愉快。

## 不要总是过于自尊

每个人都会有"自我认同"，这并不是什么不好的事，但这种"自我认同"同时也是一种"自我封闭"，也就是说，"因为我是这种人，所以我和别人不一样"，而自我认同感越强的人，自我封闭也越厉害。

所以，千金小姐不愿意和保姆同桌吃饭，博士不愿意当基层业务员，高级主管不愿意主动去找下级职员……他们认为，如果那样做，就有损他们的身份。

拿着"身段"做人，会让你越来越清高孤傲，越来越孤寂。

如果你想从自我封闭的圈子走出来，就要放下身段，也就是：放下你的学历、放下你的家庭背景、放下你的身份，让自己回归到"普通人"。

不要总是过于自尊。其实，每个人都希望自己得到公众的尊重和喜欢，但是这种自尊的需要仅仅是自己本人的一种希冀，能否在事实上得到，则取决于公众对自己言语、举止、行动的评价和肯定。如果说将自尊的需要作为一种行动去指导自己的行为，这本没有理论上的错误，问题是这种自尊心理不能过分。一个人在社交中让过分的自尊心理占据指导和支配地位，就会怕自己的行为是否失当，怕人们会怎么看待自己，甚至有时会因为过分自尊之故，而不愿与比自己强的人交往，担心相比之下，会掉自己的"价"，失去尊严。因为过分自尊，也不愿与比自己"差"的人交往，觉得有失身份。如此思来想去，就会把自己封闭起来，不与外界往来，孤家寡人，慢慢地就难以适应现代社会了。

要想成功做人，就要放下身段，走出自我封闭的圈子，就要克服自己的心理障碍，正确认识自己，勇敢面对社会、面对他人，走向圆满成功的人生。

成功做人的几个原则：

### 1．要有社交成功的愿望

只要你想进入大家的圈子，想成为社交的一员，想受到大家的欢迎，想有许多朋友，你就要努力去学习社交，你要调动你的一切智慧去掌握社交的技能，最终就会成功。

### 2．要敢于表现自己的长处

每个人都有自己的长处，只要你相信自己有能力去和别人交往，你就会发现自己的长处；不断地显示自己的长处，你就会吸引别人的注意，你就会找到自己的志同道合者。不要怕自己不行，要相信自己会比别人做得更好，只要你有自信，你就会使自己的长处得到充分的发挥。

### 3．要敢于承认自己的缺点和不足

在别人面前承认自己的缺陷与不足，不但不会丢脸，反而会赢得别人的尊敬。

每个人都有自己的短处，敢于承认自己短处的人是最勇敢的人。很多人不敢在别人面前承认自己的缺陷和不足，害怕别人看不起他，其实只有承认它的存在，才有改正的可能。另外，每个人都有不足，你承认自己的不足，也没有什么可丢人的。相反，你承认自己的不足大家会认为你是个诚实的人，值得信赖，就会愿意结交你，和你成为朋友。

### 4．多与别人交谈

敞开心扉，宽容他人，他人也就能宽容自己。语言是开心的钥匙，只要与人交谈就会收到交际的效果。多与人交谈就会渐渐说出自己的心里话，就会与人坦诚相待，就会容许别人发表自己的见解。彼此相容就会达成一致，就会建立友谊，你的交际也就成功了。

# 有航道总比乱闯好

> 成功学大师卡耐基认为计划并不是对个人的束缚和管制，必须做什么或者不应该做什么并不由计划所决定。制订计划是一个自我完善的过程。不管是学习还是工作都能有章可循，要根据实际情况给自己制订合适的计划，才能一步步把事情做成功。人生也是如此，20几岁的人要知道，不经审视的人生是不值得经历的。因此在认真思考的前提下合理规划我们的人生，才能让我们的生命绽放出奇异的光彩。

## 明确自己想要怎样的人生

确立目标，是人生规划的重要前提。不甘做平庸之辈的20几岁的年轻人，必须要有一个明确的追求目标，才能调动起自己的智慧和精力。

1953年，美国哈佛大学曾对当时的应届毕业生作过一次调查，询问他们是否对自己的未来有清晰明确的目标，以及达到目标的书面计划，结果只有不到3%的学生有肯定的答复。20年后，研究者再次访问了当年接受调查的毕业生，结果发现那些有明确目标及计划的3%的学生，在20年后不论在事业成就、快乐及幸福程度上都高于其他人。而且，这3%的人的财富总和，居然大于另外97%的所有学生的财富总和，而这就是设定目标的力量。

我们需要提高生存的智慧，思考成功，追求卓越。对人生的意义、人生的价值、人生的幸福等问题交出满意的答卷。不甘平庸，崇尚奋斗，正是人生之歌的主旋律。

没有明确的目标，没有目标的努力，显然如竹篮打水，终将一无所有。目标是构成成功的基石，是成功路上的里程碑。目标能给你一个看得见的靶子，一步一个脚印去实现这些目标，你就会有成就感，就会更加信心百倍，向高峰挺进。

成功是每一个追求者所热烈企盼和向往的，是每一个奋斗者为之倾心的夙愿。在目标的推动下，人就能够被激励、鞭策，处于一种昂扬、激奋的状态中，积极进取、创造，向着美好的未来挺进。

目标是一种持久的渴望，是一种深藏于心底的潜意识。它能长时间调动你的创造激情，调动你的心力。你一旦有这种强烈的愿望，就会产生一种不绝的动力，就会有一种钢铸的精神支柱。一想到它，你就会为之奋力拼搏，就会尽力完善自我。在艰难险阻面前，决不会轻易说"不"字。为了目标的实现，去勇敢地超越自我，跨越障碍，踏出一条坦途。

目标是信念、志向的具体化，奋斗者一定要有梦想，梦想正是步入成功殿堂的源泉。许多精英俊杰都是出色的梦想者。他们梦想的目标一旦确立，就会万难不屈、坚毅果敢，充分发掘自己的潜能，将自己的才华优势发挥到极致，以百倍的努力冲刺、攀登。

正如美国成功学家拿破仑·希尔所言："你过去或现在的情况并不重要，你将来想获得什么成就才最重要。除非你对未来有理想，否则就做不出什么大事来。有了目标，内心的力量才会找到方向。"

可以说，一个人之所以伟大，首先在于他有一个伟大的目标。规划你的人生，确定目标是首要的战略问题。目标能够指导人生，规范人生，是成功之第一要义。目标之于事业，具有举足轻重的作用。忽视目标定位的人，或是始终确定不了目标的人，他的努力就会事倍功半，难以达到理想的彼岸。

日常生活中，你一定会先决定目的地，并且带好地图，才会出远门。然而，100个人当中，大约只有两个人清楚自己一生要的是什么，并且有可行的计划达到目标。这些人都是各行各业中的领导者——没有虚度此生的成功者。因为，一个一心向着自己目标前进的人，整个世界都会给他让路。如果你确定自己要什么，对自己的能力有绝对的信心，你就会成功。如果你还不知道自己的一生想要追求什么，现在就开始努力吧，此时此刻，想好自己要什么，有几分的决心，何时会做到。

20几岁是人生的一个新阶段，校园生活的结束意味着社会生活的开始。所以也是规划人生的最好时期，在这个阶段要明确未来的生活方向，这样才会让人生绚丽多姿。确定心中想要的生活，利用以下四个步骤，认清你的目标：

第一步，把你最想要的东西，用一句话清楚地写下来；当你得到或完成你想要的事物时，你就成功了。

第二步，写出明确的计划，如何达成这个目标，清楚地写出你要怎么做。

第三步，订出完成既定目标明确的时间表。

第四步，牢记你所写的东西，每天复述几遍。

遵照这几项步骤，很快你可能会惊讶地发现，你的人生愈变愈好。这一套模式将引导你除去途中的障碍，带来梦寐以求的机会。持续进行这些步骤，你就不会因为别人的怀疑而动摇。

记住，任何事情都不会偶然发生，都一定是有原因的，包括个人的成功。成功都是下定决心，相信自己会做到的人以切实的行动、谨慎的规划及不懈的努力而达到的结果。

## 别做消耗式的人生规划

明确的目标让"不可能"失去作用，它是所有成功的起点。不用花一分钱，每个年轻人都可以轻易拥有；只要下定决心，确实执行。在明确规划自己人生目标的时候，千万不要做消耗式的人生规划，这样会让自己得不偿失。

什么是消耗式的人生规划呢？就是为自己设定了很多高远的目标，并且都投入了精力，但却忽略了人的局限性——我们的精力和时间都是有限的。

问你一个问题，一个人的一生有多少天？10万天还是20万天？实际上一个100岁的老人一生也就3万来天。这其中还包括睡眠和休闲以及其他不能用在实现目标上的时间。我们的精力也是有限的，消耗式的人生规划到头来还是会让你一事无成。

如果你想成功，就要学会使用"凸透镜"，把自己的精力集中在一点上。也就是我们通常所说的"好钢用在刀刃上"。这句话说起来简单，却是由平凡变为不平凡的卓越法则。

软件银行裁孙正义20岁出头到美国留学，为了节省开始，他决定不再花家里的钱，而是自己挣生活费。为了兼顾学习和工作，规定自己一天中学习以外的时间只有5分钟是可以随意安排的，因为他想在专利上有所建树，一年下来，他居然制作了250多个小发明，从中了解了不少电子产品的研发知识。

人的生命和精力都是有限的，但是人生发展的可能性却是无限的，所以要清醒地告诫自己：不要做消耗式的人生规划。不能每件事都只做一半，因畏难、畏烦而放弃；也不应该没有规划，看到什么有利的条件，就去追逐，最终什么都做不好。一旦你树立了人生目标，就要集中所有的力量去实现它。不能把有限的力量分散在多个问题上，每个问题都解决，最终一个都解决不了。

20几岁的年轻人掌握这个原则，就能远离困难的泥沼，从一个局部的胜利到另一个局部的胜利，最终完成全面的胜利。

# 卷 四

"闻道有先后，术业有专攻"，每个人都有自己的专长，不可能每件事都很精通。愈是爱表现的人，愈是无法精通每件事。交朋友应该是互相取长补短，别人比自己精通的地方就应不耻下问，即使是自己很精通的事，也要以很谦虚的态度来展现实力，这样才能说服他人。

不懂装懂就是无知，不利于交际范围的扩展。这样的人在社会中恐怕永远也不会受到欢迎，不懂装懂和自作聪明的处世方法会毁掉一切刚刚兴起的事业，使人们失去对你的兴趣和信任。

# 亡羊补牢不如未雨绸缪

> 我们经常听说"亡羊补牢，为时已晚"，那么何不在羊没有丢失之前做好防范措施呢？未雨绸缪，防患于未然才是年轻人的做事之道。预测未来是一种能力，只要我们细心观察，几乎每一件事情都有它的规律可循。如果我们能够抓住这些特征，掌握发展趋势，便可以引导事物朝有利于自身的方向发展。从这个角度讲，在自己的生活中，做一个"预言家"是可能的。

## 问题就像疾病，早预防早消灭

对待问题的态度应该像对待疾病的态度一样，在身体有些不适的时候，就及时治疗以免发展得更为严重，甚至无法医治。对问题也是这样，及早地预见问题，将其消灭于萌芽状态，才能有效地规避问题。

林是一名刚刚走出校园的大学生，他到一家钢铁公司工作还不到一个月，就发现很多炼铁的矿石并没有得到充分的冶炼，一些矿石中还残留着没有被冶炼充分的铁。如果这样下去的话，公司会有很大的损失。于是，他找到了负责这项工作的工人，跟他说明了问题。这位工人说："如果技术有了问题，工程师一定会跟我说，现在还没有哪一位工程师向我说明这个问题，说明现在没有问题。"林又找到了负责技术的工程师，对工程师说明了他发现的问题。工程师很自信地说："我们的技术是世界上一流的，怎么可能会有这样的问题？"工程师并没有把他说的看成是一个很大的问题，还暗自认为，一个刚刚毕业的大学生，能明白多少，不会是因为想博得别人的好感而表现自己吧。

但是林认为这是个很大的问题，于是拿着没有冶炼充分的矿石找到了公司负责技术的总工程师，他说："先生，我认为这是一块没有冶炼充分的矿石，您认为呢？"

总工程师看了一眼，说："没错，年轻人，你说得对。哪来的矿石？"

林说："是我们公司的。"

"怎么会，我们公司的技术是一流的，怎么可能会有这样的问题？"总工程师很诧异。

"工程师也这么说，但事实确实如此。"林坚持道。

"看来是出问题了。怎么没有人向我反映？"总工程师有些发火了。

总工程师召集负责技术的工程师来到车间，果然发现了一些冶炼并不充分的矿石。经过检查发现，原来是监测机器的某个零件出现了问题，才导致了冶炼的不充分。

公司的总经理知道了这件事之后，不但奖励了林，还晋升他为负责技术监督的工程师。

林从普通职员晋升为工程师，可以说是一个飞跃，他获得工作之后的第一步成功来自于他观察问题、发现问题的能力和责任感，从矿石冶炼不充分这一现象中预见到了某一生产或监测出了问题，及时将问题提了出来，避免让公司遭受损失。这种发现问题、规避问题的意识是值得我们学习的。

## 在实践探索中培养预见力

未来是不确定的，计划在不确定因素面前无能为力，所以你必须随机应变，前提就是你必须拥有确定的目标和长远的计划。

我们很容易被眼前的利益蒙蔽了双眼，从而忽视潜伏于远方的危险，在不知不觉中失败。因此，我们一定要有远见，培养自己预见未来的能力。

公元前415年，雅典人准备攻击西西里岛，他们以为战争会给他们带来财富和权力，但是他们没有考虑到战争的危险性和西西里人抵抗侵略的顽强意志。由于求胜心切，战线拉得太长，他们的力量被分散了，再加上面对所有联合起来的敌人，他们更难以应付了。雅典的远征导致了历史上一个最伟大的文明的覆灭。

一时的心血来潮导致了雅典人的灭顶之灾，胜利的果实的确诱人，但远方隐

约浮现的灾难更加可怕。因此，不要只想着胜利，还要想着潜在的危险，有可能这种危险是致命的。不要因为一时的心血来潮而毁了自己。

感觉经常会欺骗自己，那些自认为拥有预见未来能力的人，事实上只是屈服于欲望，沉湎于自己的想象而已。被欲望蒙蔽了双眼的人，他们的目标往往不切实际，会随着周围状况的改变而改变。

我们应时刻保持清醒的头脑，考虑到一切存在的可能，根据变化随时调整自己的计划。世事变幻莫测，我们必须具有一定的预见未来的能力，过分苛求一项计划是不明智的。一旦未来会出现的种种可能得到了检验，就应该确定自己的目标，同时要明智地为自己准备好退路。实现自己的目标可以有多种途径，不要抓住一个不放。

做任何事都要建立在对未来有所预见的基础上，这样你也可以很好地控制自己的情绪，而且比较不容易受到其他情况的诱惑。许多人做事功亏一篑就是因为对未来没有预见，头脑模糊，意识不明确。

有的人认为自己可以控制事态的发展，但是在实施的过程中往往因为思想模糊不清而失败。他们计划得太多，不懂得随机应变。未来是不确定的，计划在不确定因素面前无能为力，所以，必须拥有确定的目标和长远的计划。

预见未来的能力是可以通过实践慢慢培养的。要有明确的目标，但必须实事求是地对客观现状进行分析评估；计划要周密，模糊的计划只能让你在麻烦中越陷越深。

 ## 没有真正的"小"事

> 细节之中有魔鬼，而成功的人就是驯服了这些魔鬼的人。真正的天才和专家，不过是在小事上做得比别人细致；屡经失败的人，也不过是在小事情上打了折扣。把握住了小事，你也就把握住了大局。刚刚开启自己人生的年轻人，你们的前途和机遇也许就在一些小事情当中。

## 成功者比普通人只是多注重了一些细节而已

查尔斯·狄更斯在他的作品《一年到头》中写道:"有人曾经被问到这样一个问题:'什么是天才?'他回答说:'天才就是注意细节的人。'"注重细节不仅仅能造就天才,还可以改变我们的人生。

13,在西方一向被认为是一个不吉祥的数字。然而,作为英国皇家卫队队长哈特菲尔德的墓志铭,却只有赫赫醒目的一个数字:13!

原来,在20世纪英国维多利亚女王时期的一个13号星期五的晚上,白金汉宫的卫兵哈特菲尔德被指控在夜间值勤时睡着了。几经渲染,这就成了一个不严惩不足以振军纪的大问题。不然,据说女王的安全就将受到威胁。就这样,哈特菲尔德被军事法庭判了死刑。

就在处决的前夕,哈特菲尔德终于想起了一个细节:"我那天夜里没有睡觉,我听见议会大厦的钟声在午夜响了13下!"这实在是一个足以轰动朝野以确定能否定罪的证据。于是,法官决定暂缓执行,并命令进行一次补充调查。调查发现,那天夜里确实有不少人听见议会大厦的钟声在深夜响了13下。而且,他们都表示愿意出庭作证。一位专家检查了议会大厦的钟后确信,那天夜里,钟里的一根发条出现过异常,表示凌晨1点的那下钟声确实是在子夜刚敲过12下以后就立即响了起来,所以听者无疑就会认为是钟声响了13下。

哈特菲尔德重新被带进了军事法庭。这一次,他被宣布无罪释放。不久以后,哈特菲尔德成了皇家卫队队长,而且一直活到了100多岁。按照他的遗嘱,人们在他的墓碑上刻下了一个醒目的数字:13!

一个小小的"13点"挽救了一个人的生命,并不是生活捉弄我们,也不是偶然嘲讽我们,而是这一切看似充满戏剧性的事件都包含在一个必然的法则中——生命的质量,取决于对细节的尊重。也许细节挽救生命这样的事例确属罕见,但细节有时却能让人在生存的竞争中分出胜负。因为有的时候,世界上最伟大的壮举还不如生活中一个真实的细节有意义。

多读一些名人传记,你就会惊奇地发现,名人之所以成为名人,其实没有什么特别的原因,竟然只是比普通人多注重一些细节而已。东汉的薛勤曾说:"一屋不扫,何以扫天下?"令人深思。在许多平凡琐细的生活中,往往都含着一些醇

质，假使酵质膨胀了，就会使生活起剧烈的变化，从而影响一个人一生的命运。

一个青年来到城市打工，不久因为工作勤奋，老板将一个小公司交给他打理。他将这个小公司管理得井井有条，业绩直线上升。有一个外商听说之后，想同他洽谈一个合作项目。当谈判结束后，他邀这位也是黑眼睛黄皮肤的外商共进晚餐。晚餐很简单，几个盘子都吃得干干净净，只剩下两只小笼包子。这位青年对服务小姐说，请把这两只包子装进食品袋里，我带走。外商当即表示明天就同他签合同。

一个相貌平平的女孩，在一所极普通的中专读书，成绩很一般。她得知妈妈患了不治之症后，想减轻一点家里的负担，希望利用暑假的时间挣一点钱。她到一家公司去应聘，韩国经理看了她的履历，没有表情地拒绝了。女孩收回自己的材料，用手掌撑了一下椅子站起来，觉得手被扎了一下，看了看手掌，上面沁出了一颗红红的小血珠，原来椅子上有一只钉子露出了头。她见桌子上有一条石镇纸，于是拿来用它将钉子敲平，然后转身离去。可是几分钟后，韩国经理却派人将她追了回来，聘用了她。

那些对自己的本性毫无认识，不屑于做细微小事的年轻人，永远成就不了伟大的功业。

## 偶然的小事可能决定未来

生活和工作中，我们不要看不起小事，只要有益于工作、有益于事业，人人都应该从小事做起，即使是与人交往的细节也要注意。

《战国策》中记载了这么一个故事：

中山君宴请都士大夫，司马子期也是其中一个。羊羹是一道美味的菜肴，可惜准备得不足，司马子期没有尝到。司马子期因此感到羞愤难忍，他跑到楚国劝说楚昭王攻打中山国。

中山国亡，中山君狼狈出逃，只有两个人还持戈跟随在后面。中山君问他们："事到如今，你们为什么还跟随我呢？"两人答道："我们的父亲在快要饿死的时候，是您施舍了一碗饭给他，后来，父亲临终时对我们兄弟说：'中山国将来有祸事，你们一定要为之赴汤蹈火！'所以，我们今日不惜以死来报答您。"

中山君听到这儿，仰天长叹一声，极为感慨地说："看来，给予别人，不在乎多少，却在于其适逢危难；和别人结怨，也不在于事情大小，而在于伤害人的自尊。一道菜可使一个国家灭亡，一碗饭却使人赴汤蹈火，可见小事不可大意。"

事虽小而关系重大，在彼此交往中，微小的细节我们也要用心去做，有时候正是因为做好了被人忽略的细微小事儿，才让我们的人生获得了一个转机。

柏年在美国的律师事务所刚开业时，连一台复印机都买不起。他整日在小镇间奔波，兢兢业业地做职业律师。他终于媳妇熬成了婆，电话线换成了四条，扩大了办公室，又雇用了专职秘书、办案人员，很有气派地开起了"奔驰"，处处受到礼遇。

然而，天有不测风云，他一念之差将资产投资股票，几乎亏尽。他想不到从辉煌到倒闭几乎只在一夜之间。

这时，他收到了一封信，是一家公司总裁写的：愿意将公司30%的股权转让给他，并聘他为公司和其他两家公司的终身法人代理。他不敢相信自己的眼睛。

他找上门去，总裁是个40开外的波兰裔中年人。"还记得我吗？"总裁问。

他摇了摇头，总裁微微一笑，从硕大的办公桌抽屉里拿出一张皱巴巴的5块钱汇票，上面夹的名片印着柏年律师的地址、电话。他实在想不起还有这样一桩事情。

"10年前，"总裁开口了，"我在移民局排队办工卡，排到我时，移民局已经快关门了。当时，我不知道工卡的申请费用涨了5美元，移民局不收个人支票，我又没有多余的现金，如果我那天拿不到工卡，雇主就会另雇他人了。这时，是你从身后递了5美元上来，我要你留下地址，好把钱还给你，你就给了我这张名片。"

他也渐渐回忆起来了，但是仍将信将疑地问："后来呢？"

"后来我就在这家公司工作，很快我就发明了两个专利。我到公司后的第一天就想把这张汇票寄出，但一直没有。我一个人来到美国闯天下，经历了许多冷遇和磨难。这5块钱改变了我对人生的态度，所以，我不能随随便便就寄出这张汇票。"

这个故事似乎有点离奇，但是世上所有的离奇都带有偶然性，只要这种偶然性再次发生，就会成为人生的重大转机。试想一下，如果故事中的柏年不去用5美元帮助别人，他怎么可能会在总裁那里受到那么大的恩惠呢？尽管他起初不是有意的，但是无心插柳柳成荫，这种无意的助人行为，带来的是受助后的成功。

所以，20几岁的年轻人要懂得，与人交往没有小事，也许一些偶然的小事情就会决定你未来的命运。处于复杂社会关系中的我们，一定要注意人际交往中的细节，为自己的成功打下坚实的基础。

# 永远不要掉进越位犯规的陷阱

> 职场之所以有等级,就是为了保证一个庞大的系统能够有效运转。如果你不懂得尊重这个系统,抱着表现自己的想法越级办事,就会破坏原本的和谐,成为系统过滤的对象。越级是职场生存大忌,既得罪了顶头上司,也在高层领导面前留下了"不本分"的印象。所以,20几岁的时候,一定要记住,即使你的上司只是个"九品芝麻官",也一定不要越级办事。

## 每一个人都值得你尊重

当你想起了一个很好的方案时,一时高兴直接越过你的上司,走进了顶级领导的办公室,这时候不管你的方案做得是多么优秀,即使得到了顶级领导的认可,你也输了一半,因为你的越级显示出了对上司的不尊重。此时你的荣耀遮掩了上司的光芒,这样只会让你在以后的工作中渐入窘境。

在工作中要想与上司和谐相处,除了要服从上司的工作安排之外,关键是要对你的上司表现出足够的尊重。不越位的心理基础就是对上司的尊重。只有谦虚守礼、尽心尽力,才能得到领导的器重、关心和爱护,上下级关系才能做到良性互动,才能更为融洽和谐。

南齐的王僧虔楷书造诣极深,许多官宦人家都以悬挂他的墨宝为荣,一时之间,流传着一种说法:王僧虔楷书不输王羲之,乃当今天下第一!

当朝皇帝齐太祖萧道成素来爱好书法,对僧虔的盛名一向很不服气,于是下旨传僧虔入宫"比试"。在大臣、随从的簇拥下,君臣二人屏息凝气,饱蘸浓墨,各自挥毫写下一幅楷书。搁笔之际,齐太祖头一扬,双目紧紧盯住僧虔,问道:"你说我们两人,谁第一,谁第二?"

僧虔额头冒出了冷汗,皇帝的书法虽有一定功力,但毕竟称不上炉火纯青。可是这位自负的皇帝又怎会甘心位居人后?昧着良心说谎,承认皇上技高一筹,固然不会得罪人,但这样的事僧虔根本不屑去做。

僧虔沉吟片刻,突然朗声长笑:"臣心中已有分晓。臣的书法,大臣中排名第一;而皇上的书法,绝对是皇帝中的第一!"齐太祖闻听此话,先是一怔,继而很快理解了僧虔的良苦用心,他为皇帝留足了面子,同时又不失自己的气节。齐太祖不由得哈哈大笑,僧虔也松了口气。

尊重能够增进你与上司之间的感情,化解矛盾冲突,赢得上司的好感,提升自己在其心中的形象。尊重上司才能得到上司的尊重。出于对齐太祖足够的尊重,僧虔才会在众目睽睽之下保全天子的威风,而不是傲慢地指出皇帝不如自己。

一般而言,上司的方方面面都应比下属高出一筹,如工作经验丰富,组织、管理能力强,看问题有全局观念等。还有一些上司具备一些个性方面的优点,如性格直爽、办事果断、工作细心等,这些都值得下属尊重和学习。人无完人,上司一样会有缺点,会犯错误,这是无法避免的,这时,有些下属就会觉得上司水平太低,表面服从,心里却缺乏尊重,甚至顶撞、抢白上司,时时处处表现出自己高出上司一筹。缺乏对上司最起码的尊重,会使你与上司的关系严重恶化;何况,不尊重他人本身也是缺乏修养的表现,会导致同事的轻蔑和不满,这样的人在一个集体中是不受欢迎的。

当然,尊重不是无原则的讨好、献媚,奉承会让上司放松自律之念,滋生骄傲情绪,也会让整个集体弥漫着一股不正之风。当上司有这样或那样的不足时,要掌握分寸巧妙地提醒、善意地规劝。做一个好的下属,对上司应该是敬而不谀。

## 把属于自己的光环悄悄让给上司

很多的时候,在工作中做到不越位还不够。因为任何人都想表现自己,你的上司也不例外。刚步入工作的年轻人要懂得满足上司的这种表现欲。也就是说在工作中,不管你的功劳有多大,你如果是一个下属,在上司的面前,都要低调,不能夺了上司的"光芒"。

三国时的许攸，本来是袁绍的部下，虽说是一名武将，却足智多谋。官渡之战时，他为袁绍出谋划策，可袁绍不听，他一怒之下投奔了曹操。曹操听说他来，没顾得上穿鞋，光着脚便出门迎接，鼓掌大笑道："足下远来，我的大事成了！"可见此时曹操对他很看重。

后来，在击败袁绍、占据冀州的战斗中，许攸又立了大功，他自恃有功，在曹操面前便开始不检点起来。有时，他当着众人的面直呼曹操的小名，说道："阿瞒，要是没有我，你是得不到冀州的！"曹操在人前不好发作，只好强笑着说："是，是，你说得没错。"但心中已十分嫉恨，许攸并没有察觉，还是那么信口开河。

有一次，许攸随曹操进了邺城东门，他对身边的人自夸道："曹家要不是因为我，是不能从这个城门进进出出的！"曹操终于忍耐不住，杀了他。

许攸的遭遇给了我们很深刻的启发，在自己的上司面前，要懂得低调，千万不能把上司的功劳安在自己头上。

许多上司最看不上那些自吹自擂的人，有了一点点成绩，就心高气傲，不思进取，这样的人是不会得到提拔和重用的。所以，下属与上司相处时，一定要掌握分寸。尽管有时上司在某一方面确实远不如你，作为下属还是要十分注意。在你与上司当面说话的时候，不要咄咄逼人，不要冷嘲热讽；背地里说话也不要评头论足；更不要让上司当众出丑，如芒在背。要知道这些都是蔑视上司的行为，你很容易被上司认为是一个恃才傲物和喜欢顶撞权威的人，从而不信任你。

要是你有远大的抱负，就不应斤斤计较成绩的取得你究竟占有多少份额，而应大大方方地把功劳让给你身边的人，特别是让给你的上司。这样，做了一件事，不仅你感到喜悦，上司脸上也光彩，以后，上司少不了再给你更多建功立业的机会；否则，如果只打眼前的算盘，急功近利，就会得罪身边的人，将来一定会吃亏。对上司让功一事绝不可到处宣传。

因此，做善就要做到底，不要让人觉得你让功是虚伪的。将自己的成绩归功于上司，把本该属于自己的镜头悄悄地让给上司。擅长处理上下级关系的人，都会将自己的功劳淡化，不显山不露水，必要的时候将一切功劳、成绩、好名声都归之于上司，那么，你离"平步青云"的日子也就不远了。

 **做得精彩也要说得漂亮**

> 刘勰在《文心雕龙》一书中就高度评价过口才的作用:"一人之辩,重于九鼎之宝;三寸之舌,强于百万之师。"春秋时期,毛遂自荐使楚,口若悬河,迫使楚王歃血为盟;战国时的苏秦凭借三寸不烂之舌,游说东方六国,身挂六国帅印,促成合纵抗秦联盟;三国时诸葛亮出使东吴,舌战群儒,终于说服吴主孙权和都督周瑜联刘抗曹,而获赤壁大捷;我们敬爱的周总理多次在谈判桌上,以他那闻名世界的"铁嘴"挫败敌手,捍卫了祖国的尊严……无数的事实表明,好的说话方式能够发挥巨大的作用。做得精彩也要说得漂亮,年轻人一定要懂得这一点,注意说话方式和技巧。

## "弹性语言"避免"祸从口出"

有些年轻人并不看重语言的力量,认为多说话是自找麻烦。事实上,在人的一生中,时刻都面临着谈话的需要。不仅仅是在生活中,商务、婚姻、战争、国际关系等,都存在着语言的空间。如果认识不到这一点,那就要付出代价,为了避免给你的生活带来诸多的麻烦,有时候需要用弹性语言来化解祸端。

有这样一个善于闪躲质问的人,他回避问题的本领简直让人叫绝。例如,如果有人问他:"你可曾读过《堂吉诃德》?"他会回答:"最近不曾。"其实他根本没读过,然而谁会杀风景地去追问,破坏融洽的谈话气氛呢?

还有一次,有人问他可曾读过但丁《神曲》中的《地狱篇》,他回答:"英文本没读过。"旁人不禁肃然起敬。他这句百分之百的真话会让人产生两种误解:他

读过这诗篇,他精通14世纪的意大利文;他是文学纯粹主义者,不屑读翻译本。真高明。

毫无疑问,这个人是个说话高手,他正是利用了弹性语言的妙处为自己成功化解了对方的质疑。

在生活中还常常会出现这么一种情况,正面回答别人的问题不行,反面回答对己也不利,不回答根本就做不到。面对这种让人颇伤脑筋的问题,最佳的办法便是采取迂回的战术,让语言保持适当的弹性,使别人的问题有如打在海绵上一样。这是一种高超的说话技巧,有心的年轻人可以尝试在现实生活中应用。

大家都知道一个人如果吃得不卫生,便极可能生病,这叫做"病从口入"。与之相对应的是,一个人如果说话不注意分寸,不懂技巧,便极有可能得罪别人而遭殃,这就叫做"祸从口出"。想要避免"祸从口出"并不难,关键还在于让语言保持一定的弹性。

有这样一则寓言故事:

百兽之王的狮子想吃其他兽类,但需要一个借口。于是张开大口让百兽闻自己的嘴巴是香还是臭。首先是狗熊,它闻后如实地说:"有股肉的腥臭味。"

狮子怒道:"你不尊重我,留你何用!"将它吃掉了。

第二天,轮到猴子来闻。鉴于头天狗熊的教训,它乖巧地说:"哟,好一股肉的清香味啊!"

狮子又怒道:"你溜须拍马,留你何用!"又将它吃掉了。

第三天,轮到兔子来闻。它知道,说臭要被吃掉,说香也要被吃掉,于是它凑到狮子嘴边,故意闻得十分认真,但却老不开口说话。

狮子急了,催它快说。

它便说道:"报告大王,我昨晚受了风寒,感冒鼻塞,闻了这么久,实在闻不出是臭还是香。等我好了,鼻子通了,再来闻吧。"狮子无奈,只好放了它。

兔子在这里巧妙地回避了狮子所提出的问题,而用"无可奉告"来表明自己的态度,这种走"第三条"道路的方法,实在是它求得生存机会的唯一出路。

另外,当你想指出别人某些缺点的时候,最好也不要直接说出来,而要避开问题的关键,换一种方式来表达。

巧妙回避不宜直言的问题,还有很多种不同的方式,你可以采用类比的方式,借助事实说话,也可以含糊其辞,在一些不必要、不可能或不便于把话说得太实、太死的时候,利用"模糊"语言让你的表意更有"弹性"。这样就会让别人的问题有如打在海绵上一样,瞬间失去冲击力。这种说话的技巧如若合理运用,便能化解生活中的许多烦恼和尴尬,也能将即将到来的祸端化解于无形。

## 让你的语言充满魔力

这是一个开放的年代,世界这个舞台是大家的,每个人都有机会展示自己。当众演讲就是一个很普遍的方式。当你有一个当众演讲的机会时,要善于运用口语化为自己的演讲增添魅力。按说,当众讲话主要是口语表达,语言的口语化本该不成问题。但由于当众讲话总要比一般的随意交谈或在非正式场合的说话更规范、文雅和生动,也由于许多人在准备稿子的时候常常爱堆砌辞藻、雕章琢句或摘抄报章,还以为是讲求文采,其实是使演讲的语言过度"文章化"。所以,我们不可忽视口语表达的技巧。

那么,怎样才能做到演讲的语言既口语化还能彰显出你的魅力呢?

第一,尽量选取双音节词,并注意词语的音节搭配。口语以声传意,瞬间即逝,不像读书看报,一遍看过去没弄清,还可以再看两遍,所以同义的词最好用双音节或多音节的,而不要用单音节的。古汉语之所以难懂,多用单音节的词是原因之一。好在现代汉语的词语大多由原先的单音节变为双音节或多音节了,这就容易让人听清楚,更适合于"口传"或"耳收"。例如,说"我初次谈恋爱时"就不如说"我第一次谈恋爱的时候"更为顺口入耳;说"因我没经专门的演讲训练",就不如说"因为我没有经过专门的演讲训练"显得清晰舒畅。当然,单音节的词并不是一概不能用,而是表达同样的意思最好少用单音节的词,多用双音节或多音节的词。

第二,在用词风格上,多用通俗生动的"现成话",而不要文白夹杂。口语也要修辞,多用俗谚俚语和选用职业术语、绝妙类比。也就是说,口语要多用浅易通俗、生动活泼的"现成话"。诗人艾青按说是十分精通典雅的书面语言了,但他在《诗论》中强调说:"最富于自然的语言是口语。"

语言要通俗不单是为了简明易懂,更不是要流于浅薄庸俗、单调乏味,而是为了既通俗易懂,又具体、生动、活泼、形象。老舍在他的作品中之所以尽量多用口头语言,不仅是为了叫人明白易懂,更为了使语言生动活泼。这正如秦牧在《艺海拾贝》中说的:"历代以来,开一代文风的杰作,起前代之衰的妙文,都在一定

程度上一反因循守旧的书面语的习惯,勇于运用活生生的口头语言。古代的说书人,讲到故事中的人物心头不安时,不说忐忑不安,却说'心里有十五个吊桶打水,七上八下';讲到羞耻时,不说满面羞赧,却说'恨不得有个地洞钻下去';讲到赶快逃跑时,不说赶快逃跑,而说'只恨爹娘少生了两条腿';讲到着急时不说着急,却说'急得像只热锅上的蚂蚁'。所有这些都博得听众的赞赏和喝彩,而且流传至今仍有强烈的形象性、新鲜感。"

人们往往有一种习惯性的看法,认为口语简单粗浅,而书面语应当完善而文雅。实际上,现代实用语言在口头和书面两大方面并无多大差别,也不该有多大差别。有些人讲话、致辞或答问总要按照稿子念。如果你的口语不生动,不善于脱稿讲话,那么你写出来的稿子也往往是平板冗长、干巴乏味的,当然也就不具备口语的特点。不是口语化的东西却又用嘴说,这就是某些人的口语表达既不通俗又不生动的主要原因。而另一种倾向是只求简单明白,不求细致生动,这就流于粗俗和浅陋。正确的理解和做法是,书面语言要尽量多用通俗而生动的口语;而在口语表达上要尽量吸收书面语中那些精练而严谨的词语。只有这样,我们的语言才会通俗易懂又生动活泼。

第三,句式要简短而灵活。我们先来看看一个外国人的一篇汉语作文:

我,叫施吉利,加拿大人,很喜欢汉语。我买了许多书,特别是汉语辞典、北方方言辞典、成语辞典等。我发现成语、谚语、俗语很好,准确、生动、幽默、风趣。

有一天,很热,我到楼下散步,看见卖西瓜的,是个个体户。我说:"你的西瓜好不好?"他说:"震了!"

我问:"什么叫震了?"

他答:"震了就是没治了!"

"什么叫没治了?"

"没治了就是好极了!您看我的西瓜多好!"

这时,我用了两句俗语,刚学的:"没有调查就没有发言权。你是不是王婆卖瓜,自卖自夸?"

"是骡子是马拉出来遛遛,我的瓜皮儿薄、子儿小、瓤儿甜,咬一口,牙掉啦。""咔嚓"一声,他切开一个。

我一吃,皮儿厚,子儿白,瓤儿是酸的。我又说了两句成语:"你要实事求是,不要弄虚作假。"

他的脸"刷"地红到脖子根儿。我说没有关系,买卖不成仁义在。他一听急眼了:"这个不算。""嚓"地又切开一个。我一看,皮儿倍儿薄,子儿倍儿黑,瓤儿倍儿甜,我狼吞虎咽地吃起来。

他说:"好吃不好吃?"

我一伸大拇指:"盖了帽儿了!"

这位外国人学汉语也真学得"盖了帽儿了",一是采用了生动的俗语,二是句式简短。这虽然是用笔写的作文,但语句大多是五六个字,最长的才有十来个字,体现了口语的特点。

所以,20几岁的年轻人要想让自己在公众场合的讲话收到良好的效果,一定要学会把握语言的风格,注意文采,使讲话通俗易懂。

# 赞美的话可常说不可常信

> 赞美是一种很重要的交际手段,它能在瞬间沟通人与人之间的感情,使人在复杂的人际关系中游刃有余。因为每一个人都渴望被赞美和肯定,适当地赞美别人会赢得对方的友谊和好感。真诚的赞美会让我们的人际关系更加和谐,但不是所有的赞美都是发自内心的,对于那些"逢场作戏"的赞美,一定要保持一颗清醒的心。

## 给他最想要的赞美之词

求人办事是有求于他人,在说话上,就不免要赞美别人。人都喜欢听别人的赞美之词,你所求助的对象也不例外。有时候,一句赞美的话就可以助你办成一件事情。

美国黑人富豪约翰逊要修建一座办公楼,但在资金上还有300万美元的空缺,他出入多家银行都没有贷到这笔款。

建造开工后,到所剩的钱仅够花一个星期的时候,约翰逊约一家银行的主管一

起吃饭。席间,银行主管对约翰逊说:"在这儿我们不便谈,明天到我的办公室来谈吧。"

第二天,当约翰逊断定该银行很有希望给他抵押贷款时,他说:"好极了,唯一的问题是今天我就要拿到贷款。"

"你一定在开玩笑,我们从来没有一天之内就能办妥这样的事的先例。"银行主管说。

约翰逊把椅子拉近他,说:"你是这个部门的主管。也许你应该试试看你有无足够的权力把这件事在一天之内办妥。"

这样一下子就挑起了对方的好胜心,这个银行主管试过以后,本来他说办不到的事终于办到了,约翰逊也如愿以偿地拿到了这笔贷款。

这类似激将法,因为谁都不愿意被人看扁,你用赞美的方式把对方说成是全能的,他自然会想方设法去维护自己这个"全能"形象。

比尔·派克是佛罗里达州得透纳海滩一家食品公司的业务员,他对公司新出的系列产品感到非常兴奋;但不幸的是,一家大食品市场的经理取消了产品陈列的机会,这令比尔很不高兴。他对这件事想了一整天,决定下午回家前再去试试。

他说:"杰克,我今天早上走时,还没有让你真正了解我们最新系列的产品,假如你能给我些时间,我很想为你介绍我漏掉的几点。我非常敬重你有听人说话的雅量,而且非常宽大,当事实需要你改变时你会改变你的决定。"

杰克能拒绝再听他谈话吗?在这个必须维持的美誉之下,他是没办法这样做的。

吉斯菲尔伯爵说:"各人有各人优越的地方,至少也有他们自以为优越的地方。在其自知优越的地方,他们固然喜爱得到他人公正的评价。但在那些希望出人头地而不敢自信的地方,他们尤其喜欢得到别人的恭维。"

要使赞美奏效,就要有一份诚挚的心意及认真的态度。言辞会反映一个人的心理,因而轻率的说话态度,会让对方产生不快的感觉。赞美也不要太离谱,这样别人会觉得你太虚伪。如对求助的人说:"你太正直了,这样会得罪人的。"这既表示了对对方的关心,又夸奖了对方的品性;或说:"你工作这么辛苦,一定要注意身体,不要把身体累坏了。"这样的夸奖人人都乐意接受,他不但感到你在夸奖他,同时感到你在关心他。

20几岁的年轻人,刚步入社会难免有求人的时候。当你求得他人帮助时,夸奖你所求助的人，将对方引入你设定的情景中，然后提出你的要求，这样会使你的要求成功地得到满足，把事情办好。

## 廉价的赞誉，是谄媚者获取功利的利器

很多20几岁的年轻人一提到赞美，就会和点头哈腰、阿谀奉承联系到一起。其实阿谀奉承和赞美之间有很大的区别。赞扬是发自内心的，而奉承是廉价的赞誉，是谄媚者惯用的一种手段。他们是为了满足对方的虚荣心。阿谀奉承是我们要坚决抵制的。如果自己本身不能以一种健康的心理来抵制甜言蜜语，难免会陷入谄媚的泥潭。

胡人安禄山出生于营州。幽州长史张守首先发现他武勇善战，让他做军中的战将。但是在一次与奚、契丹的作战中吃了败仗，张守追究他的战败之罪，决定将他处斩。行刑时，安禄山大叫："杀我安禄山，还有谁能破契丹？"

张守决定派人把安禄山送到长安，请唐玄宗处置。玄宗因为急需用人就赦免了安禄山。

安禄山口齿伶俐，又善于阿谀逢迎。平日，从将相到宦官，不论尊卑，他都要进行笼络。遇有机会便设宴相请，或行贿送礼以取悦于人。因此，唐玄宗听到的都是对安禄山的赞美。于是，唐玄宗在温泉宫初幸杨玉环的第二年，擢升安禄山为营州都督。

安禄山利用自己的胡人身份，故意装疯卖傻来骗取玄宗的宠信。有一次，玄宗引他与太子李亨相见。安禄山对太子故意直立不拜。左右催他行礼，他却故作糊涂地反问："臣为藩人，不识朝仪，不知太子是什么样的官？"玄宗信以为真，便告诉他太子是储君："朕百岁之后，传位于太子。"

安禄山这才做出恍然大悟的样子谢罪说："恕臣愚钝，只知陛下，不知太子，臣罪该万死。"玄宗见此，对他的淳朴坦诚赞许不已。

安禄山当上了都督以后，更加卖力。同时，由于他在边疆又立下了战功，于天宝元年被封为平卢节度使。天宝四年，他又大破奚和契丹，兼任御史大夫，后又兼任河东节度使。

安禄山是个大腹便便的大汉。有一次，玄宗指着他的大肚子问："爱卿的大肚腹内，到底装满何物？"

安禄山答道："并没有什么稀奇之物，这里装的都是对陛下的赤胆忠心，故而

如此庞大。"

玄宗爱其应答机敏，对安禄山大加赞赏。

细心的安禄山很早就发现了杨玉环对玄宗的影响力，所以他想方设法要取得杨玉环的信任。一次安禄山看到玄宗和杨玉环并排坐在一起。他首先向杨玉环行礼拜见。玄宗一见，面露愠色，责其无礼。

安禄山坦然答道："如陛下所知，臣乃胡人。胡人之礼，总是以女为先。所以臣依胡俗，先朝拜国母。国母乃是大唐的母亲，臣得以拜见如此花容月貌的国母，实在是荣幸之至。"杨贵妃听后心花怒放，玄宗也随之放声大笑。于是，安禄山又趁机说："臣请为国母跳胡人之舞，为国母遣怀。"然后，他就做出滑稽的姿态，开始为杨玉环跳舞。

在杨玉环的请求下，玄宗把长安御苑的永宁园赐给安禄山作为他的私邸，又让他与杨家一族的杨国忠等人结成兄妹之谊。安禄山却不满足："臣冒昧奏请，容臣将美丽的国母娘娘，奉为臣的母亲。"

听安禄山这样说，唐玄宗并不责怪，反而觉得安禄山是个值得宠信的人。于是玄宗笑呵呵地问安禄山："莫非这也是胡人的习俗吗？若奉贵妃为母，朕又是你的什么人？"

"此事何须臣再奏明，臣本是陛下的赤子。"就这样，安禄山成了杨贵妃的养子。

由于得到了玄宗的特殊批准，身为杨玉环"干儿子"的安禄山可以自由地进出除了皇帝和宦官们才可以出入的地方。唐代有"三日洗儿"的风俗，小孩生下三天之后，母亲要给他洗澡。天宝十年（公元751年）正月三日，亦即安禄山过罢生日的第三天，杨贵妃为安禄山作"三日洗儿"。安禄山为了让杨贵妃高兴，不仅让她给自己洗澡，洗完后还躺在杨贵妃用锦绣料子特制的大被服中，让宫女们抬着他在庭院中转来转去。

玄宗听说此事后，责备安禄山太过分了，安禄山笑嘻嘻地说："陛下所言甚是，虽是母后，这样戏耍孩儿，也未免太过分了。"面对安禄山的嬉皮笑脸，玄宗哭笑不得。

安禄山凭借着与杨玉环的裙带关系，赢得了玄宗的宠信，也赢得了充分的准备时间。天宝十四年，他发动叛乱，攻城略地，直逼长安。玄宗不得已，带着杨玉环及其他人逃往西蜀避难途中，士兵杀死杨国忠，并逼迫玄宗在马嵬坡把杨玉环用白绫绞死。

可见，我们要远离奉承吹捧，因为它不是发自内心的赞美。它是为"利己"

而"誉人"的。谄媚者利用人们喜欢被人赞扬的天性,以奉承吹捧为手段,通过种种溢美之词,满足谄媚对象的虚荣心,从而达到讨好巴结的目的。奉承吹捧者常常是不顾事实、不讲原则、没有是非标准的,或者无中生有、口吐莲花,或者夸大其词、无以复加。在吹捧者的口中,假的可以变成真的,错的可以变成对的,恶可以变为善,丑可以变为美,庸人成为天才,昏君成为圣主。廉价的赞誉之词,成为谄媚者猎取实际功利的"敲门砖"。

20几岁的年轻人,要在成长的岁月中分得清谄媚背后的勒索,及严厉背后的慈爱,让自己的人生之航不至于偏离方向。

# 不要轻易放弃应得利益

> 有这样一群人,他们本本分分,规规矩矩,在工作中任劳任怨,在生活中洁身自好,各个方面都达到了社会规范的基本要求,在领导眼里往往也算是很听话的,在群众中形象也是公认的好。然而,他们却总是吃亏。"饿死胆小的,撑死胆大的"。这种现象很普遍地发生在我们身边,先不说同情,至少你不能成为那个胆小的人。争取自己的利益是你光明正大的权利,付出了就要拿到属于自己应得的回报,这是生存的道义。

## 不要放弃自己的权益

李平曾在美国佐治亚州立大学政治系读本科。那学期李平修了一门美国外交政策,任课的大卫·凯尔博士是个兼职教师。他们专业课的考试通常很难,但系里的教授考试从不限制时间,而凯尔这老先生却没那么客气,考试又难又卡时间,让学生们都很累。期中考试李平差点儿没做完,忙中有误,只得了88分。当时李平正在申请读硕士,专业课得A对李平的录取很重要,而要在凯尔这门课上拿A,期末考试李平必须万无一失。李平去找凯尔,问他期末考试能不能不限时间,他说没问题,慷慨得令李平兴奋。

因为有凯尔的承诺，期末考试时李平心里很坦然。李平正在不慌不忙地答题，忽然听到凯尔让学生交卷子，李平赶紧说自己还没做完，让他再给点儿时间，坐在李平后面的韩裔女孩埃米也嚷嚷说时间不够。凯尔一口回绝了他们，埃米见没什么戏，沮丧地走了。李平不甘心，再一次求他开恩。他说不行，轻蔑的口气中流露着嘲讽。李平本来已自认倒霉，正准备交卷子，却又被他那副傲慢的样子给激火了。

"你说的期末考试不限时间，为什么说话不算话？"李平向凯尔发问。"谁叫你刚才不说话，现在考完了，无法改变了！""我怎么知道你会有变化，"李平说，口气咄咄逼人，"我修过系里那么多教授的课，没有一个人考试限时间，更没有一个人像你这么不近情理！"

凯尔吃了一惊，先是一愣，然后尴尬地笑笑，说："对你们外国学生多给点儿时间也不是不可以，可埃米已经走了，如果我给你加时，那她怎么办？"

"如果你同意再给我们一点儿时间，我现在就去把她追回来。"李平话音未落，人已经冲出了教室。

李平在校园里找了一大圈儿，不见埃米的踪影，只好独自回到教室。凯尔为难地看着李平，不知如何是好。李平说："如果你怕多给我时间对埃米不公平，那我可以告诉你，埃米在美国长大，从小学到大学都是在美国受的教育，而我学英语才不过5年！"凯尔愣了，满目惊疑地看着李平。四目对视，李平不容置疑地盯着他。终于，凯尔点点头，说："好吧，我再给你30分钟。"

李平读硕士时修过凯尔一门课，在他的课上拿了第二个A。以后他们见面不多，有时通通电子邮件，李平总是称呼他凯尔博士，他却落款"大卫"。有几次不期而遇，他都主动上前给李平一个拥抱，这在西方国家虽是家常便饭，但在师生之间并不多见，对政治学那帮"老古板"来说，拥抱代表一种礼遇，给一个学生拥抱是对他的肯定和尊重。凯尔对李平的肯定是显而易见的，李平申请读硕士和博士时，他两次为李平写了推荐信。系里有个同学有一次跟他提起李平，他只感慨地说了一句："我知道，那可是个用功的好学生！"

关键时刻的反抗，也许不一定能像李平这样好运气，产生好的效果，但至少可以让对方知道你的想法。但是现在的很多年轻人，都害怕自己张嘴会被人否定，于是能忍则忍，慢慢养成了胆小怕事的性格。这是非常不利于自身发展的。其实有很多的机会在等待着你去发现，只是因为你的害怕，才错过了良机。不要害怕发表自己的意见，只要你有道理，就一定要坚持。

## 斤斤计较并不丢脸

在争取自己的利益上，有些人就算是被人欺负了，遭受了不公正的待遇也还是忍气吞声，这种逆来顺受的性格会导致别人的再次侵害。俄国著名作家契诃夫有这样一篇文章足以说明这一点。

一天，史密斯把孩子的家庭教师尤丽娅·瓦西里耶夫娜请到他的办公室来，需要结算一下工钱。

史密斯对她说："请坐，尤丽娅·瓦西里耶夫娜！让我们算算工钱吧。你也许要用钱，你太拘泥于礼节，自己是不肯开口的……呶……我们和你讲妥，每月30卢布……"

"40卢布……"

"不，30……我这里有记载，我一向按30付教师的工资的……呶，你待了两个月……"

"两个月零5天……"

"整两月……我这里是这样记的。这就是说，应付你60卢布……扣除9个星期日……实际上星期日你是不和柯里雅搞学习的，只不过游玩……还有3个节日……"

尤丽娅·瓦西里耶夫娜骤然涨红了脸，牵动着衣襟，但一语不发。"3个节日一并扣除，应扣12卢布……柯里雅有病4天没学习……你只和瓦里雅一人学习……你牙痛3天，我内人准你午饭后歇假……12加7得19，扣除……还剩……嗯……41卢布。对吧？"

尤丽娅·瓦西里耶夫娜两眼发红，下巴在颤抖。她神经质地咳嗽起来，擤了擤鼻涕，但一语不发！

"新年底，你打碎一个带底碟的配套茶杯，扣除2卢布……按理茶杯的价钱还高，它是传家之宝……我们的财产到处丢失！而后，由于你的疏忽，柯里雅爬树撕破礼服……扣除10卢布……女仆盗走瓦里雅皮鞋一双，也是由于你玩忽职守，你应负一切责任，你是拿工资的嘛，所以，也就是说，再扣除5卢布……1月9日你从我这里支取了9卢布……"

"我没支过！"尤里娅·瓦丽里耶夫娜嗫嚅着。

"可我这里有记载！"

"呶……那就算这样，也行。"

"41减26净得15。"

尤丽娅两眼充满泪水，长而修美的小鼻子渗着汗珠，多么令人怜悯的小姑娘啊！

她用颤抖的声音说道："有一次我只从您夫人那里支取了3卢布……再没支过……"

"是吗？这么说，我这里漏记了！从15卢布再扣除……呐，这是你的钱，最可爱的姑娘，3卢布……3卢布……又3卢布……1卢布再加1卢布……请收下吧！"

史密斯把12卢布递给了她，她接过去，喃喃地说："谢谢。"

史密斯一跃而起，开始在屋内踱来踱去。

"为什么说'谢谢'？"史密斯问。

"为了给钱……"

"可是我洗劫了你，鬼晓得，这是抢劫！实际上我偷了你的钱！为什么还说'谢谢'？"

"在别处，根本一文不给。"

"不给？怪啦！我和你开玩笑，对你的教训是太残酷……我要把你应得的80卢布如数付给你！呐，事先已给你装好在信封里了！你为什么不抗议？为什么沉默不语？难道生在这个世界上口笨嘴拙行吗？难道可以这样软弱吗？"

史密斯请她对自己刚才所开的玩笑给予宽恕，接着把使她大为惊疑的80卢布递给了她。

她羞羞地过了一下数，就走出去了……

对于像文中女主人公的遭遇我们能用什么词汇来形容呢？就像鲁迅先生说的一样：哀其不幸，怒其不争。生活中，如果我们无端地被单位扣了工资，我们的反应又是怎样的呢？

人活着就要学会捍卫自己的利益，该是你的你无须忍让。除了摆脱这种受气包的心态，还要从心理上认同"斤斤计较"并不丢脸。

## 赚钱是一件天经地义的事

赚钱是生活的一部分，是一件很自然的事情。在犹太人的眼里，赚钱是天经地义的，如果能赚到的钱不赚，那简直就是犯错误。金钱是保证我们生活自如的基础，仓廪实而知礼节，衣食足而知荣辱。赚钱也是追求更高的境界的基石。"君子爱财，取之有道"，20几岁的人要懂得用智慧追求财富。

## 没有金钱是万万不能的

罗曼·罗兰曾说："人不能光靠感情生活，人还要靠钱生活。"没有钱，你将会失去做人的基本自由。所以，20几岁的人要懂得如何去赚钱来保证自己的生活。

美国作家泰勒·希克斯在其所著的《职业外创收技巧》中指出，金钱可以使人们在12个方面生活得更美好：物质财富、娱乐、教育、旅游、医疗、退休后经济保障、朋友、更强的信心、更充分地享受生活、更自由地表达自我、激发你取得更大成就、提供从事公益事业的机会。

事实上，人类社会发展的历史也已经说明：金钱对任何社会、任何人都是重要的；金钱是有益的，它使人们能够从事许多有意义的活动。个人在创造财富的同时，也在为他人和社会作着贡献。

随着现代社会的不断发展，人们对物质享受的要求也在不断提高，现实生活中，每个人都承认，金钱不是万能的，但没有钱却又是万万不能的。我们每个人都渴望拥有宽敞的房屋、时髦的家具、现代化的电器、流行的服装等，而这些都需要金钱去购买。人们的消费是永无止境的，当你拥有了自己朝思暮想的东西之后，你会渴望得到新的更好的东西。

在一切都需要等价交换的今天，金钱能够给人带来安全感。再没有比腰包鼓鼓更能使人放心的了。或者银行里有存款，或者保险柜里存放着热门股票，无论那些对富人持批评态度的人怎样辩解，金钱的确能增强凭正当手段来赚钱的人的自信心。想想吧，只要你的钱包里有足够的钞票，你就可以周游世界，买任何钱能买到的东西。

但是有很多正在忍受贫穷之苦的人，却又盲目地认为自己的窘境与金钱无关，快乐和幸福是金钱买不到的云云，降低了自己对财富的欲望，或者说是压抑了自己对财富的渴望。这是违背人性的，只要你能够用智慧去换来丰厚的回报，为什么要拒绝成为一个更加体面从容的人呢？而且你还没有尝试过当富翁的感觉，凭什么说金钱无用？

如果你渴望自由，如果你渴望表现自我，那么就可以把追求金钱作为动力，这种动力也是强有力的刺激源。许多不以挣钱为目的的失败者常常批评金钱的追求者，说他们是自私的。但不能否认的是，金钱是世界前进的原动力之一。不要忘记，正是美国巨富洛克菲勒先生捐出了一块地，才使之后来成为联合国的所在地。没有巨额的财富，很难想象能做这样一件流芳百世的大事。

鲁迅先生曾说:"我们有钱的时候,用几个钱不算什么,直到没有钱,一个钱都有它的意味。"诚然,一个人活在世界上,不能只存在赚钱的思想,可是囊中空空的人,是不可能有思想的时间和空隙的。

## 以"游戏"的心态去赚钱

犹太人对钱持一种平常心,他们认为金钱同衣服一样,不过是一件有用的物品而已。有许多犹太大亨,他们手中掌握着数以百万、千万,甚至上亿的财富的时候,他们感觉手里拿的不过就是一堆纸张而已,并不觉得这就是可以时刻给人带来祸福安危的东西。如果他们把金钱看得很重,就不敢再那样心平气和地赚钱了。

要想赚钱,就绝对不能给自己增加心理负担,而是应该从容地、冷静地对待。对金钱不感兴趣自然赚不到钱,然而倘若把金钱看得太重也就给自己背负了沉重的包袱。

犹太人注重金钱,认为金钱是现实中万能的"上帝"。金钱在他们眼中显得无比的神圣,但是在赚取金钱的时候,他们已经把金钱当做一种十分普通的东西,就和纸张、石头一样,丝毫不觉得金钱有烫手的感觉。他们只把金钱当做一种很好玩的物品。它在刺激着每一个人的神经去高度地投入它,人们投入资金的时候就是投入了一次次危险的但是有趣的游戏中。如果不是把赚钱当做游戏,而是看做一项沉重的工作,甚至是在拿命运做赌注的时候,心理压力会很大,以至于人们不敢去冒风险。

"在赚钱的时候你就进入了一个游戏的世界。作为游戏的参与者,你要不停地和对手进行较量和角逐。你要采取一切办法和手段来胜过其他人,你要超越所有的人才可以赢得最后的胜利。"犹太人的赚钱心态可以说是他们致富的秘诀。

著名的金融家摩根就持这样的赚钱观念,即绝不让赚钱变成一种沉重的负担,而是一种新鲜刺激的游戏。他认为只有以这样游戏的心态去赚取金钱,才是最佳的赚钱心态。

摩根赚钱甚至达到痴迷的程度。他一直有一个习惯,每当黄昏的时候,他就到小报摊上买一份载有股市收盘的当地晚报回家阅读。当他的朋友都在忙着娱乐的时候,他则说:"有些人热衷于研究棒球或者足球的时候,我却喜欢研究怎么赚钱。"

在谈到投资的时候,他总是说:"玩扑克的时候,你应当认真观察每一位玩者，你会看出一位冤大头。如果看不出，那这个冤大头就是你。"

他从来不乱花钱去做自己不喜欢的事情，他总是琢磨赚钱的办法。有的同事开玩笑说："摩根，你已经是百万富翁了，感觉如何？"摩根的回答让人玩味："凡是我想要的东西而又可以用钱买到的时候，我都能买到。至于其他人所梦想的东西，比如名车、名画、豪宅，我都不为所动，因为我不想得到。"

摩根并不是一个为金钱而生活的人，他甚至不需要用金钱来装饰他的生活。他喜欢的仅仅是游戏的感觉，那种一次次投入资金，又一次次地通过自己的智慧把钱赚回来的感觉，充满了风险和艰辛，但是也颇为刺激，他喜欢的就是刺激。摩根说："金钱对我来说并不重要，而赚钱的过程，即不断地接受挑战才是乐趣，不是要钱，而是赚钱，看着钱滚钱才是有意义的。"视钱为平常物，视赚钱为游戏，这就是犹太商人的高明之处。唯有如此，才成就了那么多的犹太大亨。20几岁的年轻人尤其要学会这样的赚钱心态，这样才能让自己在财富的路上游刃有余。

 没有难办的事

有一种人很让人羡慕：办事的时候出力，领奖的时候频频露脸。看起来很真诚，做起事情来公事公办。这种人就是每个新人学习的对象——聪明的办事员。办事并不是说把事情办完就算好，如何调动大家的智慧，让团队拧成一股绳，这才是办事员该使劲的地方。只要你掌握了办事的道道，就没有什么做不成了。

### 磁场不对，"排挤"不可避免

刚走出大学校园的小泉，一直都在庆幸自己能杀出重围，顺利应聘到一知名公司工作，且似乎对周围的一切都能应对自如。不料，有一天，他发现周围的同事突然一改常态，不再对他友好，并事事采取不合作态度，处处给他设置难题来进行百般刁难，让他出尽洋相……小泉已完全意识到这点：同事们在有意排挤他。面对这

种状态，小泉的情绪一落三丈。这可是刚刚涉足工作领域碰到的一个棘手而危险的问题。该如何采取有效措施来应对，他简直就是一头雾水。

一个人在公司里的定位，依据工作的职位、人际、能力等而有所不同。有的人可以是各方争相笼络的对象，在公司里走路有风，人人称羡；但是有些人却没有这般幸运，工作只是为了图口饭吃，工作成就谈不上，充其量只是一个循规蹈矩的上班族。不管居于何种角色，在职场里最令人郁闷的还是遭人排挤。

遭人排挤的确是一件令人不快的事，但是并非能力强的人才会有此遭遇，能力弱的人同样也有面临此种惨状的可能。总之，磁场不对，"排挤"之事就难免会出现。

在公司单位被同事排挤，必然有其原因。这些原因不外乎以下六种情况：

第一，近来升级连连，招来同事妒忌，所以群起排挤你。

第二，你刚到本单位上班，你有着令人羡慕的优越条件，包括高学历、有背景、相貌出众，这些都有可能让同事妒忌。

第三，雇用你的人为公司内人人讨厌的头号公敌，故连你也受牵连。

第四，衣着奇特、言谈过分、爱出风头，而令同事却步。

第五，过分讨好上级而疏于和同事交往。

第六，妨碍了同事获取利益，包括晋升、加薪等可以受惠的事。

如果是属于第一项、第二项，这情况也很自然，所谓"不招人妒是庸才"，能招人妒忌也不是丢面子的事。其实只要你平日对人的态度和蔼亲切，同事们不难发觉你是一个老实人，久而久之便会乐于和你交往。另外，你可培养自己的聊天魅力，同事们的最大爱好之一就是聊天，通过聊天可以改变同事对你的态度。

如属第三项，那便是你本人的不幸，唯有等机会向同事表示，自己应聘主要是喜爱这份工作，与雇用你的人无关，与他更不是皇亲国戚的关系。只要同事了解到你不是公敌派来的密探，自然会欢迎你。

如果是属于第四项、第五项，那你便要反省一下，因为问题是出在你自己身上，如想令同事改变看法，唯有自己做出改善。平时不要乱发一些惊人的言论，要学会当听众，衣着也应切合身份，既要整洁又要不招摇，过分突出的服装不会为你带来方便，反而会令同事们把你当成敌对目标。

如果是属于第六项，你就要注意自己做事的分寸。

能够获利当然令人向往，但做人不要把利看得太重，更不要和同事争名夺利。人们常说该是你的推也推不掉，不该是你的抢也抢不来。明白了这个道理，还有什么可争的呢？在遇到这类事情时，该让就让，摆出一副高姿态来。虽然你这次吃了亏，但以后会得到补偿的。塞翁失马，焉知非福？眼前看来不是好事，谁说将来就不会有好的结果呢？

如何看出自己是不是遭排挤呢？在公开场合，大家正开心地天南地北谈笑，当你走近，气氛霎时冻结起来，个个噤若寒蝉，让你觉得相当尴尬，你也无从知道原因，只有自己瞎猜；此外，如果大家在会议上谈事论理，你明明知道自己的分析中肯有理，但是却无法获得共鸣，似乎只有自己孤军奋斗，这样的态势如果没有特别原因，那么必是遭到排挤了。

另外还有一个观察的方法：例如，同事之间总有一些应酬，但是怎么算都少了你，平日一些送往迎来的交际，你常常不经意地被遗忘，这样的"排外"，不说你也知道怎么回事！只是错在不在你身上就不一定了。

受排挤的时候要镇定，要继续有条不紊地做自己的事，并采取一些必要的措施来消除排挤你的人对你的敌意。

此外，你也要注意做事的分寸，在必要的时候保护和捍卫自己的利益。面对排挤，懦弱是无用的表现。你可以忍耐，但必须有自己的底线。一味忍耐的结果，就是让你成为办公室的受气包和可怜虫。

## "用心"跳出两难困境

很多人都知道有这么一个问题：

女友问她的男友："如果有一天，我和你的妈妈同时掉进河里，你会救谁？前提是，你只能救一个。"这个问题大家一定不会陌生，可是，回答呢？有谁的回答是让人满意的？

回答A：我会救你。女的一定是现在开心了，可是事后会想：你连自己的母亲都不救，我还能指望你什么呢？以后，你一定也会抛弃我的。

回答B：我会救我妈。女的大发雷霆，喊道："好啊，你下半辈子和你妈过去吧。我们完了。"然后扬长而去。

这是一个"两难"问题。不论你回答"是"或"否"都可能给你带来麻烦。很多时候，问这种问题的人总是别有用心，话中有话，听出对方的言外之意，是难点之一。回答这种问题，"左"也不是，"右"也不是，该如何选择，是难点之二。如果问题来自于你不能得罪的人，或者在公众场合被问到，更会让你的回答难上加难。回答这类问题必须用心。

中国和以色列建交后，以张贤亮为团长的中国作家代表团应邀首次访问以色列。其间，以色列仅有的两家电视台同时以直播的方式对张贤亮进行了采访。眼看节目就要顺利结束时，主持人突然问道：

"张贤亮先生，你是一名共产党员，近来你以作家的身份走访过很多西方国家，请问，经过比较，你认为究竟是资本主义好还是社会主义好？"

好一个突如其来的刁钻问题！面对这种"选择疑问句"的问题，如果断然拒绝或反唇相讥，则有失礼仪；如果正面回答，则不论是说资本主义好还是说社会主义好，要么就是有损中国人形象，要么就会激起对方国民的反感。

张贤亮稍做思考，答道："这个问题对一个共产党员来说不成问题，历史唯物主义者不会做这种比较。因为我们共产党人认为社会的发展是一个自然的流程，原始社会以后是奴隶社会，奴隶社会以后是封建社会，当封建社会的生产力发展到一定程度时，就被资本主义社会所代替。同样，资本主义社会的生产力高度发展以后，就会自然地出现社会主义社会。这就像春天以后是夏天，夏天以后是秋天，秋天以后是冬天一样。你能比较到底是春天好还是夏天好，或说是秋天比冬天好吗？每个季节都有它的好处和特点，不管人认为好不好，每个季节都必然要来临，你也必须去适应它，度过它。"

主持人听了还不罢休，又问：

"请问，你是个共产党员，这如何解释？"

面对对方的紧迫不舍，张贤亮款款而言："不错，这个共产党员还是个资本家。这是由我们现在所处的历史阶段决定的。譬如说我在冬天的时候，必须在身上多穿一件衣服，可是到了春天，不需别人说，我自己就会把衣服脱掉一件的。"

在这个左右为难又非常敏感的问题前，张贤亮以其超人的睿智和处乱不惊的应变能力渡过了难关，并令人大为叹服。年轻的时候我们难免要面对让你为难的选择，用心思考，学会迂回作答，才能避免落入两头不讨好的境地。

# 承诺就是你欠下的债

> 一个人的诚实与信誉是他获得良好人际关系、走向成功的基础，而能否兑现承诺便是一个人是否讲信用的主要标志。"你的承诺和欠别人的一样重要。"这是人们的普遍心理。当你要应承别人某一件事情时，一定要三思而行。

## 不要斩钉截铁地拍胸脯

因为当对方没有得到你的承诺时，他不会心存希望，更不会毫无价值地焦急等待，自然也不会有失望的惨痛。相反，你若承诺，无疑在他心里播种下希望，此时，他可能拒绝外界的其他诱惑，一心指望你的承诺能得以兑现，一旦你给他的希望落空，那将是扼杀他的希望，结果你很可能毁灭他已经制订的美好计划，或者使他延误寻求其他外援的时机。

如此一来，你的形象就会大跌，别人会因你不能信守承诺而不相信你，也不愿再与你共事，不愿再与你打交道，那么，你只能孤军奋战。有些人在生活或工作上经常不负责，许下各种承诺而不能兑现，结果给别人留下恶劣的印象。如果承诺某件事，就必须办到，如果你办不到，或不愿去办，就不要答应别人。

成功的人很会注意承诺这个细节。他不会轻易承诺某一件事，即使有把握，也不会轻易承诺。

而生活中有许多人把握不了承诺的分寸，他们的承诺很轻率，不给自己留下丝毫的余地，结果使许下的诺言不能实现。

某高校一个系主任，向本系的青年教师许诺说，要让他们中三分之二的人评

上中等职称。但当他向学校申报时，出了问题，学校不能给他那么多的名额。他据理力争，跑得腿酸，说得口干，还是不能解决问题。他又不愿意把情况告诉系里面的教师，只对他们说："放心，放心，我既然答应了，一定能做到。"

最后，职称评定情况公布了，众人大失所望，把他骂得狗血淋头。甚至有人当面指着他说："主任，我的中级职称呢？你答应的呀！"

而校领导也批评他是"本位主义"。从此，他既在系里信誉扫地，校领导也对他失去了好感。

因此，我们在工作中，不要轻率许诺，许诺时不要斩钉截铁地拍胸脯，应留一定的余地。当然，这种留有余地不是给自己不作努力寻找理由，自己必须竭尽全力去实现诺言。

## 即使是自己能办的事，也不要马上答应

事物总是发展变化的，你原来可以轻松做到的事可能会因为时间的推移、环境的变化而有一定的难度。如果你轻易承诺下来，会给自己以后的行动增加困难，对方会因为你现在的承诺而导致将来的失望。所以，即使是自己的事，也不要轻易承诺，不然一旦遇上某种变故，让本来能办成的事没办成，这样一来，你在别人眼里就成了一个言而无信的伪君子。

给人承诺时，不要把话说得太满，以为天下没有办不成的事，那很容易给人留下虚伪的印象。那么该怎样承诺才不会失分寸呢？应该根据具体情况采取相应的承诺方式和方法。以下三种方法可资借鉴：

### 1. 对把握性不大的事儿，可采取弹性的承诺

如果你对情况把握不大，就应该把话说得灵活一些，使之有伸缩的余地。例如，使用"尽力而为"、"尽最大努力"、"尽可能"等较灵活的字眼。这种承诺能给自己留一定的回旋余地。

### 2. 对时间跨度较大的事情，可采取延缓性承诺

有些事情，当时的情况下可以办成，可是时间长了，情况会发生变化。那么，在承诺时可以采用延缓时间的办法，即把实现承诺结果的时间说长一点，给自己留下为实现承诺创造条件的余地。

比如，有人要求老板给自己加薪，老板可以这么说："要是年终结算，公司经济效益好，公司可以给你晋升一级工资。"用"年终结算"一语表示实现承诺时间的延缓，显得既留有余地，又入情入理。

**3. 对不是自己所能独立解决的问题，应采取隐含前提条件的承诺**

如果你所作的承诺，不能自己单独完成，还要求别人帮忙，那么你在承诺中可带一定的限制。

比如，你承诺帮朋友办理家属落户的问题，这涉及公安部门和国家有关政策，你不妨这样说更恰当一点："如果以后公安部门办理农转非户口，而你的条件又符合有关政策，我一定帮忙。"这里就用"公安部门办理"、"符合有关政策"等对承诺的内容作了必要的限制，既见自己的诚意，又话语灵活，具有分寸，还向对方暗示了自己的难处（也要求别人），一举多得。

为人处世，应当讲究言而有信，行而有果。因此，承诺不可随意为之，信口开河。明智者事先会充分地估计客观条件，尽可能不做那些没有把握的承诺。

须知，有了承诺，就应该努力做到，千万不要乱开"空头支票"，不然不仅会伤害对方，还会毁坏自己的声誉，使你在社会上难有立足之处。

# 与其抱怨不如改变

>>>>>>

"我怎么选择了一个这样的破专业啊？""我们的爸爸怎么不是副市长啊？""我们的公司怎么总是加班？""我们的工资怎么就是不涨呢？""现在的伯乐都去哪里了？"……这就是我们20几岁年轻人所处的环境，怨声四起，充斥着我们的耳朵。岂不知，抱怨是毫无益处的，抱怨只会给我们的生活和工作带来麻烦，只会让别人认为我们没有能力改变现实。聪明的人知道即使现实有再多的不如意，他们也不会去抱怨，而是在行动中积极去改变，把让人生活烦恼的事物转化成和谐的因素，让自己的生活更美好。

<<<<<<

## 抱怨只会制造麻烦

不管是工作还是生活，很多人总是在抱怨中度过。爱抱怨的人总是不懂得控制这种不良的情绪，为此给自己带来了诸多的麻烦，王宁就是其中的一位。

"烦死了，烦死了！"一大早就听王宁不停地抱怨，一位同事皱皱眉头，不高兴地嘀咕着："本来心情好好的，被你一吵也烦了。"

王宁现在是公司的行政助理，事务繁杂，是有些烦，可谁叫她是公司的管家呢，事无巨细，不找她找谁？

其实，王宁性格开朗，工作起来认真负责，虽说牢骚满腹，该做的事情，一点也不曾拖延。设备维护、办公用品购买、交通信费、买机票、订客房……王宁整天忙得晕头转向，恨不得长出8只手来。再加上为人热情，中午懒得下楼吃饭的人还请她帮忙叫外卖。

刚交完电话费，财务部的小李来领胶水，王宁不高兴地说："昨天不是来过吗？怎么就你事情多，今儿这个、明儿那个的？"抽屉开得噼里啪啦，翻出一个胶棒，往桌子上一扔，说："以后东西一起领！"小李有些尴尬，又不好说什么，忙赔笑脸："你看你，每次找人家报销都叫亲爱的，一有点事求你，脸马上就长了。"

大家正笑着呢，销售部的王娜风风火火地冲进来，原来复印机卡纸了。王宁脸上立刻晴转多云，不耐烦地挥挥手："知道了。烦死了！和你说一百遍了，先填保修单。"单子一甩，"填一下，我去看看。"王宁边往外走边嘟囔："综合部的人都死光了，什么事情都找我！"对桌的小张气坏了："这叫什么话啊？我招你惹你了？"

态度虽然不好，可整个公司的正常运转真是离不开王宁。虽然有时候被她抢白得下不来台，也没有人说什么。怎么说呢？她不是应该做的都尽心尽力做好了吗？可是，那些"讨厌"，"烦死了"，"不是说过了吗"……实在是让人不舒服。特别是同办公室的人，王宁一叫，他们头都大了。"拜托，你不知道什么叫情绪污染吗？"这是大家的一致反应。

年末的时候公司民主选举先进工作者，大家虽然觉得这种活动老套可笑，暗地里却都希望自己能榜上有名。奖金倒是小事，谁不希望自己的工作得到肯定呢？领导们认为先进非王宁莫属，可一看投票结果，50多份选票，王宁只得了12张。

有人私下说："王宁是不错，就是嘴巴太厉害了。"

王宁很委屈："我累死累活的，却没有人体谅……"

抱怨的人周围有一个压抑的气场，它不仅会让周围的人厌烦，还会让自己心情不爽。一旦养成经常抱怨的习惯，不但会让自己的人际关系变得糟糕，还会影响自己的工作。就像王宁一样为工作付出了那么多，还是得不到大家的认可。

有时，抱怨的确可以让人得到舒解，有益健康，但如果抱怨太多，只会给自己和他人带来麻烦，对于解决问题没有半点助益。只有停止抱怨，才能发现工作和生活中的美好，让我们的生活变得更加祥和、温暖。

## 勤奋会让抱怨的嘴巴闭上

20几岁的年轻人都是听着"天道酬勤"的道理长大的，都知道勤奋是成功的必经之路，其实勤奋也是让我们远离抱怨的一种捷径。勤奋的人总是会想办法处理问题，忙碌的生活占据了抱怨的时间。勤奋会让我们把抱怨的情绪化为积极的行动去改变生活和工作中的不如意，进而会提升我们的生活质量，改变我们的人生。

潘基文能够担任新一届联合国秘书长，与他的勤勤恳恳是分不开的。在担任外交官时，由于他为人诚实细致，不管把多么琐碎的业务交给他，他都能处理得井井有条，并且十分妥当，没一点抱怨的情绪，所以，同事都称他为"主事"。

成功的人身上都有一个特点，那就是少发怨言，多多行动。

加伦如今是一家建筑公司的副总经理。五六年前，他是作为一名送水工被建筑公司招聘来的。在送水工作中，他并不像其他送水工那样，刚把水桶搬进来，就一面抱怨工资太少，一面躲起来吸烟，而是每一次他都给每位建筑工人的水壶倒满水，并利用工人们休息的时间，请教他们有关建筑的各项知识。没几天，这个勤奋好学、不满足现状的送水工，引起了建筑队长的注意。两周后，他被提拔为计时员。

做上计时员的加伦依然精益求精地工作，他总是早上第一个来，晚上最后一个走。由于他勤学知识，对包括地基、垒砖、刷泥浆等在内的所有建筑工作都非常熟悉，当建筑队长不在时，一些工人总爱问他。

一次，建筑队长看到加伦把旧的红色法兰绒撕开套在日光灯上以解决施工时没有足够的红灯照明的难题后，便决定让这位年轻人做自己的助理。就这样，加伦通过自己的勤奋努力抓住了一次次机会，用了屈指可数的五六年时间，便晋升到了这家建筑公司的副总经理的位置。虽然加伦升迁成了公司的副总经理，但他依然坚持自己勤奋工作的一贯作风。他常常在工作中鼓励大家学习和运用新知识、新技术，还常常自拟计划，自画草图，向大家提出各种好的建议。只要给他时间，他就可以把客户希望他所做的事做到最好。

在这个世界上，到处都有一些看来很有希望成功的人，他们的身上有着非凡的品质，眼光之中也洋溢着聪明。但是，他们最终并没有成功，原因就在于他们只知抱怨而缺乏勤奋的工作精神。

一个勤奋的人发现自己的工作条件不够好的时候，他们首先选择的不是抱怨，而是努力地做好自己该做的事情，在脚踏实地做好自己手头的事情的时候，去积极学习自己所欠缺的知识和技能，这样默默地在自己脚下多垫些"砖头"，在良好的基础上面进行努力，才会更加接近成功。

# 固执就是不走正路走死路

在正确的道路上坚持是执著，在错误的道路上狂奔就是固执。但很多固执的人却以为自己是一个执著的追梦人，这是人生之初最悲哀的笑话，最沉重的付出。固执让你耗费了青春、激情、梦想，却给了你一个落魄失意的结局，这样的悲剧，我们一定不能参演。

## 死钻牛角尖是固执的代名词

世界上唯一不变的是变化，我们每个人身处的环境也每天在改变。如果总是固执地不懂得变通，那么你就很难适应这个"变"的世界。20几岁的年轻人在做人做事的过程中，如果你不懂得根据环境的变化适时调整方向，结果只能是失败。

有一位对上帝非常虔诚的神父，很受邻人尊敬，是一个典范的圣人。一次，突然天降暴雨，倾盆大雨连续不停地下了20天，水位高涨，迫使神父爬上了教堂的屋顶。正当他在那里浑身颤抖时，有个人划着船过来，对他说道："神父，快上来，我把你带到高地。"

神父看了看他，回答道："我一直按照上帝的旨意做事，我真诚地相信上帝，因为我是上帝的仆人，因此你可以驾船离开，我将停留在这里，上帝会救我的。"

那人划着船离去了。两天之后，水位涨得更高，神父紧紧地抱着教堂的塔顶，水在他的周围打着旋。这时，一架直升机来了，飞行员对他喊道："神父，快点，我放下吊架，你把吊带在身上安好，我们将把你带到安全地带。"对此神父回答

道:"不,不。"他又一次讲述了他一生的工作和他对上帝的信仰。这样,直升机也离去了,几个小时之后,老神父被水冲走,淹死了。

因为是一个好人,神父直接升入天堂。他对自己最后的遭遇颇为生气,来到天堂时,情绪很不好。他气冲冲地在天堂中走着,突然碰到了上帝,上帝说道:"麦克唐纳神父,欢迎你!"

老神父凝视着上帝,说:"40年来,我遵照你的旨意做事,有过之而无不及,而当我最需要你的时候,你却让我淹死了。"

上帝微笑着说:"哦!神父,请原谅,我确信我给你派去了一条船和一架直升机,是你的固执害了你。"

的确,固执者坚持己见,缺乏变通的智慧,因而常常正邪不分,忠奸不辨。没有见识,就不能观其人,听其言,察其行,因此就不能知彼知己,不能客观、公正地判断人或事,这样势必后患无穷。

20几岁的我们从小就懂得"滴水穿石"、"绳锯木断"的道理,它们无一不在说明坚持不懈带来的成功,那些"半途而废"的行为让人唾弃、为人不齿。然而生活中有些事情却需要"半途而废"的精神,它带给我们的是变通,是不钻牛角尖,不一条路走到黑,不一个眼打井,是不让我们固守一成不变的东西,这也是人生应该掌握的改变固执的智慧。

有一个大学生,爱上了他的一个女教师。可这个女教师结婚已经两年了。所以,这个学生对她的爱,应该说,无论如何是没有指望的。

可这个学生却十分执著于自己所谓的爱情,不顾一切地追求这位女教师,做什么事情都只由着自己的性子,完全打乱了对方的生活,也影响了老师与丈夫之间的感情。他坚持不肯放手,依然写情书、送鲜花,执著得像个不怕牺牲的斗士,最终臆想发展得越来极端,不得不被送进精神病院治疗。

这个大学生的执著,就是一种死钻牛角尖的固执。看起来像是在对爱情忠诚,其实却是自私的爱,完全不顾及他人的感受。固执的人往往走极端,自以为是。分明是自己做错了,却总觉得别人不对;当自己不能和别人取得一致意见时,从来不反思自己的对错,而是认为别人做错了什么。

真正的勇敢是敢于放手,真正的聪明是懂得变化。20几岁的我们在生活中一定要学会变通,不要一味地坚持自己认为正确的道路,有时候换一个方向,天地会更开阔。

## 别人的建议给你更多选择

百度创始人李彦宏是一个很优秀的领导，在做一个选择决定的时候，对于他人的意见既不是全盘接受，也不是全盘放弃，而是根据情况的变化及时修正自己的目标和行动。学问家傅雷常被人形容为固执，其实他并不是一个独断专横的人，傅雷的有些朋友（包括钱钟书夫妇）批评他不让傅聪进学校，说这样会使孩子脱离群众，不善适应社会。傅雷从谏如流，就把阿聪送入中学读书。放掉无谓的固执，冷静地用开放的心胸去做正确抉择。每次正确无误的选择将指引你永远走在通往成功的坦途上。

哈佛大学毕业生迈克是一家大公司的高级主管，他面临一个两难的境地。一方面，他非常喜欢自己的工作，也很喜欢工作带给他的丰厚薪水——而且他的位置使他的薪水只增不减。但是，另一方面，他非常讨厌他的老板，经过多年的忍受，最后他发觉已经到了忍无可忍的地步。在经过慎重考虑之后，他决定去猎头公司重新谋一个别的公司高级主管的职位。猎头公司告诉他，以他的条件，再找一个类似的职位并不费劲。

回到家中，迈克把这一切告诉了他的妻子。他的妻子是一个教师，那天刚刚教学生如何重新界定问题，也就是把你正在面对的问题换个角度思考，把正在面对的问题完全颠倒过来看——不仅要跟你以往看这问题的角度不同，也要和其他人看这问题的角度不同。她把上课的内容讲给了迈克听，这给了迈克以启发，一个大胆的想法在他脑中浮现。

第二天，他又来到猎头公司，这次他是请猎头公司替他的老板找工作。不久，他的老板接到了猎头公司打来的电话，请他去别的公司高就。尽管他完全不知道这是他的下属和猎头公司共同努力的结果，但正好这位老板对于自己现在的工作也厌倦了，所以没有考虑多久，就接受了这份新工作。

这件事最美妙的地方，就在于老板接受了新的工作，结果他目前的位置就空出来了。迈克申请了这个位置，于是他就坐上了以前他老板的位置。

工作中遇到迈克这样的情况，很多人的选择就是辞职走人，但是在迈克妻子的建议下，他放下了自己固有的想法，而是让老板悄悄地走人。这真是一种很明智的做法。

年轻的我们在人生路上会面对很多机会，机会面前常有许多不同的选择方式。有的人会单纯地接受；有的人抱持怀疑的态度，站在一旁观望；有的人则顽固得如同骡子一样，固执地不肯改变固有的观念和做法，也无法接受任何新的改变。而不同的选择，当然会导致迥异的结果。许多成功的契机，起初未必能让每个人都看得到深藏的潜力，而起初抉择的正确与否，往往便决定了成功与失败的分水岭。

在人生的每一个关键时刻，审慎地运用你的智慧，必要时放弃固有的观念和想法，做最正确的判断，选择属于你的正确方向。

# 多疑的人首先猜测的是自己

现代社会中有很多年轻人存在很严重的自卑心理，不管做什么他们都会怀疑自己，看不到自己身上的长处和优点。由于不能很客观地认识自己，找不到让自己喜欢自己的理由，也不能悦纳自己，在工作中常常会因为怀疑自己的能力，让自己不能很好地发挥自己的才能。其实，人只有首先认可自己，才能接受别人的认可；也只有充分相信自己，才能不为外界的环境所影响。

## "妄自菲薄"就是自贬价值

年轻人所处的是一个人才济济的环境，周围有很多的人比自己优秀，这是一个不争的事实，但是我们不能因为别人的优秀而否定了自己，更不应该在自己的工作和生活中贬低自己的价值。

有一个年轻人，他历尽艰险在非洲热带雨林中找到了一种高10多米的树木。这可不是一般的树木，整个非洲也就只有一两棵。如果砍下这种树，一年后让其外皮朽烂，留下的部分，就会有一种浓郁无比的香气散发开来；如果放在水中，它不会像别的木头那样浮起来，反而会沉入水底。

这种树被称作"沉香",是世界上最珍贵的树木。年轻人将沉香运到市场上去卖。由于很贵重,很少有人敢来买,也很少有人买得起,因此,他的生意非常冷清,经常是很多天连一个来问价的都没有。但他旁边一个卖木炭的,生意却非常好,每天都有进账。

年轻人终于沉不住气了,他把沉香运回家,烧成木炭后再运到市场上,以普通木炭的价格出售。这一回,他的生意好极了,几天时间就卖光了。

年轻人认为自己颇有创意,顺应了市场需求,于是,他很自豪地把这件事告诉了他的父亲。他父亲是一位白手起家的商人。当听完儿子的讲述后,父亲气得捶胸顿足,因为儿子做了一件大蠢事。沉香非常有价值,只要切下一小块磨成粉末出售,其收入相当于卖一年的木炭,而将沉香烧成木炭,就和普通木炭一样不值钱了。

年轻人没有认可手中沉香的价值而贬值出售,我们可不能轻易地否定自己,贬低自己的价值。当你都不认可你自己而自贬价值,别人怎么会认可你的价值呢?

缺乏自信常常是性格软弱和事业不能成功的主要原因。

有一个美国医生,他以善做面部整形手术闻名遐迩。他创造了许多奇迹,经整形把许多丑陋的人变成漂亮的人。他发现,某些接受手术的人,虽然为他们做的整形手术很成功,但仍找他抱怨,说他们在手术后还是不漂亮,说手术没什么成效,他们自感面貌依旧。

于是,这位医生悟到这样一条道理:美与丑,并不在于一个人的本来面貌如何,而在于他是如何看待自己的。

一个人如自惭形秽,那他就不会变成一个美人。同样,如果他不觉得自己聪明,那他就成不了聪明人。20几岁的年轻人一定要善于分析自己,找到自己的优点,给予自我认可,这样才能找到自己的价值,才不会自惭形秽。

## 相信自己能做那些未做过的事

一个士兵骑马给拿破仑送信,由于情况紧急,战马长途奔跑,且速度过快,到达拿破仑的军营后就倒地而死了。拿破仑接到信后,立刻写了一封回信,交给那个士兵,要求他骑上自己的战马,火速把信送回原地。

那个士兵看到那匹强壮的战马,身上的装饰出奇华贵,便对拿破仑说:"不,将军,我只是一个平庸的士兵,实在不配骑这匹强壮的骏马。"

拿破仑回答道:"世上没有任何一样东西,是法兰西士兵所不配享有的。"

不具有自信的人就像这个士兵一样，他以为自己地位低微，强者拥有的地位与荣耀是不属于他们的，他们也不配享有。如果拿破仑在指挥部队跨越阿尔卑斯山脉时，对着自己的士兵说："前面是阿尔卑斯山脉，由很多难以跨越的高山组成。"那么，军队就很难鼓起勇气前行。而事实恰恰相反，拿破仑亲自指挥作战，他的军队战斗力会增加一倍，就是由于拿破仑坚定不移的自信给整支军队带来了勇气。

自信的反面是恐惧，就是恐惧行动，恐惧成功。在成功学上，这种心态叫做"成功恐惧症"。它表现在，自己还没有行动、还没有尝试，就下了定论："我不行！"人们常说，中国人谦虚，但谦虚到了极点，就是认为自己这也不行，那也不行。这种所谓的谦虚，实际上就是恐惧——恐惧行动，恐惧尝试，恐惧失败，也恐惧成功。再者，就是不相信自己，根本就不相信自己有某种能力，有成功的可能。这样，既没有信心，也没有行动，只看别人成功，自己就是不动。立志成功的人，必须消除这种消极的心态。要坚信，自己一定能够成功。有了这样的信心，就会采取相应的行动，有了相应的行动，就开始迈向成功。

对于那些在人际交往和办事过程中，容易产生自卑、恐惧、羞怯心理的人来说，要克服这些弱点，不妨在平常通过下列7个步骤来加以训练：

### 1. 认识自己不自信的来源

总觉得有人在背后责骂你？总是对什么事情感到羞耻？找到这些使自己不自信的来源，给它们一个称号，认识它。将这些来源告诉给朋友和爱人，大胆地表达出来。对别人说出来是对自己勇气的提高，同时也可以获取他们的帮助，找到问题的根源。

### 2. 认识自己的长处和优点

为什么要沉迷于自己失败的一面呢？没有一个人是完美的，但是每个人都有自己优秀的地方。为你拥有的特长和优点感到自豪，毕竟自己还是挺厉害的嘛。

### 3. 对着镜子笑一笑，人生是积极的

给自己一个笑脸，不要对生活感到失望，也不要厌恶或者轻视自己。常常对镜子笑一笑，会让你感到更快乐、更自信。

### 4. 展现自己优秀的一面

让别人认可你，让他们觉得你很厉害，你的自信就会慢慢提升的，所以你应该大胆去展现自己的才艺和优点。充满热情地朝着自己擅长的方向前进，培养多一些爱好，结交多一些良友，一定会让你变得自信满满。

### 5. 设定目标，做好准备

为自己设定一个目标，贯注信念，专注其中，并且做好充分的准备，这样更

容易让你达到目标。要经常鼓励自己,因为你就要成功了!

### 6. 不要逃避和不敢面对失败

只有弱小的自卑者才会盯着自己的失败和缺点不放手,他们逃避现实,不敢自我肯定。有句名言说"现实中的恐惧,远比不上想象中的恐惧那么可怕",所以敢于面对挑战,鼓足勇气,多试几次,你的自信心就会慢慢高涨起来。

### 7. 为自己定下目标

给自己一点压力,制定一些目标,遵守目标的约束。弥缝在参加生存训练时,就这么对自己说:不管怎么样的活动,什么都得给我尝试一遍。结果可想而知,弥缝不仅享受了其中的乐趣,还提高了自己的自信心。所以为自己定下了目标,遵守约束和自我信赖,随着时间的推移你的信心就会成为你的勇气和力量。

## 不懂装懂比无知更可怕

> 一知半解和一无所知并不可怕,只要你学习就能进步,但是不懂装懂则不然,它不仅让你无知,还让你停止学习。但人人心中都有几分虚荣,特别是20几岁的年轻人,常常随口说的东西并不一定是自己了解的。我们喜欢引用骇人听闻的观点,说出独树一帜的想法,却并不去想自己是否真的明白了这些。对不了解的东西夸夸其谈,看起来好像很酷,其实是幼稚可笑的浅薄。

### 不懂装懂害人害己

一天,在临床实习时,老师让学生们都不要戴听诊器。

在第一位病人的床头边,老师把学生们上下打量了一番。"这位病人是沃特金斯先生,"他说,"我把我们的实习安排向他作了解释,他不会介意的,只要你们需要,尽可以听听他的心脏。他患的是心脏僧帽瓣硬化症。"

关于心脏僧帽瓣硬化症的病理知识,学生们以前早就学过。他们知道这种病的心跳规律是先有一声清晰的强音,接着是两下微弱的杂音。

老师把他的听诊器递给学生们,然后说道:"你们要仔细听听,沃特金斯先生的心跳强音很明显。"学生们一个接一个地拿过听诊器,集中精力听诊。"噢,没错,听得很清楚。"大家都点点头说。学生们互相注视着,只见人人都是一脸轻松的表情,学生们很感谢老师能把实习课安排得如此顺利。

这节实习课结束后,学生们来到护士办公室,坐了下来。"你们都听清楚了吗?"老师问。

学生们点点头。老师并不多说,慢慢拆开学生们刚用过的那个听诊器。只见他从口袋里取出一个小镊子,用它夹出塞在听诊器里的一团棉球。

原来这是一个失效的听诊器,仅仅是一个摆设而已!根本不可能用它听清心脏杂音的。"再也不要这样做了,"老师说,"如果你们听不到什么声音,就要直言不讳了。如果你们不理解别人在讲什么,就告诉他你确实不明白。本来糊涂却假装清醒,也许能欺骗你们的同事,但对你们自己,还有你们的病人,一点好处也没有。"

学生们的这种表现,在我们的生活中也时常出现。有时是因为看到大家都像是很了解的样子,如果自己说不知道,会被耻笑。有时候可能就是想要敷衍了事,没有用心去想事情,随口答应别人的话。对医生来说这样的做法自然是害人害己的,对每个普通人来说,其实也是一样的。

如果你传播了虚假的知识,让别人以为你所说的是真理,那么有一天,你就得按照自己说的谬论去做事情,或者是自食其言,自相矛盾。不管选择哪一种,都是让人很尴尬的,还不如大大方方地承认自己的不知道。

"闻道有先后,术业有专攻",每个人都有自己的专长,不可能每件事都很精通。愈是爱表现的人,愈是无法精通每件事。交朋友应该是互相取长补短,别人比自己精通的地方就应不耻下问,即使是自己很精通的事,也要以很谦虚的态度来展现实力,这样才能说服他人。

在一个高度复杂的信息时代,每个人所吸收的知识都不可能包罗万象。若不以虚心的态度与人交往,如何能够受到大家的欢迎?凡事都自以为是的人,必然得不到大家的尊敬。

不懂装懂就是无知,不利于交际范围的扩展。这样的人在社会中恐怕永远也不会受到欢迎。不懂装懂和自作聪明的处世方法会毁掉一切刚刚兴起的事业,使人们失去对你的兴趣和信任。

## 敢于说"不知道"的人才是真正的强者

古希腊著名哲学家苏格拉底讲过,"就我来说,我所知道的一切,就是我什么也不知道",以最简洁的形式表达了进一步开阔视野的理想姿态。可以说,至今仍有很多人信奉苏氏这句名言。无论你多么伟大,无论你多么有才能,你也有你不知道的地方,说不知道并不意味着你无能,反而能在勇敢承认的同时获得更多的称赞。

有一位学问高深、年近八旬的老妇人。她原是大学教授,会讲五种语言,读书很多,语汇丰富,记忆过人,而且还经常旅行,可以称得上是见多识广。然而,人们从未听到过她卖弄自己的学识或对自己不了解的事情假称通晓。遇到疑难时,她从不忌讳说"我不知道",也不用自己的知识去搪塞,而是建议去查阅有关专著、资料,以做参考。看到老人的这一切,每个跟她接触的人才真正懂得了怎样才能被别人敬重,怎样才能获得做人的最好尊严。

心理学家邦雅曼·埃维特曾指出,平时动不动就说"我知道"的人,头脑迟钝,易受约束,不善同他人交往。迅速和现成的回答,表现的是一种一成不变的老一套思想;而敢于说"我不知道"所显示的则是一种富有想象力和创造性的精神。埃维特还说,如果我们承认对这个或那个问题也需要思索或老实地承认自己的无知,那么我们自己的生活方式就会大大地改善。这就是他竭力倡导的态度和人们可以从中得到的益处。

其实,在任何国际学术会议的场合中,如果你注意的话,就会了解虽然开会的屋子里坐满了国际知名的科学家,但大家使用最频繁的一句话便是"我不知道",或者是比较文绉绉的"在本项研究主题中,我们没有足够证据可得出任何可靠的结论"。

从事任何一种职业的聪明人,都有勇气承认"没有人知道一切事情"这个事实。他们常常说自己不知道,随后就去寻找他们所欠缺的知识。承认自己不知道无损于他们的自尊;对于他们来说,"不知道"是一种动力,并不是说出来就大失面子的话语,因为自己的"不知道",反而会促使他们去进一步了解情况,求得更多的知识。

在前往心理医生那里求诊的病人中,其实有许多是著名的人物和企业家。他们在自己所做的那一行里是很杰出的，但是在医生同他们接触的过程中，却常常发现他们在生活的其他方面非常幼稚。他们在钻研提高自己的专长方面下很多工夫，所以在与工作无关的其他知识方面就不够成熟。他们对自己专业范围之外的简单问题，也可能毫无所知。

成功者知道，要掌握所有的知识，是既不可能也没必要的。所以，他们集中精力成为某方面的专家。他们知道，"万事通"的人是失败者，而成功者只精通一门或几门。真正的有面子是在你从事的一门里能够出类拔萃。

楚汉相争时，单就刘邦和项羽这两位领导者的个人条件来比较，无论是文才、武功、家世、年纪或兵力，项羽都在刘邦之上。然而在善用人才这一项，项羽就远不及刘邦。汉初三杰张良、韩信、萧何都能在刘邦麾下为其效力；而项羽手下唯一的谋臣范增，却在项羽"万事通"的个性下不得善终。结果刘邦和项羽谁有成就，学历史懂历史的人都知道了。

坦白承认"不知道"的领导者，才能接受属下的建言，集百家之长于一身，成为最后的成功者，也是获得最大面子的成功者。作家斯蒂芬·马洛在其作品中，让其中的一个人物说过这样一段话："我想，英语里最讨人喜欢的几个字也许是'I don't know'（我不知道）。这句话可以作为跳板，使我感到惊奇并使你揭开对每个人来讲都会有的奥妙。"

做人就要敢于坦诚地承认自己的不足和不知道，不要为了面子，强把自己说成"万事通"，让自己真正的大失脸面。要知道知识是从"不知道"里面去争取的，而不是从你说"知道"里面去欺骗得来的。

# 适时地强调自身的优势

> 谦虚使人进步，年轻人需要拥有谦虚的心态才能让我们每天都有进步。但是虚心的时候也不能忽视自己的优点，千万不能妄自菲薄让自己的优势不能彰显。有时候我们需要像王婆一样自夸一下，这样才能激励我们更加优秀。因为在强调优秀的过程中会让我们变得更加自信，促使自己进步。

### 不可自命不凡，也不能妄自菲薄

现代的年轻人，大都受过良好的教育，在知识和能力上都很强。有很多年轻人步入工作后对老同事的指点不屑一顾，被人称为"自命不凡"的伪君子。这是我们年轻人要规避的一个问题，要虚心接受别人的意见和建议才能让自己在工作中成长得更快。但是还有一些人过于谦虚，对别人说的话言听计从，一点也看不到自己的优势，这个时候就需要像王婆那样自我激励一下，才能把事情做得更好。

提起王婆卖瓜，很多人以为是一位姓王的婆婆，其实王婆是个男的，因为他说话啰唆，做事婆妈，人们就送了他个外号"王婆"。王婆的老家在西夏，以种瓜为生。西夏一带种的瓜叫胡瓜，即我们现今所吃的哈密瓜。在当时，宋朝边境经常发生战乱，王婆为了避难，就迁到了开封的乡下，培育胡瓜。

胡瓜因外表不好看，中原的人都不认识这种瓜，所以尽管这胡瓜比普通的西瓜甜上十倍，也没有人买。王婆很着急，向来往的行人一个劲儿地夸自己的瓜怎么好吃，并且把瓜剖开让大家尝。起初没有人敢吃，后来有个胆大的上来咬了一口，只觉蜜一样的甜，于是，一传十，十传百，王婆的瓜摊生意兴隆，人来人往。

一天，神宗皇帝出宫巡视，一时兴起来到集市上，只见那边挤满了人，便问左右："何事喧闹？"左右回禀道："启奏皇上，是个卖胡瓜的引来众人买瓜。"皇上心想什么瓜这么招人，就走上前去观看，只见王婆正在连说带比画地夸自己的瓜好。见了皇上，他也不慌，还让皇上尝尝他的胡瓜。皇上一尝果然甘美无比，连连称赞，便问他："你这瓜既然这么好，为什么还要吆喝不停呢？"王婆说："这瓜是西夏品种，中原人不识，不叫就没人买。"

皇上听了感慨道："做买卖还是当夸则夸，像王婆卖瓜，自卖自夸，有何不好？"皇帝的金口一开，不多时，这句话就传遍了大江南北，直至今日。

瓜不甜，再叫也没用，若是瓜的味道极美，自夸又何妨？我们总是将自己的优点弃之如敝屣，那么自己的"瓜"何年何月才能找到"伯乐"呢？人生短暂如白驹过隙，转瞬即逝，如果一直妄自菲薄，这不就等于将崛起的希望埋没了吗？在这弹指即逝的时光里，我们真要毫无意义地离去吗？曾有人说："越是没有本领的就越加自命不凡。""自命不凡"是没有本事的人常干的事情，我们要摒弃。不过诸葛亮也说过，人"不宜妄自菲薄"，胡乱地将自己的优点遮掩起来，这同样也是20几岁年轻人急需拆除的樊篱。

## 骄傲一点又何妨

我国自古以来以谦虚为美德。任何人都喜欢亲近谦虚的人，很少亲近骄傲者，因为骄傲者目空一切，惹人生厌。但有时候人骄傲一点也是好事。骄傲一点会让我们认识到自己的优势，让自卑的人找到自信，在困难的时候如果能想到的以前自己做得漂亮的事情，会增加我们面对困难的勇气。所以，不管在生活中还是职场中，要留给自己一点骄傲的空间。

国学大师季羡林曾经说到过这样一个现象，便是"中国制造"的问题。中华民族所固有的大气磅礴的创造力，在种种内在的和外在的力量下堵塞了几百年，如今终于"翻江倒海"，一发不可收拾。"中国制造"的商品现在流传全世界，一些报刊以"中国和平崛起，世界拍案惊奇"等词句来表达这种感情。不过，却依然有人"崇洋媚外"，总认为中国制造的东西不好，鄙视"国产"，抵制"国货"。等到外国的杂志上刊登了新鲜的东西，必然汲汲而求，宁可花几倍的价钱买同类产品。

然而那些远渡重洋购回来的产品上，常常也写着"中国制造"的字样。

从"中国制造"在全世界的"崛起"不难看出，中国人也有值得骄傲的东西。"不才"是国人常常挂在嘴边的词汇，表示自谦，不过对于学识渊博、能力非凡的人来说，这么称自己就有点妄自菲薄了。谦虚固然是好事，但是骄傲地将自己所擅长的东西拿出来与人分享，这与谦逊完全不冲突，反而更能促进自己的进步。

20几岁的年轻人，要善于肯定自己的优点和长处，这样不但能让自己自信起来，还可以让自己变得更加优秀。因为在展示你的优势的同时，可以跟他人进行切磋，让我们不断地完善自己，形成一种强者更强的"马太效应"。

## 卷 五

奥里林·马登送给美国年轻人一句忠告，那就是米开朗琪罗写在拉斐尔工作室的一个精巧塑像下面的那句话："做一个更了不起的人"。他建议每个年轻人都把这句名言镶在镜框里，悬挂在店铺里、办公室中和工厂里，悬挂在一个随时可以提示你的地方。经常性的自省可以使生命的寓意变得更加宽广和深远。

竞争可以激励我们内心中的不安分，融入一个竞争的氛围，可以激发我们的雄心壮志，它督促我们去实现目标，帮助我们抵制那些足以毁灭我们前途的诱惑。

# 专家的话未必就是真理

> 所谓"权威"是指在某种范围之内有威信、有地位或者具有使人信服力量的人。我们需要尊重权威,因为他们的意见在大多数情况下都是对的。但权威也不是永远对,一味顶礼膜拜,你的双眼就会被盲从遮蔽。所以不要丢失自己的看法和信心,在与权威冲突时也要保留自己的声音,坚持自己的意见。

## 权威只是经常对而不是永远对

1842年3月,在百老汇的社会图书馆里,著名作家爱默生的演讲激动了年轻的惠特曼:"谁说我们美国没有自己的诗篇呢?我们的诗人文豪就在这儿呢……"这位身材高大的当代大文豪的一席慷慨激昂、振奋人心的讲话使台下的惠特曼激动不已,热血在他的胸中沸腾,他浑身升腾起一股力量和无比坚定的信念,他要渗入各个领域、各个阶层、各种生活方式。他要倾听大地的、人民的、民族的心声,去创作新的不同凡响的诗篇。

1854年,惠特曼的《草叶集》问世了。这本诗集热情奔放,冲破了传统格律的束缚,用新的形式表达了民主思想和对种族、民族和社会压迫的强烈抗议。它对美国和欧洲诗歌的发展产生了巨大的影响。

《草叶集》的出版使远在康科德的爱默生激动不已。诞生了!国人期待已久的美国诗人在眼前诞生了,他给予这些诗以极高的评价,称这些诗是"属于美国的诗"、"是奇妙的"、"有着无法形容的魔力"、"有可怕的眼睛和水牛的精神"。

《草叶集》受到爱默生这样的作家的褒扬,使得一些本来把它评价得一无是处的报刊马上换了口气，温和了起来。但是惠特曼那创新的写法，不押韵的格式，新颖的思想内容，并非那么容易被大众所接受，他的《草叶集》并未因爱默生的赞扬而畅销。然而，惠特曼却从中增添了信心和勇气。1855年底，他修订了第二版，在这版中他又加进了20首新诗。

1860年，当惠特曼决定印行第三版《草叶集》，并将补进些新作时，爱默生竭力劝阻惠特曼取消其中几首刻画"性"的诗歌，认为有这样的内容，第三版将不会畅销。惠特曼却不以为然地对爱默生说："那么删后还会是这么好的书么？"爱默生反驳说："我没说'还'是本好书，我说删了就是本好书！"执著的惠特曼仍是不肯让步，他对爱默生表示："在我灵魂深处，我的意念是不服从任何束缚的，坚持走自己的路。《草叶集》是不会被删改的，任由它自己繁荣和枯萎吧！"他又说："世上最脏的书就是被删减过的书，删减意味着道歉、投降……"

第三版《草叶集》出版并获得了巨大的成功。不久，它便跨越了国界，传到英格兰，传到世界许多地方。

泰戈尔曾经说过："除非心灵从偏见的奴役下解脱出来，否则心灵就不能从正确的观点来看生活，或真正了解人性。"一个人最致命的偏见莫过于认为权威无论何时何地都是正确的。

所以，年轻人在遭遇困难时，不要拿权威的失败为借口而放弃自己的探索。切不可看了巨著《红楼梦》，就停止了文坛上的耕耘；或看了马拉多纳踢球，便放弃绿茵场上的梦想；或听过帕瓦罗蒂的歌声，便扼杀自己的音乐天分。如果总是活在权威的阴影下，总觉得自己技不如人，那么世界上就不会出现曹雪芹、帕瓦罗蒂、马拉多纳这样的人物了。

## 尊重权威，更要坚持自己

权威的存在，可以成为探索实践的促进，因为"权威认定"毕竟有它的可信价值；但也有时候，权威的存在会成为探求的阻碍，因为权威毕竟不是真理。"吾爱吾师，吾更爱真理。"杰出人士们在继承前人的基础上，总是抱着怀疑一切的态度，在实践中坚守着正确的观点。

伽利略是17世纪意大利伟大的科学家。那时候，研究科学的人都信奉亚里士多德的见解，谁要是怀疑亚里士多德，人们就会责备他："你是什么意思？难道要违背人类的真理吗？"

亚里士多德曾经说过："两个铁球，一个10磅重，一个1磅重，同时从高处落下来，10磅重的一定先着地，速度是1磅重的10倍。"伽利略对这句话表示怀疑，他想：如果这句话是正确的，那么把这两个铁球拴在一起，落得慢的就会拖住落得快的，落下的速度应当比原来10磅重的铁球慢，如把两球看做一个整体，就有11磅重，落下的速度应当比原来10磅重的铁球快。有了这个设想，伽利略着手做实验，证明亚里士多德的结论是靠不住的，并得出两个铁球同时着地的正确结论。

其实，权威之所以能够成为权威，也是由于在实践中进行不断的探索。倘若后来的人们拘泥于前人的成果，也就否定了权威们寻找真理的方式。杰出人士们所坚持的就是"权威们"曾经应用过的武器。在尊重权威，坚持他们寻求真理方式的同时一定要有自己的主见，否则我们只会与成功失之交臂。

世界著名交响乐指挥家小泽征尔在一次欧洲指挥家大赛的决赛中，按照评委会给他的乐谱指挥演奏时，发现有不和谐的地方。他认为是乐队演奏错了，就停下来重新演奏，但仍不如意。这时，在场的作曲家和评委会的权威人士都郑重地说明乐谱没有问题，而是小泽征尔的错觉。面对着一批音乐大师和权威人士，他思考再三，突然大吼一声："不，一定是乐谱错了！"话音刚落，评判台上立刻报以热烈的掌声。

原来，这是评委们精心设计的圈套，以此来检验指挥家们在发现乐谱错误并遭到权威人士"否定"的情况下，能否坚持自己的正确判断。前两位参赛者虽然也发现了问题，但终因趋同权威而遭淘汰。小泽征尔则不然，因此，他在那次世界音乐指挥家大赛中摘取了桂冠。在这个故事中，我们可以领悟到一些道理：不要随随便便就否定了自己，尤其是在权威的面前，更应有勇气坚持自己的意见。

#  只取得口头上的胜利是做人的悲哀

> 古者言之不出,耻其行之不逮。君子都不喜欢夸夸其谈,他们会老老实实地把事情做给别人看,用行动去为自己说话。但很多头脑灵活、思维敏捷的年轻人,常常当面反驳别人的说法,而且言语犀利、咄咄逼人。善辩固然是一种才华,不要忘了,每个人都渴望被理解和认同,每个人都不喜欢得理不饶人的诡辩者。

## 不要费力证明别人是错的

在生活或工作中和别人有利益或意见的冲突时,才思敏捷口才好的人往往能充分发挥辩才,把对方辩得哑口无言。可是,你为什么一定要与对方辩论到底,以证明是他错了?这么做除了让你得到一时的快意之外还有什么价值呢?这样能使他喜欢你,或是能让你们双赢?事实并非如此,要想拥有良好的人际关系,要想使自己在事业上游刃有余,在朋友中广受欢迎,在家庭中与人和睦相处,你最好永远不要试图通过争辩去赢得口头上的胜利。

在辩论中,无论你是失败还是获胜,都不会得到任何好处。这是因为,就算你将对方驳得体无完肤、一无是处,那又怎样?你只是使他觉得自惭形秽、低人一等,他不会心悦诚服地承认你的胜利。即使他表面上不得不承认你胜了,也会从此埋下怨恨的种子。

你要知道,当人们在口头上屈服时,他仍然会固执地坚持自己是对的。富兰克林这样说过:"如果你辩论、反驳,或许你会得到胜利,可是那胜利是短暂、空虚的……你永远得不到对方的好感。"

你不妨替自己做这样的衡量——你想得到的是空虚的胜利,抑或是人们赋予你的好感,这两件事,很少能同时得到。

你在进行辩论时或许你是对的,可是你无法改变一个人的意志,就算你对了,也是错的。你可能认为所有通过争辩获得的胜利就是真正的胜利,可事实上,这是一种付出极大代价后获得的暂时性的胜利。不说一句话,通过你的行动得到别人的认同,这样你才是最终的获胜者。

## 用行动争,不用语言辩

现实生活中,总有些虚无缥缈的事情很难说明白,与其与人争辩不休,不如直接行动,从中引出一番能为人所领会和接受的道理,再以此类推,把这番道理运用于需要说明的论题中,这样将增加可信度和说服力,从而得到别人的认同。

哥伦布经过了18年的准备后,成功越过大西洋,发现新大陆,伟大的创举震惊全国。哥伦布因为这一划时代的发现,被视为英雄而受到崇敬。但也有那么一些无视事实、否认真理的小人想使哥伦布难堪。在一次为哥伦布庆功的宴会上,有人跳出来发难:"听说你在大西洋的彼岸发现了新大陆,但那有什么了不起?任何人通过航行,都可以像你那样到达大西洋彼岸,并发现新大陆。这是世界上再简单不过的事了,为什么要小题大做呢?"

面对别人的挑衅,哥伦布没有立刻回击,他从容地站起来,从桌上拿起一个鸡蛋,对在场的客人们说:"先生们,这是一个普通的鸡蛋,谁能把它立起来呢?"在座的宾客们一个接一个,试图把鸡蛋立起来,但鸡蛋传了一圈,没有人能成功。这时大家都说,这是不可能的。

于是哥伦布接过鸡蛋,轻轻地在蛋壳上敲出一个小洞,毫不费力地把鸡蛋立了起来,顿时全场哗然。哥伦布转身对大家说:"这不是世界上最简单的事吗?然而你们却说这是不可能办到的。是的,当人们知道了某件事情该怎么做之后,也许谁都能做到了。"

哥伦布以机敏的思维、简明的实例回击了别人对他的挑衅,这比直接回击挑衅者更有效、更让人信服。

对待不同的人要用不同的方法和态度,遇到争论、挑衅,也应该针对事物的本质,用不同的方法解决。事实胜于雄辩,你的行动会为你赢得一切。

#  让欲望成为动力而不是祸根

> 合理、有度的欲望本是人奋发向上、努力进取的动力。但欲望倘若变质了，人就容易上当、受骗，在遇到诱惑时就会失去理性。有一些本来在社会上很有地位的人，但为了满足自己不合理的欲望，利令智昏，结果甚至把自己的身家性命都搭进去了。节制欲望，让欲望成为我们前进的动力，而不要成为诱惑我们的陷阱，对于一个20几岁踏入社会不久的年轻人来讲尤其重要。

## 贪欲比骗子还可怕

现在的生活我们离不开网络，打开邮箱或者QQ经常会收到一些获奖信息等，让你输入你的个人信息来领取奖品。这个时候我们千万要警醒，这是一种比较先进的诈骗手段，他们利用你贪便宜的心理，从你的个人信息中破解你的账户密码等重要信息，会让你损失惨重。社会上的很多骗子之所以能行骗成功都是利用人们这种贪婪的心理。

1856年，亚历山大商场发生了一起盗窃案，共失窃8只金表，损失16万美元，在当时，这是一笔相当庞大的数目。

案子尚未侦破时，有个纽约商人到此地进货，随身携带了4万美元现金。当他到达下榻的酒店后，先办理了贵重物品的保存手续，接着将钱存进了酒店的保险柜中，随即出门去吃早餐。

在咖啡厅里，他听见邻桌的人在谈论前一阵子的金表失窃案，因为是一般社会

新闻,这个商人并不当一回事。

中午吃饭时,他又听见邻桌的人谈及此事,他们还说有人用1万美元买了两只金表,转手后即净赚3万美元,其他人纷纷投以羡慕的眼光说:"如果让我遇上,不知道该有多好!"

然而,商人听到后,却怀疑地想:"哪有这么好的事?"

到了晚餐时间,金表的话题居然再次在他耳边响起。他吃完饭,回到房间后,忽然接到一个神秘的电话:"你对金表有兴趣吗?老实跟你说,我知道你是做大买卖的商人,这些金表在本地并不好脱手,如果你有兴趣,我们可以商量看看,品质方面,你可以到附近的珠宝店鉴定,如何?"

商人听到后,不禁怦然心动,他想这笔生意可获取的利润比一般生意优厚许多,便答应与对方会面详谈,结果以4万美元买下了传说中被盗的8只金表中的3只。

但是第二天,他拿起金表仔细观看后,却觉得有些不对劲,于是他将金表带到熟人那里鉴定。鉴定的结果是,这些金表居然都是假货,最多只值几千美元而已。直到这帮骗子落网后,商人才明白,从他一进酒店存钱,这帮骗子就盯上了他,而他听到的金表话题也是他们故意安排的。

骗子的计划是,如果第一天商人没有上当,接下来他们还会有许多花招用来诱骗他,直到他掏出钱为止。

故事中的骗子是很可怕,他让商人损失惨重。但是更可怕的是商人自身的贪婪,贪婪是人性的弱点。贪婪自私的人往往目光如豆,所以他们只瞧见眼前的利益,看不见身边隐藏的危机,也看不见自己生活的方向。贪欲越多的人,往往生活得越痛苦,一旦欲望无法获得满足,他们便会失去正确的人生目标,陷入对蝇头小利的追逐。这种贪婪被骗子利用,会让自己陷入困境,甚至把自己推入痛苦的坟墓。

## 让欲望成为动力而不是祸根

欲望是与生俱来的,它是生理和心理的要求,是人的一种本能。合理适度的欲望会给人以动力,但是欲望过度就会释放出破坏性的力量。很多年轻人都想要过一种富足的生活,当你有这样的欲望时,你就会积极努力地工作,靠自己的智慧获得应有的财富,但是如果对财富的欲望过度,就会把你引入一个极端,让你一心掉入金钱的陷阱中不能自拔。所以不管是对金钱还是权力的欲望,我们都要掌握一个适度的原则，这样欲望才不会成为坑害我们的祸根。在这一点上，唐朝李泌做得不错。

唐肃宗收复京师之后，李泌去见肃宗。唐肃宗留李泌宴饮，同榻而眠。当时，李泌常受小人的猜忌和陷害，为了明哲保身，他决定退隐山林。在隐退之前，他决心尽最后一次努力，保护自己爱护的皇太子广平王李豫。

当天晚上，李泌对肃宗说："臣已略报圣恩，请准我做闲人。"

肃宗惊异，说："我同先生忧患多年，应该与先生同乐，您为何要离去呢？"

李泌答道："臣有五不可留，愿陛下让我离去，免于一死。"

唐肃宗问："这五不可留指什么呢？"

李泌答道："我遇陛下太早，陛下任我太重，宠信我太深，我的功劳太高，事迹太奇，有此五虑。陛下若不让我走，就是杀了臣。"

肃宗不解地说："先生为什么怀疑我，朕不是疯子，为什么要杀先生呢？"

李泌道："正是陛下不杀我，我才敢请求归山，否则我怎么敢说？并且我说被杀，不是指陛下，而是指那五点原因。我想，陛下对臣这么信任，有些话尚且不敢说，等天下安定了，我哪敢再说什么？"

肃宗说："我知道了，先生要北伐，我不听从您的建议，先生您生气了。"

李泌回答："不是，我说的是建宁王一事。"原来，不久前，肃宗听信奸臣诬告，建宁王李倓被赐死。

肃宗说："建宁王听人小人的话，想夺储位，我不得不赐他死，难道先生还不知道吗？"

李泌又说："建宁王倘若有此心，广平王必定会怨恨他，可是广平王每次与我谈话，都说弟弟冤枉，泪如雨下。况且，以前陛下想用建宁王为天下兵马大元帅，我请改任广平王。建宁王要是想夺太子的地位，一定会恨臣，为什么他认为我是忠心，对我更加亲善呢？"

听到这里，肃宗也不禁流泪道："我知道错了，先生说得很对，但是这件事情既然已经过去了，我也不想再听这件事。"

李泌说："我不是要追究以前的责任，是为了让陛下警戒将来。当年武则天皇后有四个儿子，她错杀了太子弘，立次子李贤为太子。次子内心忧惧，作《黄台瓜》一词，想感动则天皇后，但则天皇后不予理睬。李贤被废之后，死在贬所黔中。《黄台瓜》一词是这样说的：'种瓜黄台下，瓜熟子离离。一摘使瓜好，更摘使瓜稀，三摘尤可为，四摘抱蔓归。'陛下已经摘了一个大瓜了，千万不要再摘了。"

肃宗惊奇地说:"我怎么会这么做,我当把这首诗写在绅带上,时时警惕。"

李泌说:"只要陛下记在心中就行了。"之后,李泌就归隐山林了。

李泌是一个很聪明的人,他懂得控制自己的欲望,在功成名就的时候,抛下功名利禄,全身隐退。20几岁的年轻人也要学习这种做人的智慧,懂得控制自己的欲望,最主要是适可而止,不可因无度而贻害无穷。

## 懂审时度势的"好汉"绝非好汉

> 哲学家讲:"你改变不了过去,但你可以改变现在;你想要改变环境,就必须改变自己。"文学家说:"明智的人使自己适应世界,而不明智的人坚持要世界适应自己。"年轻人每天都面临着纷繁复杂的变化,变化的面前,要认清楚事物的发展方向,顺应时事,适时改变自己的言行,以维护自己的利益。在漫长的人生道路上,也只有顺应时局的发展,学会放弃,才能轻装前进,才能不断有所收获。

### "见机行事"就是审时度势

生活中很多的年轻人做事情的时候,喜欢一意孤行,失败后便把一切过失推给别人。这样不顾一切向前冲的态度,常常会同别人起摩擦,事情也会越来越糟。年轻人在工作和生活中还经常会遇到各种各样的人,不管是沉默的、粗暴的、冷酷的,我们都要细心琢磨,找到与他们亲近的方式。

其实,无论做人还是做事,我们都要看清形势,只有顺应形势的发展,适当的"随波逐流"才能保护自己。

美国著名作家欧·亨利曾写过一个故事:

一天晚上,一个人正躺在床上,突然一个蒙面大汉跳进阳台,走到床边。他手中拿着一把手枪,对床上的人厉声说道:"举起手!起来,把你的钱都拿出来!"

躺在床上的人哭丧着脸说："我患了十分严重的风湿病，尤其是手臂疼痛难忍，哪里举得起来啊！"那强盗听了一愣，口气马上变了："哎，老哥！我也有风湿病。可是比你的病轻多了。你得这种病多长时间了？都吃什么药呢？"躺在床上的人把水杨酸钠到各类激素药都说了一遍。强盗说："水杨酸钠不是好药，那是医生骗钱的药，吃了它不见好也不见坏。"两人热烈讨论起来，尤其对一些骗钱的药物看法颇为一致。两人越谈越热乎，强盗早已在不知不觉中坐在床上，并扶病人坐了起来。

强盗突然发现自己还拿着手枪，面对手无缚鸡之力的病人十分尴尬，赶紧偷偷地放进衣袋之中。为了表示自己的歉意，强盗问道："有什么需要帮助的吗？"病人说："咱们有缘分，我那边的酒柜里有酒和酒杯，你拿来，庆祝一下咱俩的相识。"强盗说："干脆咱俩到外边酒馆喝个痛快，怎样？"病人苦着脸说："可是我手臂太疼了，穿不上外衣。"强盗说："我能帮忙。"强盗替他穿戴整齐，扶着他向酒馆走去。刚出门，病人忽然大叫："噢，我还没带钱呢！"强盗说："我请客。"

如果那个人没有顺应当时的形势做出灵活的应付，强盗后来请他吃的也许就会是子弹了。

年轻人无论在生活中还是职场上，通晓方圆之道是至关重要的，只有"随波逐流"顺应形势的发展，才能使自己的利益得到最好的保全。

## 拿得起更要放得下

审时度势是一种智慧，在这智慧的背后，需要你的行动。任何思想不经行动都等于零，看清了眼前的困境，在关键的时刻就要立即取舍。获得总是很容易，而放弃总是很难。

放弃，是一种境界，也是一种智慧。年轻人不能总是背负过去成功或者失败的包袱前行，审时度势，适时放下一些不必要的东西，才能让生活的脚步更轻便。

少年孟敏背着一个沙锅赶路，不小心绳子断了，沙锅掉到地上摔碎了。可是孟敏却头也不回地继续向前走。路人喊住孟敏问："你不知道你的沙锅摔碎了吗？"孟敏回答："知道。"路人又问："那为什么不回头看看？"孟敏说："既然碎了，回头有什么用？"说完他又继续赶路。

看完这个故事,你有何感想?孟敏的做法是对的,既然沙锅都碎了,回头看又有什么用呢?这正如人生中的许多失败一样,已经无法挽回,再去惋惜悔恨也于事无补,与其在痛苦中挣扎浪费时间,还不如重新找一个目标,再一次奋发努力。

放下就是快乐。只要你心无挂碍,什么都看得开、放得下,何愁没有快乐的春莺啼鸣,何愁没有快乐的泉溪歌唱,何愁没有快乐的白云飘荡,何愁没有快乐的鲜花绽放!

1998年长江集团周年晚宴上,李嘉诚说了一句话:"好的时候不要看得太好,坏的时候不要看得太坏。"这句话是李嘉诚人生修炼最高境界的体现,也就是"拿得起,放得下"。歌德说:"一个人不能永远做一个英雄或胜者,但一个人能够永远做一个人。"这里,"做一个英雄或胜者",指的便是"拿得起"时的状态;而"做一个人",便是"放得下"时的状态。

有一个人一手拿着一只花瓶前来拜见三祖寺的宏行法师。

法师对他说:"放下!"

那个人于是把他左手拿的那只花瓶放下了。

法师又说:"放下!"

那个人于是把他右手拿的那只花瓶也放下了。

法师还是对他说:"放下!"

那个人说:"法师,能放下的我已经都放下了,我现在两手空空,没有什么可以再放下了,您到底让我放下什么呢?"

法师说:"我让你放下的,你一样也没有放下;我没有让你放下的,你全都放下了。花瓶是否放下并不重要,我要你放下的是心中的杂念。你的心已经被这些东西填满了,只有放下这些,你才能从生活的桎梏中解放出来,才能懂得真正的生活。"

那个人明白了,点了点头。

宏行法师最后说:"放下这两个字听起来容易,做起来却很难。有的人追求功名,一旦有了,他放不下名;有了金钱,就放不下金钱;有了爱情,就放不下爱情;有了嫉妒,就放不下嫉妒。世人能有几个真正做到'放下'呢?"

心理的压力要重于手上的花瓶,"放下"不失为一个追求幸福的绝妙方法。

人之一生,需要我们放下的东西很多。孟子说,鱼与熊掌不可兼得,如果不是我们应该拥有的就抛弃掉。几十年的人生旅途,会有山山水水,风风雨雨,有所得必然有所失。只有放下，才能拥有成熟，才会活得更加充实、坦然和轻松。

但是，在现实生活中，放不下的事情实在太多了。比如做了错事，说了错话，受到上司和同事的指责，或者好心却让人误解受到委屈。于是，心里总有个结解不开，放不下……这些心理负担有损于自身健康和寿命，有的人之所以感觉活得很累，无精打采，未老先衰，就是因为习惯于将一些事情吊在心里放不下来，结果是把自己折腾得既疲劳又苍老。

其实，简单地说，让人放不下的事情通常是在财、情、名这几个方面。想透了，想开了，也就看淡了，自然就会放得下了。

在生活中，我们要顺应事情的发展，学会懂得和放弃。什么时候学会放弃，什么时候便开始成熟了。20几岁的我们要学会放弃：放弃失恋带来的痛楚，放弃屈辱留下的仇恨；放弃心中所有难言的重担；放弃费精力的争吵，放弃没完没了的解释，放弃对权力的角逐，放弃对金钱的贪欲，放弃对虚名的争夺……

# 给别人台阶下就是给自己台阶上

> 没人希望自己被逼得山穷水尽，也没有人喜欢在失意的时候又遭落井下石。三十年河东三十年河西，今天的失意人也许就是明年的得意者。所以年轻人一定要知道这个道理，永远给别人留一条后路。失意得意都只是一时，与人为善才是为人的长久之道。

### 心领神会，替人遮掩难言之隐

生活中，年轻人经常会遇到这样一些人，他们有一些难以启齿的想法，或者为自己做了一件不光彩的事情而悔恨，或者是想寻求帮助而不得，这个时候，你就要做一个善解人意的人，看透了他人的这些想法，也不要说出来，或者以巧妙的方式帮他们遮掩过去也是一种明智之举。

郑武公的夫人武姜生有两个儿子，长子是难产而生，取名为寤生，相貌丑陋，武姜心中深为厌恶；次子名叫段，成人后气宇轩昂，仪表堂堂，武姜十分疼爱。武公在世时武姜多次劝他废长立幼，立段为太子，武公怕引起内乱，就是不答应。

郑武公死后，寤生继位为国君，是为郑庄公。封弟段于京邑，国中称为太叔段。这个太叔段在母亲的怂恿下，竟然率兵叛乱夺位。但很快被老谋深算的庄公击败，逃奔共国。庄公把合谋叛乱的生身母亲武姜押送到一个名叫城颍的地方囚禁了起来，并发誓说："不到黄泉，母子永不相见！"意思就是要囚禁他母亲一辈子。

一年之后，郑庄公渐生悔意，感觉自己待母亲未免太残酷了点，但又碍于誓言，难以改口。这时有一个名叫颍考叔的官员摸透了庄公的心思，便带了一些野味以贡献为名晋见庄公。

庄公赐其共进午餐，他有意把肉都留了下来，说是要带回去孝敬自己的母亲："小人之母，常吃小人做的饭菜，但从来没有尝过国君桌上的饭菜，小人要把这些肉食带回去，让她老人家高兴高兴。"

庄公听后长叹一声，道："你有母亲可以孝敬，寡人虽贵为一国之君，却偏偏难尽一份孝心！"颍考叔明知故问："主公何出此言？"庄公便原原本本地将发生的事情讲了一遍，并说自己常常思念母亲，但碍于有誓言在先，无法改变。颍考叔哈哈一笑说："这有什么难处呢！只要掘地见水，在地道中相会，不就是誓言中所说的黄泉见母吗？"庄公大喜，便掘地见水，与母亲相会于地道之中。母子两人皆喜极而泣，即兴高歌，儿子唱道："大隧之中，其乐也融融！"母亲相和道："大隧之外，其乐也泄泄！"颍考叔因为善于领会庄公的意图，被郑庄公封为大夫。

每个人都有难言之隐，包括平时那些高高在上的人。这时，作为一个旁观者要善于心领神会，替人遮掩难言之隐。这也不失为一种高明的做人之道。这是一种做人的技巧，需要平时细心留意，学会观察生活。

## 做一个给下属台阶下的领导

很多的优秀年轻人在职场中做得很不错，刚刚毕业不久就走上了领导的岗位，这是一件很值得高兴的事情，但是年轻的领导也会遇到很多的尴尬，面对公司的老员工还有那些自以为是的"刺儿头"，不能尽职尽责。实际上有时候直言直语相劝并不能达到目的。其实你可以发现他的错误，但不点明，并巧妙地给他一个台阶下，让他既能改正错误又能保全面子。如此一来，下属就会卖力地为你办事。

某外企为了争创名牌企业，提高知名度，非常重视环境卫生工作，曾明令禁止职工上班时间抽烟，厂区里竖了许多"禁止吸烟"的牌子，并抽调人员不定期巡视。有一次是老总亲自巡视检查，发现有几位工人，站在禁烟牌前吞云吐雾。他们看见老总朝他们走过来，不但毫无收敛，反而抽得更起劲，大有"看你能把我们怎么样"的架势。

在这种情况下，如果换一个领导，一定会大发雷霆："你们没有长眼睛吗？怎么站在禁烟牌前吸烟？"但这样一顿臭骂，事态势必一发而不可收。那几位倔脾气的工人可不是省油的灯，否则也没有胆量这样做。可是，这位老总不但没有开骂，反而掏出一包更高级的香烟，给每位都递上一支，友好地对他们说："兄弟，走，咱们出去抽个痛快！"那几位工人反倒觉得不好意思起来。过后，负荆请罪，向老总保证：以后再也不在厂区抽烟了。

20几岁的年轻人很容易意气用事，当遇到跟自己对着干的下属，不易控制自己的情绪。这个时候，你一定要给自己三分钟的冷静思考时间。从容面对那些"刺儿头"下属和不能尽职尽责的员工，给他一个台阶下，这样既可以让他从内心中充分意识到自己的错误，并加以改正，而且做到了"攻心为上"，使他更加忠诚于你。

 ## 把别人的奚落拒之门外

年轻人难免会遭到领导和前辈的奚落，有时候甚至是直白的挖苦和讥讽，这个时候你该怎么办？置之不理固然有大将的风度，但也可能让别人得寸进尺。最好的办法，还是适时地还击，不一定要当面整个面红耳赤，只要表达出你毫不畏惧的态度就足够了。随机应变，化被动为主动，才能使难堪境遇烟消云散。"兵来将挡，水来土掩"，你可视不同的来者选择不同的应付办法。

## 灵活应对，化解奚落

有一次，一个美国记者同周总理谈话时，看到周总理的桌上有一支美国派克钢笔，就带着几分讥讽的口气问："请问总理阁下，你们堂堂中国人，为何还用我们美国的钢笔呢？"周总理听出了他的言外之意，庄重而又风趣地答道："提起这支钢笔，话就长了，这是一位朝鲜朋友的抗美战利品嘛，作为礼物赠送给我的。我无功不受禄，就拒收。朋友说，留下做个纪念吧。我觉得有意义，就收下了贵国这支钢笔。"那个记者听后，一脸窘相，愣了半晌也说不出话来。

如果对方来势汹汹、盛气凌人，前来指责辱骂你，而你确信真理在手，则应保持藐视的目光、冷峻的笑容，让他尽情地发泄个够，而不予理会。有时沉默无言的蔑视，能力胜千钧，抵得上千言万语。假如有人冲着你横眉竖眼，恶语中伤地骂道："你这个人两面三刀，专门告我的阴状，想踩着别人的肩膀往上爬！"如果你心中无愧，完全不必大发雷霆，不妨解嘲地反诘："哦！是真的吗？我倒要洗耳恭听。"然后诱使谩骂者说下去，直到对方找不到言辞，你再"鸣金收兵"。在这种情况下，你以温文尔雅、彬彬有礼的方式笑迎攻击者，显然比暴跳如雷、大动肝火要好。

假如有人以半真半假的口吻问："你得了一大笔奖金，该'发财'了吧？"如你避实就虚地回答："你也想吗？咱们一块儿干。"话语中带点阳刚锐气，别人再问，也不好意思了。

你刚被提拔到某领导岗位，有人对此揶揄道："这下你可平步青云、扶摇直上了吧！"你听了不必拘谨，可一笑了之："是这样吗？你算得这样准？"用这种不卑不亢的应酬方法，立即使对方语塞。相反，你过于计较，说出一大堆道理，倒显得太认真，效果反而适得其反。

如果有人用过于唐突的言辞使你受到伤害，或叫你难堪，你应该含蓄以对，或装聋作哑、拐弯抹角、闪烁其词，或顺水推舟、转移"视线"、答非所问，谈一些完全与其问话"风马牛不相及"的事，用这种委婉曲折的方法反驳对方，一定会收到奇效。

有的时候，可能会遇到棘手的问题，对此，若以幽默诙谐的方式回答，往往会化险为夷，改变窘势。在山重水复疑无路时，转为柳暗花明又一村，使难堪局面消失在谈笑之中。

## 回击"羞辱"视情形而定

被别人羞辱确实是一件令人恼火的事情。它意味着尊严受到侵犯,感情受到损伤。虽然羞辱你的人来势汹汹、张牙舞爪、咄咄逼人,但在这场羞辱与反羞辱的争斗中,何方取胜却还是一个未知数。这关键要看被羞辱的一方如何把握应对的分寸,如何化被动为主动。

面对突如其来的羞辱,最重要的一点就是要注意避免发火动怒。如果你不是沉着应对,而是失去理智,那就会给挑衅者提供机会,让其占据优势,结果使自己处于更为不利的地位。

曾有一位不速之客突然闯入洛克菲勒的办公室,直奔他的写字台,并以拳头猛击台面,大发雷霆:"洛克菲勒,我恨你!我有绝对的理由恨你!"接着那位客人恣意谩骂他达数分钟之久。办公室所有的职员都感到无比气愤,以为洛克菲勒一定会拿起墨水瓶向他掷去,或是吩咐保安员将他赶出去。然而,出人意料的是,洛克菲勒并没有这样做。他停下手中的活,和善地注视着这位攻击者,那人愈暴躁,他就显得越和善!

那无理之徒被弄得莫名其妙,渐渐平息下来。因为一个人发怒时,若找不到对手,是坚持不了多久的,他准备好来此与洛克菲勒决斗,并想好了洛克菲勒会怎样回击他,他再用想好的话去反驳。但是,洛克菲勒就是不开口,所以他也不知如何是好了。

末了,他又在洛克菲勒的桌子上敲了几下,仍然得不到回应,只好索然无味地离去。洛克菲勒呢,就像没发生任何事一样,重新拿起笔,继续他的工作。

不理睬他人对自己的无礼攻击,便是给他的最严厉的迎头痛击。成功者每战必胜的原因,便是当对方急不可耐时,他们依然如故,显得相当冷静和沉着。

当然,应付羞辱也要视具体对象和情形区别对待。

如果有人故意出你的丑,让你难堪,你完全可以以牙还牙,采取更严厉的措施。有时你必须打破僵局,使这种窘迫场面马上结束,可以这样说:"你显然是想存心让我下不了台,能告诉我你这样做的目的吗?"或者说:"你似乎有些心烦意乱,我是否有什么地方惹你不高兴了,你能告诉我吗?"

下列几种应付羞辱的应答法,可供你参考:

1."你以为你是什么人？"

不要动怒，索性把他的话点明："依你看我要是某某人才够资格和你说话，是吗？"如果对方说："是。"这时，你可以反击一下问："那你自以为是什么人？"

谦和一点，用开玩笑的方式："现在吗？我自以为是一个受害者。"

指指旁边的人："我自以为是他，你再问问他自以为是谁。"

2."你开玩笑！"

这话本来无伤大雅，但是说话人带有不屑的表情和讥讽的口吻，就是有意让你出丑了。

表示你留意到他的态度："我是在开玩笑，可是你忘记听了之后应该笑啊！"

当做他的一项要求："好！你要听什么笑话？"

故意以为他在猜测："对！我正在开玩笑！"

3."你父母怎样教养你的？"

谈话之中突然扯到父母，这是最令人生气的事，但是你千万别为父母受了指责而生气，他的目的是惹你发火。

别上钩，你说："我是爷爷、奶奶带大的。"

你沉默一会儿，再说："我记不得了，恐怕得麻烦你自己去请教他们。"

做肯定的答复回敬他："我只记得一点，那就是不可以问这样没有礼貌的问题。"

人与人相处，可能产生的摩擦何止以上几种，上面只是将典型的例子告诉年轻的朋友，更复杂琐碎的情况要在生活的实践中去总结。

 ## 适时适度保持沉默

沉默是人们在交往中的一种隐藏了千言万语的无声状态，是个人思想与情绪的流露，是双方信息交流过程中一种反馈形式，是一种潜意识交流的形式。一个说话极随便的人，一定没有责任心。话多不如话少，话少不如话好，多言不如多知，即使千言万语，也不及一件事实留下的印象深刻。多言是浮躁的象征，因为这些口头慷慨的人，行动往往各啬。20几岁的年轻人要保持适当的沉默，那样你在关键时刻产生的影响力就将胜过千军万马。

## 关键时刻，不动声色

沉默是金，有些人以为这句话的含义就是不开口、少说话。其实，这并不是说要你成天板着脸，冷冰冰地让人难以琢磨，而是适时适度地运用沉默的力量。林肯就是一个善用沉默的人。

据说，林肯和名法官道格拉斯著名的辩论接近尾声之际，所有的迹象都表明林肯会失败，他因此感到很沮丧。在他最后一次辩说词中，他突然停顿下来，默默站了一分钟，望着他面前那些半是朋友、半是旁观者的群众的面孔，他那深陷下去的忧郁的眼睛跟平常一样，似乎满含着未流下来的泪水。他把自己的双手紧紧握在一起，仿佛它们已经太疲劳了，已无力应付眼前这场无助的战斗。然后，他以他那独特的单调的声音说道："朋友们，不管是道格拉斯法官或我自己被选入美国参议院，都是无关紧要的，一点关系也没有；但是我们今天向你提出的这个重大问题才是最重要的，远胜过任何个人的利益和任何人的政治前途，朋友们，"说到这，他又停了下来，听众们屏息等待，唯恐漏掉了一个字，"即使在道格拉斯法官和我自己的那根可怜、脆弱、无用的舌头已经安息在坟墓中时，这个问题仍将继续存在、呼吸及燃烧。"

替他写传记的一位作者指出："这些简单的话，以及他当时的演说态度，打动了每个人的心。"

商场如战场，谈判时适度保持沉默，别人就摸不透你的底，不知你要出什么样的"牌"，因此，关键时刻不动声色，能保护自己的利益不受侵害。

有一个经营印刷业的老板，在经营了多年之后萌发了退休的念头。他原来从美国购进了一批印刷机器，经过几年使用后，扣除磨损费应该还有250万美元的价值。他在心中打定主意，在出售这批机器的时候，一定不能以低于这250万的价格出让。有一个买主在谈判的时候，针对这台机器的各种问题，滔滔不绝地讲了很多缺点和不足，这让印刷业的老板十分恼火。但是他在自己刚要发作的时候，突然想起自己250万元的底价，于是又冷静了下来，一言不发，看着那个人继续滔滔不绝。结果到了最后，那人再没有说话的气力，突然迸出一句："嘿，老兄，我看你这个机器我最多能够给你350万美元，再多的话我们可真是不要了。"于是，这个老板很幸运的比计划多赚了整整100万美元。

人们常说：言多必失。在很多关键的时刻，除非你确定你的话有价值，否则最好保持沉默。

## 当你不会说话时，就保持沉默

从前，有一只乌龟住在池塘里，每当春天来临，池塘边就会有一群大雁光顾，在那里嬉戏玩耍。年年如此，久而久之，小乌龟就和它们成了很要好的朋友。

有一年，大雁又来这里生活。在与大雁闲聊的过程中，小乌龟听说南方不仅气候宜人，而且风景优美，最重要的是还有很多好吃的食物。小乌龟听它们这么一说，不禁动了心，就想和大雁一起去南方看看，生活一段时间。但它不会飞，去不了。

一只大雁听了它的想法后，就说："没问题，你尽管放心，我想好了。我和我的同伴儿各咬着木头的两端，你就衔着木头的中间，那样我们就可以一起飞到南方了。但是，你一定要记住，千万千万不能开口说话。"

乌龟听了大雁的主意，很高兴地就跟它们一起上路了。于是，大雁就衔着乌龟飞离池塘。飞过第一个村落，被一些人看见，便议论纷纷，说："快看，天空有大雁衔着乌龟在飞呢。"乌龟看着好奇的人们，想解释什么，但想起大雁的警告，就忍住没说话。

飞过第二个村落，被一些人看见，便又议论纷纷，说："你们看，两只美丽的大雁正衔着一只王八飞过去呢！"乌龟强还是忍住没有说话，任凭人们议论。飞过第三个村落，被一些人看见，依然议论纷纷："大家快来看啊，两只美丽的大雁衔着一只乌龟在天上飞。"

"咦！大雁什么时候会吃乌龟肉，我怎么不知道？"

"可能是大雁把乌龟衔到空中，把它摔成肉泥，才能吃它的肉吧！"

听着人们的胡乱猜测，乌龟虽然越听越生气，但是就是找不到合适的话语来反驳人们的议论，只好保持沉默。最后安然地到达了目的地。

"三思而言"，没有经过自己大脑思考的话，不但是废话，而且往往会招致不必要的麻烦和灾祸。所以深谙说话之道的人不是在胸膛上"开窗口"，而是在嘴巴上"装阀门"。

生活中每个人都有可能会遇到他人的讥讽或者批评，但是找不到合适的词语来反驳，就像面对流言一样，有时候我们的反驳和争辩，反而会越抹越黑。20几岁的年轻人对于生活中的种种中伤，当然也会忍不住怒上心头，但这时我们最好能压抑内心的愤怒，暂时保持沉默。

## 让别人觉得自己很重要

> 威廉·詹姆士说过："人类本质里最深远的驱动力是，希望具有重要性。人类本质中最殷切的需求是，渴望得到他人的肯定。"因此人际交往的一个极为重要的法则就是，时时让别人感到自己重要。人一旦了解对方重视自己，他就能想方设法回报对方，双方也会有一种惺惺相惜的感觉。满足别人的表现欲望，尊重他人，他也会用同样的方式对待你。

### 满足别人表现的欲望

威森先生是从事将新设计的草图推销给服装设计师或生产商的业务。一连三年，他每星期都前去拜访纽约最著名的一位服装设计师。"他从没有拒绝会见我，但也从没有买过我所设计的东西。"威森说道，"虽然他每次都仔细地看过我带去的草图，可是最后总是说：'对不起，威森先生，今天我们又做不成生意啦！'"

经过不下于100次的失败之后，威森终于体会到自己过去一定是过于墨守成规了。至此，他下定决心，专门用出一些时间来研究一下人际关系的相关学问，以帮助自己获得一些新的观念，调整工作方式。

后来，他再去纽约的时候，他把几张没有完成的草图夹在腋下，然后跑去见设计师。"我想请您帮点小忙，"威森说道，"这里有几张尚未完成的草图，可否请您指点一下，以更加符合您的需要？"

设计师一言不发地看了一下草图，然后说："把这些草图留在这里，过几天再来找我。"三天之后，威森去找设计师，听了他的意见，然后把草图带回工作室，按照设计师的意见认真加工完善。结果呢？威森说道："我一直希望他买我提供的东西，这实在有点愚蠢，这是因为我没有考虑到他本身就精通设计，没有满足他自我表现的欲望。后来我要他提供意见，他就实现了自己的表现欲望。而这时，虽然我并没有要把东西卖给他，他却主动要求买下了。"

心理学研究表明：每个人都具有让他人认同自己发表的意见的诉求，这在心理学上称为"对优越感的欲求"。当我们向他人陈述一桩对方不了解的事物时，心理上总会有一股莫名的满足感，原因就在于此。

20几岁的年轻人知道了这点后，在交往中，我们不妨让对方的这种欲求得到满足，以免破坏交谈的气氛。否则对方可能会因为欲求无法满足而紧闭心胸，使交谈无法展开，从而影响事情的顺利进行。

有的时候，为了满足别人表现的欲望，充分表示对他的重视，你不妨对自己知道的事情也故意装出不甚了解的样子，给他们提供一个发表看法的契机，这样会更有利于展开你们的谈话。道理是显而易见的：当你得意扬扬地说出自以为对方一无所知的事，却发现对方知之甚详，甚至还是这方面的专家时，那么对优越的欲求就会遭到挫折，而变得意兴阑珊。反过来说，有些事我们虽然对它的来龙去脉了解得一清二楚，在别人面前却必须故意装作不知，以免破坏对方的心情。有时候你过于展现锋芒未必是一件好事，反而会让事情变得一团糟。

因此要把充分考虑、尊重他人的利益与见解，并把这些变成一种自觉的意识，将对人的重视作为人际沟通的基本点。这是初入社会的年轻人要懂得的一个生存智慧。

## 即便是弱者我们也要给予理解和尊重

曾经有一个人很穷，冬天来了，他没有钱买木柴，就去向一个富人借钱。富人爽快地答应借给他两块大洋，很大方地说："拿去花吧，不用还了！"

穷人犹豫了一下，还是接过钱，小心翼翼地包好，就匆匆往家里赶。富人冲他的背影又喊了一遍："不用还了！"

第二天大清早，富人打开院门，发现门口的积雪已被人扫过了。他在村里打听后，得知这事是借钱的穷人干的。

富人想了想，终于明白了：自己昨天的举动是给别人一份施舍，只能将别人变成乞丐。于是他让穷人写了一份借条，约定以扫雪来偿还借款。

穷人用扫雪的行动提醒富人，任何人都有尊严。

通过这个故事，我们可以明白，任何人都有渴望被尊重的欲望，即便是向你乞讨的人，我们也要尊重和理解。在帮别人忙的时候，如果有"施恩"或者"施舍"的想法，那么这就不是一件善事。

向一个陷入困境的人伸出热情之手，给予他无私的帮助的确是重要的，但更为关键的是，我们还应让他意识到自己的价值——只有充分相信自己以后，才能有决心去摆脱磨难，去证明自己决不是一个弱者。

不要贬低别人的人格，不要伤害别人的自尊心，因为，只有尊重和理解，才能让人感觉到自己被尊重，才能从内心里生成感激。那么怎样才能做到尊重和理解别人呢？这就要了解一个人的内心，这是尊重和理解的前提，只有知道他人内心认为最重要的东西，我们才能给予真正的尊重和理解。

一位学者和朋友到火车站送人。送走人之后，学者刚走出火车站口不远，就看到一个疯疯癫癫的人迎了上来，拦住了他们的去路。他衣衫褴褛，头发乱蓬蓬的，谁都以为是一个讨钱的，于是学者的朋友掏出一元钱来递给他。他瞪了瞪学者的朋友，没有接，然后将目光移向了学者，小心翼翼地说："这位老先生，我看得出来您是个有学问的人，能不能给我讲讲关羽是怎么死的？"

朋友想推开他，学者却阻止了，领着那个疯子到了一个楼角。他从吕蒙设计，讲到关羽败走麦城，最后遇害，大约用了十几分钟时间。学者讲得绘声绘色，那疯子也听得津津有味。临走的时候，疯子抓住学者的手，眼中泛着晶莹的泪花："谢谢您，我求了好多人，只有您才肯给我讲！"

回去的路上，学者的朋友问："他是一个疯子吧？"学者沉默了一会儿才说："也许是，但他首先是一个人，只要是人，都是值得尊重的。因为在尊重别人的时候，更重要的还是在尊重自己！"

生活中，尊重不只是一个得到或者给予的问题，其实在尊重别人的时候，同时也得到了别人的尊重；当你践踏别人尊严的时候，自己的尊严也正在自己的脚下痛苦地呻吟着！

准确了解别人的内心和想法，最重要的一个原则就是将心比心，推己及人，站在别人的立场上去感受和体会。然后，在这基础上加以"表达"，也就是让别人明白"我感同身受"。只要有心，不管从大处还是小处均可以揣测别人的想法和内心，不知不觉中你就能够很轻松地了解他人的处境和内心的状态。

# 眼睛也会欺骗我们的心

> "眼见为实"告诉我们要通过自己的观察才能得出对事物的结论,但有时现实很复杂,并不是用眼睛看就可以发现的。我们在用眼睛观察的同时,一定不要忘记还要加上思考。

## 真相隐藏在纷繁芜杂的假象里

两个旅行中的天使到一个富有的家庭借宿。这家人对他们并不友好,并且拒绝让他们在舒适的客房里过夜,而是在冰冷的地下室给他们找了一个角落。当他们铺床时,较老的天使发现墙上有一个洞,就顺手把它修补好了。年轻的天使问为什么,老天使答道:"有些事并不像它看上去的那样。"第二晚,两人又到了一个非常贫穷的农家借宿。主人夫妇对他们非常热情,把仅有的一点点食物拿出来款待客人,然后又让出自己的床铺给两个天使。第二天一早,两个天使发现农夫和他的妻子在哭泣,他们唯一的生活来源——那头奶牛死了。

年轻的天使非常愤怒,他质问老天使为什么会这样,第一个家庭什么都有,老天使还帮助他们修补墙洞,第二个家庭尽管如此贫穷却还是热情款待客人,而老天使却没有阻止奶牛的死亡。

"有些事并不像它看上去的那样。"老天使答道,"当我们在地下室过夜时,我从墙洞看到墙里面堆满了古代人藏于此的金块。因为主人被贪欲所迷惑,不愿意分享他的财富,所以我把墙洞填上了。昨天晚上,死亡之神来召唤农夫的妻子,我让奶牛代替了她。所以有些事并不像它看上去的那样。"

眼睛偶尔也会欺骗我们的心灵，有时事情的表面会与真相背道而驰，所以，年轻人下结论的时候一定要谨慎。如果不经过大脑的洗练就妄加断言，我们就永远找不到真相，我们就会被真理所遗弃。年轻的天使就像一个涉世未深的孩子，他看不到隐藏在纷繁芜杂的假象背后的真实。

真理就像上帝一样。我们看不见它的本来面目，我们必须通过它的许多表现而猜测到它的存在。真理往往细弱如丝，混杂在一堆假象里，我们的眼睛，我们的心智甚至我们道德上的缺失都会阻碍我们去敲响真理的门，对不了解的事，对尚未为人所知的领域作出错误的判断。所以，不要太相信你的眼睛，要用你的心去看透事情的真相。

## 用"心"眼参透事物的本质

我们每天会看到很多事物，并且脑子里面也会产生很多关于这些事物的信息。有些人仅仅停留在了眼见的层面，只看到了表面现象，而没有用自己的脑子去思考一下它背后的规律。也可以说，他们只用了肉眼去看事物，却没有用心眼去感悟事物。

1921年，印度科学家拉曼在英国皇家学会上做了声学与光学的研究报告，并讲述了一个故事。当拉曼取道地中海乘船回国时，甲板上漫步的人群中，一对母子的对话引起了他的注意。

孩子问："大海为什么是蓝色的？"年轻的母亲一时语塞，求助的目光正好遇上了在一旁饶有兴味倾听他们谈话的拉曼。拉曼告诉男孩："海水之所以呈蓝色，是因为它反射了天空的颜色。"在此之前，所有的人都认可这一解释。它出自发现惰性气体而闻名于世的大科学家瑞利勋爵。

在告别了那一对母子之后，拉曼的脑子里总也抹不掉男孩求知的眼神。于是他回到加尔各答后，立即着手研究海水为什么是蓝的，发现瑞利的解释实验证据不足，令人难以信服，于是他决心重新进行研究。他从光线散射与水分子的相互作用入手，运用爱因斯坦等人的涨落理论，获得了光线穿过净水、冰块及其他材料时散射现象的充分数据，证明出水分子对光线的散射使海水显出蓝色的机理，与大气分子散射太阳光而使天空呈现蓝色的机理完全相同。他进而又在固体、液体和气体

中，分别发现了一种普遍存在的光散射效应，被人们统称为"拉曼效应"，为20世纪初科学界最终接受光的粒子性学说提供了有力的证据。拉曼最终登上了诺贝尔物理学奖的奖台，成为印度历史上第一个获得此项殊荣的科学家。

海水的颜色为什么是蓝色的，著名的科学家瑞利勋爵犯了停留在表层的错误。他仅仅通过眼睛观察就得出了一个似是而非的结论。拉曼之所以获得诺贝尔奖，便是因为他没有止步于表层，而是深入探查，用心思考。

你需要用心去看透事情的真相，不经调查，勿下结论；不经思考，更不要作出判断。"任何一个可信的道理都是真理的一种形象"，也仅只是一种形象而已，真理是在漫长的发展着的认识过程中被掌握的。在这一过程中，感觉器官只是用来搜集信息的，思想才能造成本质的跨越。

##  愚憨有时候是一种大智慧

> 很少有人会喜欢把道理说尽的小说，那些意在言外，言尽而意无穷的故事更能抓住人的心灵。同样，处处都显得很懂的人未必受欢迎，反而是大智若愚的人更让人安心交往。不要在别人面前表现得自己什么都懂，适当地愚蠢才有人觉得你可爱。

### 看透别人的心思但不要点透

在三国时代，有个绝顶聪明的人，叫杨修，在曹操手下为官。

有一次，曹操建造了一座花园，造成后，他去观看，未置可否，只是在门上写了一个"活"字就离开了。众人都不解其意，杨修说："'门'内添'活'字，乃'阔'字也。丞相是嫌门太宽了。"监工立即命令工匠们重建，曹操再去看时，大喜，问："谁知吾意？"左右告之："杨修也。"曹操虽喜，心甚妒之。

还有一件事，平时曹操担心被人暗害，便对左右的人说："吾梦中好杀人，凡吾睡着汝等切勿靠近。"一日，他午睡时被子落在地下，一近侍给他拾起复盖

在身。曹操拔剑杀之，然后又倒头入睡。起床后，假意问道："是谁杀了我的近侍？"众人以实相告，曹操痛哭，命人厚葬。众人都以为曹操是梦中误杀，今见曹操又是痛哭，又是厚葬，不但不怪曹操，还多有称赞之词。临葬时，杨修指着死者说："丞相非在梦中，君乃在梦中耳。"曹操听后，愈加嫉恨，便想找机会惩治这位"能人"。

后来曹操的军队与刘备在汉水作战，两军对峙，久战不胜，曹操是进是退心中犹豫，适逢厨子送进鸡汤，见碗中有鸡肋，因而有感于怀。正沉吟间，夏侯惇入帐问夜间口令。曹操随口说道："鸡肋！"行军主簿杨修一听夜间口令为"鸡肋"，便立即让士兵收拾行装，准备归程。夏侯惇忙问其故。杨修曰："鸡肋者，食之无肉，弃之可惜。丞相的意思是如今进不能胜，退恐人笑，在此无益，不如早归。来日魏王必班师矣。"本来曹操在进退两难之际，真有班师北归之意，但见杨修又说破他的心思，非常气恼，便大声呵斥道："汝怎敢造言，乱我军心。"喝令刀斧手推出斩之。

20几岁的年轻人爱出风头，但是在为人处世时不可"逞能"，须知"聪明反被聪明误"。

聪明人最易成为众人眼中的"靶子"。不加谨慎，反而毫无顾忌地展现自己的聪明，那就让自己成了一个赤裸裸、没有任何安全防范措施的"活靶子"。因此当你即便看透了领导的心思，也要装傻认真请示，才能不成为别人的眼中钉，这样才能在职场中游刃有余。

## 藏巧守拙是一种策略

孙膑是战国时期著名的军事家，与庞涓一起拜鬼谷子为师，但在才智方面孙膑超过庞涓。鬼谷子因孙膑单纯质朴，对他厚待一层，偷偷地将孙膑先人孙武所著兵书《十三篇》传授给他。

庞涓当了魏国大将，孙膑到他那里去做事，庞涓才知道孙膑在老师那里另有所得，更加嫉恨孙膑。他在魏惠王面前诬告孙膑里通外国，并请魏惠王对孙膑施以刖刑。孙膑的两块膝盖骨因此被剔去，无法逃跑。而后庞涓把孙膑关在一个秘密的地方，表面上大献殷勤，好吃好喝地供养。孙膑不知就里，还对庞涓感激涕零。庞涓乘机索要《孙子兵法》这本书。孙膑因无抄录手本，只依稀记得一些，庞涓就弄来木简，让他抄录。庞涓准备在孙膑完成之后，断绝食物供给，把他饿死。但是，庞

涓派来侍候孙膑的童仆偷偷把庞涓的阴谋诡计告诉了孙膑，孙膑才恍然大悟。

孙膑是一个有着远大抱负的军事谋略家，他立即想出了一条脱身之计。当天晚上，孙膑就伪装成得了疯病的样子，一会儿号啕大哭，一会儿嬉皮笑脸，做出各种傻相，或唾沫横流，或颠三倒四，又把抄好的书简翻出来烧掉。庞涓怀疑他装疯卖傻，派人把他扔进粪坑里，弄得满身污秽。孙膑为了自己的远大志向，在粪坑里爬行，显出毫不在意的样子。庞涓又让人献上酒食，欺骗他说："吃吧，相国不知道。"孙膑怒目而视，骂不绝口，说："你们想毒死我吗？"随手把食物倒在地上。庞涓让人拿来土块或污物，孙膑反而当成好东西抓来吃。庞涓由此相信孙膑确实是精神失常了，疑心稍有解除。

此时，墨翟的弟子禽滑厘把他在魏国所见的孙膑的情况全部告诉了齐国相国邹忌，邹忌又转告了齐威王。齐威王命令辩士淳于髡到魏国去见魏惠王，暗中找到孙膑，秘密地把孙膑接回齐国。

孙膑在身陷囹圄之时，冷静沉着，故意装得愚蠢疯傻，忍受巨大的耻辱与折磨，骗过庞涓，保住了性命。后来，在马陵之战中，孙膑以卓越的军事才能，设计除掉了死对头庞涓，洗刷了耻辱。

一个有才华的人要学会示弱，能起到麻痹对手的作用，为你赢得有利战机。在生理方面制造假象，迷惑和麻痹政敌，使其放松警惕，对你不加提防，常常能够收到出人意料的效果。

在现代社会，也许很难遇到此种你死我活的险境，但是在生活和工作中，学会守拙还是很必要的，这样做对人际交往和个人发展都能起到一定的助益。

## 保守你的秘密，就像保留一份家底

开诚布公是使人际关系和谐的前提条件，但是开诚布公也需要有限度。你无须"坦白从宽"，在与人无害的情况下保留自己的隐私是你的权利。20几岁的年轻人要懂得为自己的嘴巴上把锁，别让你的真诚坦白反过来害了自己。

## 心事可以说，但不能随便说

在我们每个人的内心里，都有一片私人领域，在这里我们埋藏了许多心事。心事是自己的秘密，只可留给自己，千万不要随便说出口，也许它会成为别人要挟你的把柄。到最后，追悔莫及。

很多人有一个共同的毛病：心里藏不住事儿，有一点点喜怒哀乐之事，就总想找个人谈谈；更有甚者，不分时间、对象、场合，见什么人都把心事往外吐。

其实这也没有什么不对，好的东西要与人分享，坏的东西当然不能让它沉积在心里，要说可以，但不能"随便"说，因为你的每个倾诉对象都是不一样的，说心里话的时候一定要有"心机"，该说则说，不该说千万别说。

之所以处理心事这么慎重，是因为你的心事一旦告诉的是一个别有用心的人，他虽然可能不在当时进行传播，但在关键时刻，他会拿出你的秘密作为武器回击你，使你在竞争中失败。因为一般说来，个人的心事大多是一些不甚体面、不甚光彩甚至是有很大污点的事情。这个把柄若让人抓住，你的竞争力就会大大削弱。

许军是某公司的业务员，他因工作认真、勤于思考、业绩良好被公司确定为中层后备干部候选人。只因他无意间透露了一个属于自己的心事而被竞争对手击败，遭到排挤，终于没被重用。

许军和同事王广林私交甚好，常在一起喝酒聊天。一个周末，他备了一些酒菜约了王广林在宿舍里共饮。俩人酒越喝越多，话越说越多。微醉的许军向王广林说了一件他对任何人也没有说过的事。

"我高中毕业后没考上大学，有一段时间闲着没事干，心情特别不好。有一次和几个哥们喝了些酒，回家时看见路边停着一辆摩托车，一见四周无人，一个朋友撬开锁，让我把车给开走了。后来，那朋友盗窃时被逮住，送到了派出所，供出了我。结果我被判了刑。刑满后我四处找工作，处处没人要。没办法，经朋友介绍我才来到厦门。不管咋说，现在咱得珍惜，得给公司好好干。"

许军在厦门工作三年后，公司根据他平时优良的表现和业绩，把他和王广林确定为业务部副经理候选人。总经理找他谈话时，他表示一定加倍努力，不辜负领导的厚望。

谁知道，没过两天，公司人事部突然宣布王广林为业务部副经理，许军调出业务部另行安排工作岗位。

事后，许军才从人事部了解到是王广林从中捣的鬼。原来，在候选人名单确定后，王广林便来到总经理办公室，向总经理谈了许军曾被判刑坐牢的事。不难想象，一个曾经犯过法的人，老板怎么会重用呢？尽管你现在表现得不错，可历史上那个污点是怎么也擦洗不干净的。

知道真相后，许军又气又恨又无奈，只得接受调遣，去了别的不怎么重要的部门上班。

你有得意的事，就该与得意的人谈；你有失意的事，应该和失意的人谈。但是有些事如自己不光彩的过去，打死也不说，如果实在不吐不快，说话时一定要掌握好时机和火候，不然的话，一定会碰一鼻子灰，不但目的达不到，遭冷遇、受申斥也是意料中的事。有句老话叫做"祸从口出"，与人交往一定要把好口风，什么话能说，什么话不能说，什么话可信，什么话不可信，都要在脑子里多绕几个弯子，心里有个小九九。害人之心不可有，防人之心不可无。一旦中了小人的圈套为其利用，后悔就来不及了！

所以，真正聪明的人应该这样做：偶尔与你周围的人说说无关紧要的"心事"，以降低他们对你的揣测与戒心。同时，更要对自己真正的"心事"三缄其口，这样，你才能在生活和工作中游刃有余、春风得意。

## 别拿秘密交换友谊

很多20几岁的年轻人总是喜欢把自己的隐私拿出来跟大家分享，认为这样可以与大家亲近，成为朋友。并不是不能把分享隐私当成朋友间拉近关系的纽带，但所要做的是要把握好度，明白哪些可以让朋友分享，而哪些是"不能说的秘密"。要保护好自己的隐私。

个人信息可分为绝对隐私、非隐私、相对隐私三大类，前两种较好把握。比如，会对工作产生重大影响的家庭背景、亲人朋友关系、情感，会影响他人对你道德评价的历史记录；与传统相悖的生活方式，与上司、重要人物的私交等信息，都是需要保护的绝对隐私。说话时，最好权衡利弊，全面考虑这些信息在曝光后可能带来的影响，以免造成不必要的麻烦。

一件事在一个环境中说出来无伤大雅，但换一个环境则可能成为敏感的"雷区"，这就属于"相对隐私"。分清这类隐私，要先弄清你所处的环境。该如何面对相对隐私呢？切记一点，千万不要把同事当心理医生。比如，要好的同事可能会问你:"最近和你男(女)朋友的关系怎样啊?"你可以大而化之地说"还行"。

打好隐私保卫战,无论是办公室、洗手间还是走廊,只要是在公司范围内,都不要谈论私生活;不要在同事面前表现出和上司超越一般上下级的关系;即使是私下里,也不要随便对同事谈论自己的过去和隐秘思想;如果和同事已成了朋友,不要常在其他同事面前表现太过亲密,对于涉及工作的问题,要有公正、独到的见解,不拉帮结派。有些同事喜欢打听别人的隐私,对这种人要"有礼有节",不想说时就礼貌而坚决地说"不"。千万不要把分享隐私当成打造亲密同事关系的途径。同事也是由形形色色的人组成的,都有着自己的"小算盘"。我们不妨学着换位思考,站在同事的角度想一想,也许更能理解为什么有些话不该说,有些事不该让别人知道。全面地看待问题,会有助于你权衡什么该说,什么不该说。保护隐私,一来是为了让自己不受伤害,二来也是为了更好地工作。不过,也没必要草木皆兵,若对一切问题都三缄其口,也很容易让人觉得你不近情理。有时,拿自己的缺点自嘲一把,或和大家一起开自己的无伤大雅的玩笑,会让人觉得你有气度、够亲切。

# 在竞争中遇见未知的自己

> 七八年前,128M的MP3还是主流,今天,这种容量的产品已经可以送进博物馆了。淘汰、更新、升级是现代社会的节奏,生存的课题之下总是伴随着两个字:竞争。20几岁的年轻人是竞争的主体,却也是竞争中的弱势群体。因为年轻,一切都难以把握,也难以权衡。这时候除了把自己扔进竞争的海洋中杀出一条血路,没有更好的办法去向逝去的青春岁月交代。

## 竞争唤醒我们内心不安分的潜能

1996年世界爱鸟日这一天,芬兰维多利亚国家公园应广大市民的要求,放飞了一只在笼子里关了四年的秃鹰。三天后,当那些爱鸟者们还在为自己的善举津津

乐道时,一位游客在距公园不远处的一片小树林里发现了这只秃鹰的尸体。解剖发现,秃鹰死于饥饿。

无独有偶。一位动物学家在考察生活于非洲奥兰治河两岸的动物时,注意到河东岸和河西岸的羚羊大不一样,前者繁殖能力比后者更强,而且前者奔跑的速度每分钟比后者要快13米。他感到十分奇怪,既然环境和食物都相同,何以差别如此之大?为了能解开其中的奥妙,动物学家和当地动物保护协会进行了一项实验:在两岸分别捉10只羚羊送到对岸生活。

结果,送到西岸的羚羊发展到14只,而送到东岸的羚羊只剩下了3只,另外7只被狼吃掉了。谜底终于被揭开,原来东岸的羚羊之所以身体强健,只因为它们附近居住着一个狼群,这使羚羊天天处在一个"竞争氛围"中。为了生存下去,它们变得越来越有"战斗力"。而西岸的羚羊长得弱不禁风,恰恰就是因为缺少天敌,没有生存压力。

发生在动物界的故事,也给我们提了一个醒:生活在安逸中的人会逐渐丧失战斗力,生活在竞争者中的人却能发挥出超常的潜能。

生活中,随处可见这样的人,他们一生都做着简单平常的事情,他们满足于现在,他们不喜欢竞争,有时候还会逃避竞争。但实际上,如果能参与到竞争中来,他们完全有能力干一些更伟大的事业。

奥里林·马登送给美国年轻人一句忠告,那就是米开朗琪罗写在拉斐尔工作室的一个精巧塑像下面的那句话:"做一个更了不起的人。"他建议每个年轻人都把这句名言镶在镜框里,悬挂在店铺里、办公室中和工厂里,悬挂在一个随时可以提醒你的地方。经常性的自省可以使生命的寓意变得更加宽广和深远。

竞争可以激励我们内心中的不安分,融入一个竞争的氛围,可以激发我们的雄心壮志,它督促我们去实现目标,帮助我们抵制那些足以毁灭我们前途的诱惑。

许多人在20几岁的时候,只要觉得眼前过得去就行,没有明确的生活目标,做一天和尚撞一天钟,蹉跎岁月。如果把他们扔进原始丛林,他们肯定会尽一切办法思考自己怎样才能活下去,怎样避免野兽的袭击,积极参与竞争,把自己扔进一个优胜劣汰的丛林里,也许你会遇见一个未知的自己。

## 失败和挫折都是财富

有竞争就会有失败,失败的时候,正是年轻人学会思考和总结的黄金成长期。但很多年轻人一旦失败，就再也不想去尝试，越是想要逃避失败的噩运，越是重蹈覆辙，以致到最后落得一事无成。我们常说："胜败乃兵家常事，因此要胜勿骄，败勿馁。"而更重要的是要经得起挫折，能重振旗鼓，开辟人生另一个战场。

    日本大企业家松下幸之助对此理念阐述得最透彻，他说："跌倒了就要站起来，而且更要往前走。跌倒了站起来只是半个人，站起来后再往前走才是完整的人。"

    日本三洋电机公司顾问后藤清一，曾在松下电器公司担任厂长，当时松下幸之助给了他最好的教育机会。有一天，日本遭逢有史以来最狂暴的台风，虽无人员伤亡，但工厂却几近全毁。后藤心想：好不容易迁到新厂，正想全力生产、大干特干时，却遭此打击，老板心里一定很沮丧吧！

    松下是在台风即将停止之前赶到工厂的，此时恰逢松下夫人因身体不适而住院，他是探病后再赶来的。

    "报告老板，不得了，工厂遭逢巨变，损失惨重，我来当向导，请巡视工厂一趟吧！"

    "不必了，不要紧，不要紧。"

    老板手中握着纸扇，仔细地端详它，横看、纵看，神情十分冷静。

    "不要紧，不要紧。后藤君，跌倒就应爬起来。婴儿若不跌倒也就永远学不会走路。孩子也是，跌倒了就应立即站起来，号哭是没有用的，不是吗？"

    一个人要有所成，就必须忍受失败的折磨，在失败中锻炼自己、丰富自己，使自己更强大、更稳健。这样才可以水到渠成地走向成功。

    20几岁的年轻人曾经经历过中考、高考的竞争，步入社会参加工作的时候又会遇到面试和职场技能的竞争，在这样的竞争中我们会成功，也会失败，成功是一份难得的经历，失败是一笔宝贵的财富，我们在这样的竞争失利中能练就出我们承担挫折的勇气，为以后人生的成功做好铺垫。

# 别把应酬当承诺

> 有社交的地方就有"场面话"。"场面话"是一种礼节和客气,你既要会讲,也要会听。很多年轻人往往把别人的场面话当成承诺,结果弄得自己常常希望落空。等你经历得多了,就会明白应酬就像应景的烟花,当时欣赏是很好的,过去了就会不留痕迹。

## 愚钝的人才轻信"场面话"

在社交场合,我们要学会说点场面话,给别人一点甜头,但万万不可轻信别人的一时之言。轻信别人的场面话,有时不是天真,而是愚钝,还会让自己的真诚之心受到伤害。

俾斯麦35岁时,担任普鲁士国会的代议士,这一年是他政治生涯的转折点。当时奥地利是德国南方强大的邻国,曾经威胁德国如果企图统一,奥地利就要出兵干预。

俾斯麦一生都在狂热地追求普鲁士的强盛,他梦想打败奥地利,统一德国。他是个热血沸腾的爱国志士和热爱军事的好战分子。他最著名的一句话就是:"要解决这个时代最严重的问题并不是依靠演说和决心,而是依赖铁和血。"

但是令所有人惊异的是,这样一个好战分子居然在国会上主张和平。其实这并不是他的真实意图,他连做梦都想着统一德国。

他说:"没有对于战争后果的清醒的认识,却执意发动战争,这样的政客,请自己去赴死吧!战争结束后,你们是否有勇气承担农民面对农田化为灰烬的痛苦?

是否有勇气承受身体残废、妻离子散的悲伤？"

在国会上，他盛赞奥地利，为奥地利的行动辩护，这与他一向的立场简直是背道而驰。俾斯麦反对这场战争有别的企图吗？那些期待战争的议员迷惑了，其中好多人改变了主意，最后，因为俾斯麦的坚持，终于避免了战争。

几个星期后，国王感谢俾斯麦为和平发言，委任他为内阁大臣。几年之后，俾斯麦成了普鲁士首相，这时他对奥地利宣战，摧毁了原来的帝国，统一了德国。

虽然这只是政坛上的心术，离现实有些距离，但我们也可以从中一窥端倪。

祖露之心犹如在众人面前摊开的信，那些胸有城府的人总是懂得潜藏隐秘，所以他们说的话大都只是些场面之言。"说者无意听者有心"，如果你把别人的这些话都当真了的话，那就只能证明你的天真和幼稚了。

在人性丛林里，人往往会呈现多面性，在不同的时空，善与恶会以不同的面貌出现。也就是说，本性属"恶"的人，在某些状况之下也会出现"善"的一面；本性属"善"的人，也会因为某些状况的引动、催化而出现"恶"的作为。而何时何地出现"善"与"恶"，人自己也无法预测及掌握。所以，当萍水相逢之人在你面前做出许诺时，不能被这一时的"善"意冲昏了头脑，应保持理智，让自己回到真实的生活轨道上来。对于称赞或恭维的"场面话"，你尤其要保持你的冷静和客观，千万别因别人的两句话就乐昏了头，因为那会影响你的自我评价。冷静下来，反而可看出对方的用心何在。

对于拍胸脯答应的"场面话"，你只能保留态度，以免希望越大，失望也越大；因为人情的变化无法预测，你既然测不出别人的真心，就只好抱持最坏的打算。要知道对方说的是不是场面话也不难，事后求证几次，如果对方言辞闪烁、虚与委蛇，或避不见面、避谈主题，那么对方说的估计就是"场面话"了！所以对这种"场面话"，也要有清醒的头脑，否则可能会坏了大事。

俗话说得好，"蜜比醋更能吸引苍蝇"。在社交场合，我们要学会说点场面话，给别人一点甜头，但万不可做被别人的场面话所吸引的"苍蝇"，轻信别人的一时之言有时并不是一种善良，而是一种愚钝。

## 到什么山上唱什么歌

我们应该懂得在交际中遇到不同的人说不同的话，以便满足对方的心理需求，从而赢得对方的好感。这是因为只有赢得对方的好感，才有可能获得所想获得的东西。因此,掌握说"场面话"的技巧是成大事的一大技巧。

世界上没有两个完全一样的人,因为人有民族、地域、年龄、性别、经历、文化程度、性格特征、兴趣爱好、心理状态和所处环境等的区分。人与人之间的差异有时是惊人的。独特的个性、爱好,独特的知识结构、心理形态,使某个人只能是"这样"而不能是"那样"。因此,与不同的人交谈,就要采取不同的谈话方式,说不同的应酬语言。

俗话说,"看碟下菜,量体裁衣",见什么人说什么话。特别是在说"场面话"的时候也是需要这些技巧的。

**1. 看对方年龄说话**

(1)与长辈说话要保持谦虚。

长辈教育后辈时常说:"我走过的桥比你走过的路还多。"这是很有道理的。老年人学习知识时所处时代的信息量较如今少,但是无论怎样,其经验要丰富得多。因此在与长者谈话时,要保持谦虚的态度。

由于老年人一般讲话缓慢,有时碰上一位融洽的谈话者便会滔滔不绝,话无止境。因此,听他讲多长时间应随自己的兴趣而定。不管他如何漫谈,可以让他讲完一个完整的故事,再借机离开。离开时对他的谈话表示热情的感谢,再礼貌地告别。

(2)与晚辈说话要保持深沉。

懂得"见什么人说什么话"的人在与晚辈说话时会保持深沉、慎重的态度。这是因为晚辈的思想虽然超前,但有些方面的知识不足,因而不宜降低身份。但也应注意,不要在晚辈面前摆老资格。经验绝非万能之物,如果老年人张口闭口就是"我当年如何如何……""你们年轻人该如何如何……"这就是与晚辈说话不讲分寸的一个体现。与晚辈可说一些他们感兴趣的事物,让他们相信自己是从他们的立场来观察事物的,让他们能够明白自己也有与他们一样年轻的观念,这样谈话就能顺利地进行下去了。

**2. 看对方身份地位说话**

身份职务不同并不妨碍人际交流,下级对上级、晚辈对长辈、学生对老师、普通人对于有名气地位的人等,不应当也不必要表现得屈从、逢迎。但在言谈举止上则不要过于随便,有必要也应当表现得更加尊重一些。如学生与老师之间发生了矛盾,可以像同学之间发生矛盾一样平等地交流、沟通,但在说话上应当注意方式和讲究措辞。如与地位高于自己的人说话时,可保持自己的个性,坚持独立思考,不去做一个"应声虫"。但也要注意态度表现出尊敬,不随意插话,回答问题简练适当,尽量不讲题外话,说话自然不紧张。

### 3. 看对方的性格和心理状态说话

性格外向的人易于和人交谈,性格内向的人多半"沉默寡言",不善于主动与人交谈。同性格开朗的人谈话,你可以侃侃而谈;同性格内向的人谈话,就应注意分寸,循循善诱。孔老先生的"因材施教"用在这里也很恰当。一次,孔子的学生仲由问:"听到了,就去干吗?"孔子说:"不能。"又一次,另一个学生冉求又问:"听到了,就去干吗?"孔子说:"干吧!"公西华在旁听了犯疑,就问孔子:"两个人的问题相同,而你的回答却相反。我有点儿糊涂,故来请教。"孔子说:"求也退,故进之;由也兼人,故退之。"(意思是,冉求平时做事好退缩,所以我给他壮胆;仲由好胜,胆大勇为,所以我劝阻他。)孔子教育学生因人而异,我们谈话也要因人而异。

不同的人在不同的情况下有不同的心态,有时候甚至不会从外部表现上明显地表露出来,这时作为表达者就应当洞察对方的心理,以便进行有效的交流。

不同年龄段、不同职业、不同社会地位的人,他们的语言都是有差别的,老舍说过:"话是表现感情与传达思想的,所以大学教授的话与洋车夫人的话不一样。"既然大家日常说话有差别,同样的话,可能对这个人说,他很愿意接受,而对另外一个人说,不但不接受,而且还产生了反感,不利于交流。所以遇到不同的人要说不同的话,"见什么人说什么话",才能得到对方的好感。

 # 只赚钱不理财永远当不上有"财"人

> 理财也是一门学问,我们的人生绝对不是为了钱而工作,而是为了让金钱为我们工作。刚工作的人切勿求财心切,滥用有限的金钱,这门理财的学问比赚钱更重要。

## 正确的财务规划带给你财富和幸福

我们生活的每一阶段都是一个重要的转折点。由于个人理财生涯规划决策的效果具有时效性与延续性,因此每个转折点的决策将影响下一步决策。假如个人理财生涯规划的决策长期以来一直较为合理,那么就能避免以下几种危机:

过多的债务。

未尽妥善的养老计划。

不良的生活习惯与嗜好。

恶劣的人际关系。

子女的问题。

遗产纠纷问题。

当一个人从孩子变成青年,从青年快速地进入壮年,又从壮年更快速地进入中年,并接近退休年龄时,他会感到时间是多么的无情!但如果长期以来一直在为自己的将来准备,那么幸福的晚年生活是指日可待的。为了以后避免个人财务上出现烦恼,让自己过上简单快乐的生活,我们应当及早作出个人财务规划。

俗话说:"你不理财,财不理你"。正确的财务规划会给我们带来财富和幸福。为此,我们应当清楚地了解人生各阶段容易出现的危机,特别是财务危机,并对各种挑战及早作出恰当决策。应注意保持清醒的头脑,及时处理各种不利因素。

为了拥有一个简单、快乐、幸福的人生,我们应当为自己负责。当我们在规划个人财务的过程中遇到困难时,可以去咨询理财专家、投资顾问或财务计划师,向他们寻求帮助。

## 学学富翁"吝啬成性"

要知道,你所拥有的财富=所赚总数-开销总数,即使赚得再多,统统花掉之后,也和从没赚过是一样的。真正的大富翁基本上都是"吝啬成性"的人。

有一次,比尔·盖茨和一位朋友开车去希尔顿饭店。到了饭店前,他发现停车场停了很多车,车位很紧张,而旁边的贵宾车位却空着不少。朋友建议把车停在那儿。

"噢,这要花12美元,可不是个好价钱。"盖茨说。

"我来付。"朋友坚持道。

"那可不是个好主意,他们超值收费。"在盖茨的坚持下,他们最终还是找了个普通车位。

世界上没有任何财富是花不完的,所谓"由俭入奢易,由奢入俭难",在当省的时候不省,那么在当用的时候你会发现没有什么可用的了。

悉尼奥运会上曾经举办过一个以"世界传媒和奥运报道"为主题的新闻发布会,在座的有世界各地传媒大亨和记者数百人。

就在新闻发布会进行之中,人们发现坐在前排的炙手可热的美国传媒巨头NBC副总裁麦卡锡突然蹲下身子,钻到桌子底下,他好像在寻找什么。大家目瞪口呆,不知道这位大亨为什么会在大庭广众之下做出如此有损自己形象的事情。

不一会儿,他从桌下钻出来,手中拿着一支雪茄。他扬扬手中的雪茄说:"对不起,我到桌下寻找雪茄,因为我的母亲告诉我,应该爱惜自己的每分钱。"

麦卡锡是一个亿万富翁,有无以计数的金钱,他可以挥金如土,可以买到一切能用钱买到的东西,一支雪茄对于他来说简直微不足道。如果照他的身份,应该不理睬这根掉到地上的雪茄,或是从烟盒里再取出一支,但麦卡锡却给了我们第三种出人意料的答案。

爱惜你的财富,不要随便花掉它们。财富只属于自己的主人,一个只知挥霍的人,即使有能力拥有财富,财富陪伴他的时间也会非常短暂。

## 财富需要从"小"积累

两个年轻人一同寻找工作,一枚硬币躺在他们经过的路上,高个子青年看也不看就走了过去,矮个子青年却很自然地将它捡了起来。

高个子青年对矮个子青年的举动露出鄙夷之色:一枚硬币也捡,真没出息!

矮个子青年望着远去的高个子青年心生感慨:让钱白白从身边溜走,真没出息!

两个人同时走进一家公司。公司很小,工作很累,工资也低,高个子青年不屑一顾地走了,而矮个子青年却高兴地留了下来。

两年后,两人在街上相遇,矮个子青年已成了老板,而高个子青年还在寻找工作。

高个子青年对此无法理解,满是醋意地说:"你这么没出息的人怎么能这么快地'发'了?"矮个子青年说:"因为我没有像你那样绅士般地从一枚硬币上迈过去。你连一枚硬币都不要,怎么会发大财呢?"

高个子青年并非不要钱，可他眼睛盯着的是大钱而不是小钱，所以他的钱总在明天，这就是失败的答案。

大钱是由小钱积累而来的，成功的人生是由一系列目标组成的，只有循序渐进从小事做起的人，才能一步步靠近成功的目标。你眼前的小事或许正是未来大目标的幼苗和基石，巨大的成功往往都是一系列小成功的积累。

1996年被美国《财富》杂志评定为美国第二大富豪的巴菲特，被公认为股票投资之神。他也是以"小钱"起家的典型。巴菲特在11岁就开始投资第一只股票，把他自己和姐姐的零用钱都投入股市。刚开始一直赔钱，他的姐姐一直骂他，而他坚持认为持有三四年才会赚钱。结果，姐姐把股票卖掉，而他则继续持有，最后事实证明了他的想法。

巴菲特20岁时，在哥伦比亚大学就读。在那段日子里，跟他年纪相仿的年轻人都只会游玩，或是阅读一些休闲的书籍，但他却大啃金融学的书，并跑去翻阅各种保险业的统计资料。虽然当时他的本钱不够又不希望借钱，但是他的钱还是越赚越多。

1954年他如愿以偿到葛莱姆教授的顾问公司任职，两年后他向亲戚朋友集资10万美元，成立了自己的顾问公司。该公司的资产增值30倍以后，1969年他解散公司，退还合伙人的钱，把精力集中在自己的投资上。

巴菲特从11岁就开始投资股市，历经几十年坚持不懈。因此，他认为，他今天之所以能靠投资理财创造出巨大财富，完全是靠近60年的岁月，慢慢地创造出来的。

可见，有时只要善于把握机会，再小的钱也会起到很大的作用。

 # 无商不"艰",学会在逆境中发财

> 犹太人漂泊流离了2000多年,在这漫长的日子里,他们学会了忍耐和等待,学会了低调地处世做人,在逆境中生存发展的智慧。所以有句话叫做"全世界的财富在美国人口袋里,美国人的财富在犹太人脑袋里"。犹太人并不是天生的资本家,只是他们懂得,危机是商人的财富,一切归零也可以重新开始。

## 发现"祸患"中的商机

大凡商业领域成就者,皆是擅长把"祸患"危机变成商机的人。20几岁的年轻人要学习他们这种良好的习惯。养成在危机中捕捉商机的意识,培养自己在危机中捕捉商机的慧眼!危机绝对不会按规定的方式出牌,它可以给投资的商人带来致命的打击,无论你是创办企业,或是投资期货,都可能一夜之间分文不剩。所以说越是得意的时候,发展越是顺利的时候,越要重视危机。

尽管往往我们可以转危为安,但是谁也不喜欢危机给我们带来的痛苦经历。因此,我们要善于学会危机管理。要了解危机的成因,以及发生的最大可能性。危机的到来具有许多非确定性因素,任何人都无法完全避免危机的出现。有些危机是自身缺点导致的,有的危机却是竞争对手制造的;有的危机是自然原因,有的却是社会、经济因素造成的。有的危机如一场司空见惯的暴风雪,经过一点冰冻,经历一点折磨,慢慢地就过去了。有的危机却是一场可怕的灾难,会对发展造成重大影响,不经过脱胎换骨的改革就无法度过。虽然危机的到来无法预知,但我们却可以用科学的方法预测。自身存在哪些可能诱发危机出现的薄弱环节,社会的政治经济

环境何时会出现危机,竞争对手可能在哪些方面造成无法规避的影响等方面,我们要详细搜集各方面的信息,建立危机预警机制;做好应急方案,锻炼抵抗危机的能力,提高应急处理的水平。一个投资者要特别重视管理危机,要针对各种可能出现的危机进行规划决策、动态调整、化解处理、员工训练等;要尽量消除危机的影响,或将危机的损失降低。让危机不但不会变成威胁和危险,还能转变成发展的机遇。

## 风险之中必有机遇

世界上每一位成功的商人都是"风险管理家",他们不会因为害怕风险而放弃千载难逢的赚钱机会,很多时候,仅仅因为一个机会,他们就会由此而走上成功的道路。

世界上的机会多多,但几乎每一次机遇都存在着风险,机会和风险并存,想抓住机会就必须冒险。

当年,一个叫克罗克的奶昔机器推销员,在一次偶然的机会,从业务报表上发现,有一家名叫麦当劳的餐厅一口气订购了八台奶昔机器,而按照常规一般的店也不过只需要一两台。他就从这则消息上发现了苗头,认定这是一家不一般的店,立刻动身前往。这一去改变了他一生的轨迹。

克罗克到了麦当劳餐厅,立刻被那种独特的快餐氛围所感染。多年的推销经历使他积累了很多的信息和经验,正是凭着这些积累,他意识到,在大工业时期,麦当劳这样的快餐店正是潮流所在。他立即找到店主麦当劳兄弟,提出他大胆冒险的扩张计划,他要在美国开出遍地的麦当劳快餐店。但麦当劳兄弟并不很感兴趣,经过艰苦的谈判,克罗克才获得条件苛刻的授权,开始在美国各地推销麦当劳连锁店的加盟权。

克罗克当年已经53岁,他不仅放弃了熟悉的工作,还得自己承担连锁店的行销费用,四处奔波,赚钱又少,以至于结婚多年的老婆也终于离他而去。虽然损失惨重,但克罗克认准了,就决不放弃。6年之后,麦当劳在全美国的连锁店达到200多家。克罗克又冒着倾家荡产的风险,借了270万美元,把麦当劳这个商标全部买断,他终于成了麦当劳的主人。之后仅仅过了10年,美国的麦当劳连锁店就达到700多家,股票也上市成为巴菲特长久持有的赚钱机器。现在,麦当劳的商标价值是253亿美元,成了名副其实的快餐业大享。

冒险与收获常常是结伴而行的。险中有夷，危中有利。要想有卓越的成果，就要敢于冒风险。天下没有十全十美的事，天下也没有无风险的机会，要想成功，不冒险是不可能的。

有一次，美国部分地区经济萧条，不少工厂和商店纷纷倒闭，被迫贱价抛售自己堆积如山的存货，价钱低到1美元可以买到100双袜子。

那时，约翰·甘布士还是一家纺织厂的小技师。他马上把自己积蓄的钱用于收购低价货物，人们见到他这股傻劲，都公然嘲笑他是个蠢材。

约翰·甘布士对别人的嘲笑漠然置之，依旧收购各工厂和商店抛售的货物，并租了很大的货仓来存货。

他妻子劝他说，不要把这些别人廉价抛售的东西购入，因为他们历年积蓄下来的钱数量有限，而且是准备用做子女教养费的。如果此举血本无归，那么后果不堪设想。

对于妻子忧心忡忡的劝告，甘布士笑过后又安慰她道："3个月以后，我们就可以靠这些廉价货物发大财了。"

甘布士的话似乎兑现不了。

过了10多天，那些工厂即使贱价抛售也找不到买主了，便把所有存货用车运走烧掉，以此稳定市场上的物价。

他太太看到别人已经在焚烧货物，不由得焦急万分，抱怨起甘布士。对于妻子的抱怨，甘布士一言不发。

终于，美国政府采取了紧急行动，稳定了物价，并且大力支持厂商复业。

这时，因焚烧的货物过多，存货欠缺，物价飞涨。约翰·甘布士马上把自己库存的大量货物抛售出去，一来赚了一大笔钱；二来使市场物价得以稳定，不致暴涨。

在他决定抛售货物时，他妻子又劝告他暂时不要把货物出售，因为物价还在一天一天飞涨。

他平静地说："是抛售的时候了，再拖延一段时间，就会追悔莫及。"

果然，甘布士的存货刚刚售完，物价便跌了下来。他的妻子对他的远见钦佩不已。

后来，甘布士用这笔赚来的钱开设了五家百货商店，业务范围也十分广泛，终于成为全美举足轻重的商业巨子。

事实上,冒险具有一定的危险性,抓住机遇很不容易,并不是每个人想做就能做到。正因为如此,冒险才显得尤其重要,冒险也才有冒险的价值。抓住机会也像一切冒险一样,你必须先放弃纠缠于事前不确定的输赢,去探索你没有一定把握的下一步。20几岁的年轻人都有冒险精神,但是不要盲目的冒险,才能真正抓住逆境风险中的商机,圆自己的财富之梦。

 **承认自己的伟大,就是认同自己的愚蠢**

自以为是的人头脑容易发热,他们往往充满梦想,只相信自己的智慧和能力,坚信只有自己才是正确的;他们从来不接受别人的意见和劝告,认为采纳了别人的意见就等于是对自己的否定和贬低。这些人其实是典型的外强中干,他们的固执恰恰证明了他们并不是真正的强者,正因为心虚,所以他们才不愿服输。

### 不要把自己当做大人物

有一位将军,在大军撤退时总是断后,回到京城后,人们都称赞他很勇敢,将军却说:"并非吾勇,马不进也。"将军把自己断后的无畏行为说成是由于马走得太慢。其实,在人们心目中,"马走得太慢"绝对无法抵消将军的英雄形象。

那些深谙做人之道的人,大都是在社会群体中能够摆正自己位置的人,而把自己看成比别人高一等的人,一定是世界上最愚蠢的。

有时我们的烦恼来自于我们有颗狂妄自大的心。一个人如果妄自尊大,把谁都不放在眼里,一切皆以自我为中心,那么他一定会被烦恼重重包围。

若一个人太自负,就很容易陷入一种莫名其妙的自我陶醉之中,变得自高自大起来,他会无视所有人对他的不满和提醒,终日沉浸在自我满足之中,对一切功名利禄都要先抢在手里,这样的人反而永远也得不到人们对他的理解和尊重。

自傲者对自我失去了客观评价,觉得在这个世界上,唯我最大,舍我其谁,一副不知天高地厚的架势,以显示自己伟大的魄力和气度。可是靠说空话解决不了任何问题，人们尊敬的是那些脚踏实地干实事的人，而不是自吹自擂的谎话专家。

其实越伟大的人越会谦卑待人，人们也越会敬重他。

有这样一件趣事：

在美国纽约的一个既脏又乱的候车室里，靠门的座位上坐着一个满脸疲惫的老人，背上的尘土及鞋子上的污泥表明他走了很长的路。列车进站，开始检票了，老人不紧不慢地站起来，准备往检票口走。忽然，从候车室外走进一个胖太太，她提着一个很大的箱子，显然也要赶这班列车，可箱子太重，累得她气喘吁吁的。胖太太看到了那个老人，冲他大喊："喂，老头，你给我提一下箱子，我一会儿给你小费。"那个老人想都没想，拎起箱子就和胖太太朝检票口走去。

他们刚刚检票上车，火车就开动了。胖太太抹了一把汗，庆幸地说："还真多亏你，不然我非误车不可。"说着，她掏出1美元递给那个老人，老人微笑着接过。这时，列车长走了过来："洛克菲勒先生，请问我能为您做点什么吗？"

"谢谢，不用了，我只是刚刚做了一个为期三天的徒步旅行，现在我要回纽约总部。"老人客气地回答。

"什么？洛克菲勒？"胖太太惊叫了起来，"上帝，我竟让著名的石油大王洛克菲勒先生给我提箱子，居然还给了他1美元小费，我这是在干什么啊？"她忙向洛克菲勒道歉，并诚惶诚恐地请洛克菲勒把那1美元小费退给她。

"太太，你不必道歉，你根本没有做错什么。"洛克菲勒微笑着说道，"这1美元是我挣的，所以我收下了。"说着，洛克菲勒把那1美元郑重地放进了口袋里。

真正的大人物是那种成就了不平凡的事业却仍然像平凡人一样生活着的人。他们从来都是虚怀若谷的，他们不会因为自己腰缠万贯而盛气凌人，他们从来不会见人就喋喋不休地诉说自己是如何成功和发迹的，他们也从不痛恨自己的同人是"居心叵测之人"，他们只是"不以物喜，不以己悲"，平和地做着自己该做的事情。

## 静水流深，不经意间走了很远

做人有时候需要像无波澜、静静的流水一样安静，否则很可能会给自己带来很多麻烦。

郑庄公准备伐许。战前，他先在国都组织比赛，挑选先行官。众将一听加官晋爵的机会来了，都跃跃欲试，准备一显身手。

第一项是击剑格斗。众将都使出浑身解数，只见短剑飞舞，盾牌晃动，场面壮观不已。经过轮番比试，选出六个人来参加下一轮比赛。第二项是比箭，取胜的六名将领各射三箭，以射中靶心者为胜。第五位射箭的是公孙子都。他武艺高强，年轻气盛，向来不把别人放在眼里。只见他搭弓上箭，三箭连中靶心。他像一只斗胜的公鸡，昂着头，轻蔑地瞟了最后那位射手一眼，退下去了。最后那位射手是个老人，胡子有点花白，他叫颍考叔，曾劝庄公与母亲和解，郑庄公很看重他。颍考叔上前，不慌不忙，"嗖嗖嗖"三箭，也连中靶心，与公孙子都射了个平手，博得众人一片喝彩。

最后一局只剩下两个人了，庄公派人拉出一辆战车来，说："你们二人站在百步开外，同时来抢这部战车。谁抢到手，谁就是先行官。"公孙子都轻蔑地看了一眼自己的对手，两人同时向前奔跑。哪知跑了一半，公孙子都脚下一滑，跌了个跟头。等爬起来时，颍考叔已抢车在手。公孙子都哪里服气，提了长剑就来夺车。庄公忙派人阻止，宣布颍考叔为先行官。公孙子都为此怀恨在心。

此后，在进攻许国都城时，颍考叔果然不负众望，手举大旗率先从云梯上冲进许都城头。眼见颍考叔大功告成，公孙子都嫉妒得心里发恨，竟抽出箭来，搭弓瞄准向城头上的颍考叔射去，这个穿心箭一下子让颍考叔从城头栽下来。另一位大将瑕叔盈以为颍考叔被许兵射中阵亡了，忙拿起战旗，又指挥士卒冲城，终于拿下了许都。处世锋芒太露的颍考叔终落了个被人陷害的下场。

木秀于林，风必摧之；人浮于众，众必毁之。人获得了一定的权势、地位、声誉，往往因此遭受更多的猜忌、打击和迫害。故而人在风光尽显之时，若能居安思危，以低调的"厚甲"保护自己，不失为明哲保身、化险为夷的良策。

人要像这静静的流水一样，不论在什么情况下安静地为人处世，才不至于让自己锋芒毕露，树敌太多。所以，我们就应当在日常的生活中，注意自己的言行，说话、做事要考虑到那些在某方面不如自己的人，不要过分地显露自己的能耐，否则很可能引起别人的嫉妒和不满，到头来很可能就像颍考叔一样落得从墙头栽下去的危险。

## 卷 六

我们要试着空出自己的"核心时间"用来处理重要的事，如做重要的决策、需要用头脑、伤脑筋的创意工作等。千万不要在每天最疲惫的时段，做重要的事项。

要提升工作效率，最好能养成每日下班前，安排好隔日的作息时间和工作计划，这不但可以让我们安心返家休息、睡觉，同时不会在第二天，被一些杂七杂八的琐事缠身，而忽略了重要的事。了解自己的生理时钟，妥善安排适当的工作，加上规律的生活，相信必能让效率发挥到最高。

# 靠责任感安身立命

> 人们从来不会指望一个游手好闲、没有责任感的人能给他人带来福音。人只有真正懂得了责任的意义和内涵，并付诸行动，才能得到他人的认同，在社会上自由行走。崇高的责任心是生命的脊梁，是保证我们坚实安稳地站立在大地上的东西。缺乏责任感的人，必将无处安身立命。

## 责任，是最根本的成功智慧

1965年，我在西雅图景岭学校图书馆担任管理员。一天，有同事推荐一个四年级学生来图书馆帮忙，并说这个孩子聪颖好学。

不久，一个瘦小的男孩来了，我先给他讲了图书分类法，然后让他把已归还图书馆却放错了位的图书放回原处。

小男孩问："像是当侦探吗？"我回答："那当然。"接着，男孩不遗余力在书架的迷宫中穿来插去，小休时，他已找出三本放错地方的图书。

第二天他来得更早，而且更不遗余力。干完一天的活后，他正式请求我让他担任图书管理员。又过两个星期，他突然邀请我上他家做客。吃晚餐时，孩子母亲告诉我他们要搬家了，到附近一个住宅区。孩子听说转校却担心："我走了谁来整理那些站错队的书呢？"

我一直记挂着他。但没过多久，他又在我的图书馆门口出现了，并欣喜地告诉我，那边的图书馆不让学生干，妈妈把他转回我们这边来上学，由他爸爸用车接送。"如果爸爸不带我，我就走路来。"

其实，我当时心里便应该有数，这小家伙决心如此坚定，又浑身充满责任感，则天下无不可为之事。不过，我可没想到他会成为信息时代的天才、微软电脑公司大亨、美国首富——比尔·盖茨。

这是卡菲瑞先生回忆起比尔·盖茨小时候写下的文字。从中我们看出，许多伟大或杰出人物身上，总有优于常人之处或早或迟地显示出来。比尔·盖茨对待图书馆工作这样的小事，就已经表现出一种超乎同龄人的责任感，难怪他能在信息时代叱咤风云。

一个人有没有责任感，并不仅仅体现在大是大非面前，而是大多体现于小事当中。一个连小事都不能负责任的人，又怎能在大事面前担当责任呢？

## 责任与借口势不两立

巴顿将军在他的战争回忆录《我所知道的战争》中，曾写到这样一个细节：

"我要提拔人时常常把所有的候选人排到一起，给他们提一个我想要他们解决的问题。我说：'伙计们，我要在仓库后面挖一条战壕，8英尺长，3英尺宽，6英寸深。'我就告诉他们那么多。那是一个有窗户或有大节孔的仓库。候选人正在检查工具时，我走进仓库，通过窗户或节孔观察他们。我看到伙计们把锹和镐都到仓库后面的地上。他们休息几分钟后开始议论我为什么要他们挖这么浅的战壕。他们有的说6英寸深还不够当火炮掩体。其他人争论说，这样的战壕太热或太冷。如果伙计们是军官，他们会抱怨他们不该干挖战壕这么普通的体力劳动。最后，有个伙计对别人下命令：'让我们把战壕挖好后离开这里吧。那个老畜生想用战壕干什么都没关系。'"

最后，巴顿写道："那个伙计得到了提拔。我必须挑选不找任何借口地完成任务的人。"

任何借口都是推卸责任。在责任和借口之间，选择责任还是选择借口，体现了一个人的行事风格和生活态度。借口仿佛一个用温情伪饰的陷阱，能消磨人的斗志，或让你遗忘自己的责任所在。不幸的是，在生活中，我们经常会听到这样或那样的借口。借口在我们的耳畔窃窃私语，告诉我们不能做某事或做不好某事的理由，它们好像是"理智的声音"、"合情合理的解释"，冠冕而堂皇，却常常让我们沉湎于令人腐化的温床，并为此付出失败的代价。

当你为自己寻找借口的时候，你也许会愿意听听这个故事：

时间是一个漆黑、凉爽的夜晚，地点是墨西哥市，坦桑尼亚的奥运马拉松选手艾克瓦里吃力地跑进了奥运体育场，他是最后一名抵达终点的选手。

这场比赛的优胜者早就领了奖杯，庆祝胜利的典礼也早就已经结束，因此艾克瓦里一个人孤零零地抵达体育场时，整个体育场空荡荡的。艾克瓦里的双腿沾满血污，绑着绷带，他努力地绕完体育场一圈，跑到了终点。在体育场的一个角落，享誉国际的纪录片制作人格林斯潘远远看着这一切。接着，在好奇心的驱使下，格林斯潘走了过去，问艾克瓦里，为什么要这么吃力地跑至终点。

这位来自坦桑尼亚的年轻人轻声地回答说："我的国家从两万多公里之外送我来这里，是派我来完成这场比赛的。"

没有任何借口，没有任何抱怨，责任就是他一切行动的准则。

甩开借口，看似冷漠，缺乏人情味，但它可以激发一个人最大的潜能。无论你是谁，在人生中，无须任何借口，失败了也罢，做错了也罢，再妙的借口对于事情本身也没有丝毫的帮助。"我们必须把借口哲学——现在的情况我无法控制——改变为责任哲学"，篮球"飞人"乔丹说到了，做到了，也成功了！

##  追求在哪儿，人生就在哪儿

> 余秋雨先生曾说："人生的追求，情感的冲撞，进取的热情，可以隐匿却不可以贫乏，可以浑然却不可以清淡。"人的追求在哪儿，他的人生也就在哪儿。在人生的开头，我们尤其不应该在内心里为自己限定高度，那样只会阻碍自身的发展。

### 五吨重的大象为什么拉不动小木桩

曾经有一家跨国企业在招聘中出了这么一道题："就你目前的水平，你认为十年后，自己的月薪应该是多少？你理想的月薪应该是多少？"

结果，那些回答数目奇高的应聘者全部被录用。其后招考官员解释说："一

个人认为自己十年后的工薪竟然和现在差不多或者高不了多少,这首先说明他对自己的学习、前进的步伐抱有怀疑,他害怕自己走不出现在的圈子,甚至干得还不如现在好。这种人在工作中往往没什么激情,容易自我设限,做一天和尚撞一天钟。他对自己的未来都没有信心,我们又怎能对他有信心?"

如果你被自己所画的那条线局囿,你的行动、欲望和潜能便会被扼杀。因为自我设限的观念带给人的是既对失败惶恐不安,又对失败习以为常,丧失了信心和勇气,渐渐养成懦弱、狐疑、狭隘、自卑、孤僻、害怕承担责任、不思进取、不敢拼搏的精神面貌。这将使我们永远叩不开成功的大门,因为他们的心里面也默认了一个"高度",这个高度常常暗示了自己的潜意识:成功是不可能的,这是没有办法做到的。

很多人会奇怪,一头五吨重的大象竟然拉不动一根小木桩。可这是事实,因为当这只大象还很小的时候,它就被拴在一根不到一米高的小木桩上了,开始它拼命挣扎,想挣脱木桩,可是它做不到。后来,小象变成大象了,它头脑里还一直认为挣脱不了木桩,于是它放弃了。锁链仍然那么细,木桩仍然那么小,然而大象再也不尝试挣脱了。

自我设限的思想使你就像这个大象,因为生命中遇到一些限制,就相信这些限制会伴随你的一生。社会在改变,生命在改变,思维也应该随着社会而改变。而自我设限,把自己放在原地,就不可能突破自我,甚至连本来可以做到的事也变成了不可能。这种思想是一个真正的杀手。它不等同于谦逊。如果你做不到某件事情,你可以说,我可以试一试。而不是说,我不行,我不是这块料子。

美国总统罗斯福说:"没有你的同意,没有人可以让你觉得你低人一等。"如果你觉得低人一等,那是你自己决定的,你本来并非如此。我们常常会把我们的过去作为依据。今年你想赚多少钱是根据你去年赚了多少钱。今年想做些什么事情是根据去年所做的事情。为什么要看去年,而不是看今年呢?

画地自限的思想把我们放在一个不属于我们的低水平上,上帝并没有把我们放在那里,我们应该远远高于那个水平。

## 你的能量大得超乎想象

从前有一个老农夫,临终时希望将一项重要秘密告诉三个儿子。于是他把儿子们召集到病床前,对他们说:"孩子们,我快要不行了。所以我要告诉你们,我们家的葡萄园里埋藏了许多财宝,你们努力挖掘就会找到,找到后你们三人就可以平

分掉。"

父亲去世后，三个儿子就拿起锄头、铁锹及铁叉，到自家的葡萄园里挖宝。他们将整个葡萄园的土翻来覆去地进行地毯式的挖掘却什么都没找到。三个儿子都很气馁，不了解为什么父亲要骗他们。不过，葡萄园经过彻底挖掘后，葡萄空前丰收，而且酿出来的葡萄酒异常甜美，使三兄弟赚了笔可观的财富。这时他们才真正了解父亲的用意。

每个人的潜能就像这未开垦的葡萄园，取之不竭，用之不尽，我们所要做的就是将葡萄园开发到底。

曾有这样一个故事：

一辆汽车眼看着要翻倒，而旁边一个小男孩正在专心致志地搭积木。

这惊心动魄的一幕被小男孩的母亲看在眼里，这位母亲一个健步冲到小汽车旁，那速度简直连短跑健将刘易斯也难以企及，她用双手、肩膀托住汽车本身。奇迹发生了，这样一个背着40斤白面就会气喘吁吁的女人竟托住了庞大的汽车，而她的孩子此刻才意识到危险。

我们每个人的潜能都是一个海洋，我们自己也不知道它到底有多深，也许正和这位母亲一样，体内蕴藏着无尽的潜能，只是我们尚未到爆发的那一刻。其实我们也不需要爆发，我们只要慢慢地挖掘，慢慢地受益。

## 何必要把自己圈起来

在每个人的身体和心灵里面，有一种永不堕落、永不败坏、永不腐蚀的东西，这种力量一旦被唤醒，即便在最卑微的生命中，也能像酵素一样，对身心起发酵净化作用，增强人工作的力量。

在有些时候，人也会有机会看到自己的内在力量，比如在失去一个爱友的时候，发现了自己从未发现过的能力；有时读了一本富有感染力的书，或者由于朋友们的真挚鼓励，也能发现自己的内在力量。但无论用何种方法，通过何种途径，一旦激起内在力量后，你的行为一定会大异于从前，你就会变成一个大有作为的人。

去发现这种思想、感觉和力量，是你的权利。虽然无法看见，但是它的力量却极为广大。在你的潜意识里，你会找到每一种问题的解决方案，以及每一结果的原因。由于你可以吸取出这些隐藏在你里面的力量，你就可以实际掌握所需要的力量和智慧，在丰富、安全、愉悦和自立之中前行。

人类文明的历史就是一部人们开发潜能的历史。当今人类政治、经济、文化、科技的高度进化发达，都是人用脑思考，不断开发潜能，不断创造的结晶。从原始部落到国家政党议会，从牛车马车到火车飞机；从山洞茅草屋到艺术宫殿、摩天大楼；从原始歌舞娱乐到现代音乐、电影、电视；从手写笔算到电子计算机的广泛应用；从地球的开发利用到月球的勘探研究……人类可以无止境地开发自己的潜能，并创造新的世界。

一块有磁性的金属可以吸起比它重12倍的重量，但是如果除去这一块金属的磁性，甚至连轻如羽毛的重量它都吸不起来。同样的，人也有两类。一种是有磁性的人，他们充满了信心和信仰，他们知道自己天生就是个胜利者、成功者；另外一种人，是没有磁性的人。他们充满了畏惧和怀疑。机会来时，他们却说："我可能会失败；我可能会失去我的钱；人们会耻笑我。"这种人在生活中不可能会有成就，因为他们害怕前进，而只好停留在原地。

每个平凡的人都有成为英雄的潜质，不要让这种潜质被催眠，开放心灵，唤醒你心中沉睡的巨人。

# 拒绝模仿，追求超越

第一个把孩子比喻成"祖国的花朵"的人是天才，第二个就是庸才了。重复别人的创意，只会让成功之路变得狭窄，但是很多人却踊跃着要走这条路。别人做IT了，他便投身IT，别人做图书了，他就去跑出版社，别人买股票发财了，他也去买股票。其实，每一条路都有可能通往成功，何必放着阳关道不走，非走那拥挤不堪的独木桥呢？

## 不走寻常路，以反常方式取胜

20几岁的年轻人总是脱离不开竞争。如何在竞争中获胜，是大家都很关注的话题。竞争的方法有很多种。在多种多样的竞争方法中，不按常理出牌的竞争方式，则更容易使对手防不胜防。

在美国，电报业最兴盛之时，老范德比经营的西联电报公司处于垄断地位。

老范德比去世之后，古尔德花100万美元开了一条新电报线路，成立了太平大西洋电报公司。小范德比意识到了古尔德对自己的威胁，决定收购太平大西洋电报公司，如此，就能使自己仍处于垄断地位。他马上派人与古尔德谈判，结果以500万美元买下了太平大西洋电报公司，太平大西洋公司人员设备全部转入西联。艾克特是古尔德的好友，因为有技术，进西联后，担任该公司的总工程师。小范德比对这一次成功的收购十分满意，他不仅增强了实力，还引进了一员虎将。过了一段时间，爱迪生又发明了四重发报机，使用这种发报机，效率要比原来提高一倍以上，如此一来，小范德比决定买下这项专利。他派艾克特与爱迪生谈判，让艾克特以低于5万美元的价格收买。他认为这次他同样会稳操胜券，因为电报市场是他一人垄断着。

然而，艾克特虽在西联担任总工程师，却是古尔德的内线，他及时将进展告诉古尔德。有一天，古尔德请爱迪生到他的家里，以高薪聘请爱迪生去美联。

爱迪生本是个科学家，根本不懂生意经，觉得美联比西联的条件优厚得多，也就答应了。现在，古尔德决定向小范德比摊牌，要挟小范德比说要撤走艾克特。失去了爱迪生的四重发报机，若再失去艾克特，西联将会一片黑暗，无奈之下，小范德比只好同意美联与西联合并，由古尔德任总经理。

古尔德为了得到西联可谓费尽心机，直到老范德比去世，才能稍稍有所动作，成立太平大西洋公司。当然，当时电报公司是赚钱的，而古尔德却绝非想从电报的营业中赚钱，他得将西联电报公司赚到手，太平大西洋电报公司不过是他抛下的一个诱饵，小范德比果然上当。

此外，古尔德的另一个妙笔是让艾克特打进西联高层，从而使高级情报可以及时地传到他的手里。所谓知己知彼，百战不殆，此时古尔德对小范德比的作为一清二楚，而小范德比却对古尔德一无所知，未加丝毫防范，本来唾手可得的四重发报机专利，却从眼皮底下被古尔德夺去。

古尔德得到了四重发报机的专利，此后他便可以实施他赚取西联公司的最后攻势了。要么撤走总工程师，要么合并，在此情况之下，小范德比只好就范，同意合并公司，古尔德得到了他垂涎已久的西联。

如同"白猫黑猫，逮住老鼠的就是好猫"一样，竞争之法无准则，取胜才是根本目的，使用反常方式，对手更易陷入措手不及的状态。

## 孤立对手是独辟蹊径的成功法

在激烈的竞争中如果你想独占鳌头，战胜对手，有时候需要用强势来取胜，但是当对手很强大的时候，就需要用一种孤立的战术，孤立对手可以减弱对方的势力，从而为我们赢得胜利的契机。

1294年，枢机主教盖塔尼被选为新任教皇，这就是博尼法齐乌斯八世。他采用了强硬的统治措施，欧洲强权纷纷妥协，德意志和奥地利甚至割让领土以求生存。只有意大利最富饶的地区多斯加尼没有臣服。这个地方最强大的城市是佛罗伦萨。如果博尼法齐乌斯八世能够征服佛罗伦萨，就能够让多斯加尼臣服。

佛罗伦萨有两个对立的党派，黑党和白党，两党之间长年展开争执。

博尼法齐乌斯看到这是一个好的突破口。他做了认真的分析，认为所有的焦点都可以放在但丁身上。但丁非常关心政治，1300年，但丁成为城市六名执政官中的一员，掌控了实际的权力。他支持白党，用感人肺腑的语言揭露教皇的阴谋。

第二年，博尼法齐乌斯召来法国亲王查理·德·瓦卢斯协助他维持欧洲的秩序。查理的军队让佛罗伦萨人紧张不安，但丁号召人民组织起来抵抗教皇。佛罗伦萨的妥协派推选但丁作为领导前去罗马求和。万般无奈之下，但丁还是去了。

教皇接见但丁与城市代表团时使用了自己惯用的手法：一手威胁，一手求和。"在我面前跪下来！我告诉你们，说真的，我没有别的意思，只是想要促进和平。"教皇指名要但丁留下，其他人都回去。

就在但丁留在罗马期间，佛罗伦萨分裂了。白党离开了但丁就没有了主心骨。查理用钱贿赂某些官员瓦解了白党，黑党巩固了政权。这个时候教皇才放但丁离开。

黑党的判决是，只要但丁踏入佛罗伦萨一步，就要将他处以极刑。但丁被放逐了，他只能在意大利到处流浪，至死也没有再回到那个他热爱的国家，因为那个国家已经被教皇控制了。

博尼法齐乌斯的成功之处就是把但丁引开，采用了一手威胁，一手求和的手段。因为他明白一点：一名意志坚决的人可以将一窝羊变成一群狮子，可是只要孤立这只领头羊，羊群就只能四散逃窜，永远不会变成狮子。20几岁的年轻人也要学会独辟蹊径，把对手孤立起来，那样他掌控的局面就会很容易被攻破，我们就会轻而易举获得成功。

## 用创意证明你的价值

> 因循守旧、亦步亦趋的保守做法，在这个日新月异的时代会越发吃力，最后渐渐不支以致淹没在时代的潮流中。苹果公司一直是行业里的领头羊，经久不衰，凭的就是与时俱进甚至是走在时代前面的创新能力。

### 创意体现你的身价

每个好的创意都是一个智慧的闪光，人的大脑总是在产生各种新的想法，想起毫无关联的各种信息，有时候不同的想法拼到一起可能就会形成新的组合，创新就此诞生。一个好的创意的诞生体现了智慧的光芒。它可能是你一番苦苦思考后的成果，也许就是你不经意的灵光一现、灵机一动，但却更能体现智慧的魅力。

1972年，卡塞尔移居德国，受聘于奥格斯堡啤酒厂。他果然不负厚望，别出心裁地开发了美容啤酒和浴用啤酒，从而使奥格斯堡啤酒厂的营业利润迅猛增长，一跃成为全世界啤酒销量最大的啤酒厂。

1990年，卡塞尔以德国政府顾问的身份主持拆除柏林墙。拆墙也就是推土机一推的事情，派卡塞尔主持似乎有点兴师动众了。但让独具匠心的卡塞尔主持在之后被证明是非常明智的，这一次，卡塞尔使柏林墙的每一块砖都以收藏品的形式进入了世界200多万个公司和家庭，创造了城墙砖售价的世界之最。

1998年，卡塞尔返回美国。他下飞机的时候，美国赌城拉斯维加斯正在上演一场重量级拳王争霸赛,但这场本应极有看头的比赛却最终以闹剧收场:泰森咬掉了霍利菲尔德的半只耳朵。在旁人看来,这场闹剧是人们茶余饭后的谈资,也就是一笑而过的事情。但卡塞尔的脑袋里总有很多让人为之一振的创举,于是让所有人感到有趣的是:很快,在欧洲和美国的超市里赫然出现了大量"霍氏耳朵"巧克力,其生产厂家正是卡塞尔供职的特尔尼公司。这一次,卡塞尔虽然因为霍利菲尔德的起诉输掉了赢利额的80%,然而,他天才的商业洞察力却为他赢得了年薪3000万美元的身价。

一次,卡塞尔应休斯敦大学校长曼海姆的邀请,回母校做关于创业的演讲。演讲中,一个学生向卡塞尔提出这么一个问题:"卡塞尔先生,您能在我单腿站立的时间内,把您创业的精髓告诉我吗?"那位学生正准备抬起一只脚,卡塞尔就已答复完毕:"生意场上,无论买卖大小,出卖的都是智慧"。

创新需要智慧。但创新的并不意味着非得经过如何费尽心力的艰辛思考后才能得出结果,最佳的创新想法往往都简单得惊人。一项创意所能得到的最高褒奖莫过于别人见识过创意之后的感叹:这个这么简单,为什么当初我没有想到呢?看完卡塞尔的创意后,也许恍然大悟后的我们也会在心里说一句:"其实创意也很简单嘛"。

一个小小的闪烁着智慧魅力的创意,一个不经意的"灵光一现",也许就能使人走出眼前的困境。

创意无处不在,也许只要你一"用心",创意就出来了。创造性地解决问题对于普通人而言也并不是那么困难,"下下人有上上智",我们每个人都有想出好创意的的可能。最重要的是我们要培养出创新思维,在遇到困难的时候,都能去认真思考,有没有别的方法可以更快达到目的。久而久之,我们就会习惯用另辟蹊径的方法思考,模仿、借鉴并组合,也许下一次我们也能"灵光一现",产生富有智慧的创意。

## 一切皆有改善的空间

有的人在事业上取得了一点成就就沾沾自喜,高兴自然没错,但是如果因为一点成果就沉醉其中,甚至停滞不前就大错特错了。没有任何事物是尽善尽美的,世上永远不存在无懈可击的完美。守着自认为的"完美",随着时代的发展都将被证明是抱残守缺。再优秀的东西都有改善的空间。

"查理先生哪儿都好,就是太不知足了。你也不仔细想想,咱们研发部门,只要完成了公司下达的研发任务,薪水就能比生产部门和销售部门的同事拿得多,应该高兴才是啊!别身在福中不知福。"看到查理最近几日总表现得闷闷不乐、郁郁寡欢,皱着眉头、一副忧郁得让人心疼的模样,同事就这样开玩笑地跟他说道。另外一个同事也接过话头,说:"这次的工作任务只是改进一下机型,这么简单的任务哪能难住我们的天才查理先生啊!"查理回答说:"我不是为了薪水想不开,也不是烦恼公司派给我们的任务。我是在想,我们整天坐在这研究室里,除了完成上面派下的任务,改进一下机型,就什么事都不做了。现在手机市场竞争这么激烈,如果我们在手机其他方面做一些改进或者创新的话,我们的手机在市场上将会更有竞争力,不是吗?"

查理是诺基亚公司手机研发部门的一名普通职员,最近这些天一直在思考的就是这个问题。认为查理完全是多此一举的同事有些无奈地说:"嗨,查理,别痴人说梦了!现在诺基亚手机已经是世界最顶尖的了。不管是技术性能,还是外观形象,都早已深入人心,除了我们的工作——改进机型,其他地方好像没什么可以改进的了!"尽管同事们的话得有些道理,但查理始终认为不够尽善尽美,于是暗下决心:我一定要在完成公司任务的基础上,主动而努力地去开发创新,让诺基亚在自己的辛勤工作中有一个质的飞跃!有了这个非同一般的目标和想法以后,查理凤兴夜寐。每日除了完成公司下达的任务,满脑子都在考虑如何让诺基亚更符合消费者的需求。

一天,下班后一直在思考的查理在地铁上有一个令自己兴奋不已的发现:几乎所有的时尚男女,都配带着手机、相机和随身听。查理激动莫名,因为这个发现给了他很大的灵感:能不能把这三种最时髦的东西组合在一起呢?如果真的能够做到的话,不是变得既轻便又快捷吗?第二天,查理马上找到部门主管,对他说:"如果我们在手机上装一个摄像头,让人们在享受音乐的同时,能够把自己见到的外面所有美好事物都拍摄下来,再发送给亲友一同分享,这该是多么激动人心的事啊!"主管被他的创意激发出高涨的热情,喜不自胜地对查理说:"太棒了,查理,我们马上就按你的想法着手研制!"于是这种具有拍摄和收听音乐功能的手机在查理的带领下,很快研制成功,它一推向市场,就大受青睐。而这种手机也成为了一种风向标,被其他手机公司争相模仿,现在拍摄功能和音乐播放功能已经成为手机必备的基本功能了。

同事们认为没有什么地方需要改进的了,这是因为他们已觉得自己公司生产的产品是世界最顶级的。抱着这样的想法，在改进方面当然难有突破。要想一直保持事物的生命力，就要摒弃"已经很完美"的想法，要抱有一切事情都可以做得更好的信念，这样才能继续创新。

著名的瑞士Swatch手表一直引领着潮流，秘诀就在于不断地创新，其目标就是要在手表的每一个细微处展现自己的精致、时尚、艺术与人性。此外，随着季节的变化，Swatch会相应地变换主题。设计者追求尽善尽美，时针、分针、表带、扣环……无一不是Swatch的创意源泉，力图在手表这样一个狭小的空间里，将每一个创意都进行最完美的阐释。Swatch尤其受到年轻人的拥护，每一款的图案、色彩，在每一个细微处，都暗含年轻与个性的密码，或许创新并走在时尚的前端就是Swatch风靡世界的原因。

当事物的发展达到一种极致时，在正常的思维模式下要想做到有所突破是非常难的。这个时候如果试试另外一种武器——创新，很有可能就会收到"柳暗花明又一村"的效果。任何优秀的事物都有改善的空间，创新无数次的证明了这一点。年轻人要想走出自己的路，首先就要拿出自己的创意。

## 关键时刻,让对手助你一臂之力

> 对手一定是打压你的人么?未必如此。我们常说水涨船高,你的价值,很大程度上也取决于你的对手的价值。有一个强健的对手,或许是年轻人一生当中最幸运的一件事情,因为他的存在,你必须随时保持学习的姿态;也因为他的努力,你才知道一分辛苦一分才的道理。其实对手并不仅仅是你要克服的人,有时候也能成为帮助你的人。

### "对手"是你前进路上的助推器

生活在当今社会的年轻人,无时无刻不处在一种竞争之中,有竞争就会有对手。我们的对手有时是我们的同事,有时是我们的朋友,有时是同一领域的陌生人。但是不管怎样,这些对手并不是我们的敌人,他们在一定程度上能激发我们的潜质,是我们成功路上的助推器。

一个人如果没有对手的激励,那他就会甘于平庸,养成惰性,最终导致庸碌无为。一个群体如果没有对手,就会因为相互的依赖和潜移默化而丧失活力,丧失生机。一个行业如果没有了对手,就会失去进取的意志,就会因为安于现状而逐步走向衰亡。有了对手,才会有危机感,才会有竞争力。有了对手,你便不得不奋发图强,不得不革故鼎新,不得不锐意进取,否则,就只有等着被吞并、被替代、被淘汰。

有很多争强好胜的年轻人,总是不喜欢与自己竞争的对手,还有的甚至把对手视为心腹大患,是异己,是眼中钉、肉中刺,恨不得马上除之而后快。其实只要反过来仔细一想，便会发现拥有一个强劲的对手，反倒是一种福分，一种造化。因为一个强劲的对手，会让你时刻有种危机四伏的感觉，会激发起你更加旺盛的精神和斗志。

所以不要总是憎恨我们的对手，不要因为自己遇到了对手而失魂落魄。就像康熙帝所说的那样："感谢对手吧，因为正是他们，才使你变得如此杰出和伟大。"

在康熙继位60周年之际，一次宴会上，康熙敬了三杯酒，第一杯敬孝庄太皇太后，感谢孝庄辅佐他登上皇位，一统江山；第二杯敬众大臣和天下万民，感谢众大臣齐心协力尽忠朝廷，万民俯首农桑，天下昌盛；当他端起第三杯酒时，却说："这杯酒敬我的敌人，吴三桂、郑经、葛尔丹还有鳌拜。"宴会上的众大臣目瞪口呆。康熙接着说："是他们逼着我建立了丰功伟绩，没有他们，就没有今天的朕，我感谢他们。"

康熙是一代明君，更是一位智者。他在竞争对手身上发现的用处比愚人在朋友身上发现的用处更多。一个人需要朋友，也需要对手。朋友可以从感情上带来最好的鼓励，对手则可以从理智上带来最深的刺激。善用对手的刺激，可以学到最重要的工作方法。

朋友是"并肩作战"的。并肩的人，观察只及我们的侧面，不容易看出真正的弱点，所以也谈不上如何建议补强这些弱点。对手为了在竞争中赢得胜利，必定会全面观察。在他们发动进攻的时候，必然会针对你的弱点，用他们的优势来攻击你的弱势，从而取得竞争的胜利。在竞争的过程中，你就可以从对手身上学习他们的强项，弥补自己的不足。有一个相互比较竞争的对手，往往可以带来持久的成长。孟子所说的"国无外敌者，恒亡"就是这个道理。

然而，很多人没法这样看待自己的对手。总觉得对手一直是我们自己的潜在威胁。特别是有些年轻人，总是把竞争中的对手当做敌人，哪有向敌人学习的道理。在碰到敌人的时候，首先是不屑，再来就是愤怒，最后则是不能在他面前提起敌人的只言片语。

其实，越是敌人，可学的才越多。对方要打败你，一定是倾巢而出，精锐毕至。在他们使出浑身解数的时候，也就是传授你最多招数的时候。所以，如果你有个对手，很强的对手，你应该打心底欢喜。就像每天要照照镜子，你要每天仔细盯紧这个对手，好好欣赏他，好好跟他学习。如果你没有对手，也要想办法制造出你的对手来。对手总会给你带来压力，逼迫你去努力地投入到"斗争"中去，并想办法成为胜利者。在同对手的对抗中，你才能真正磨炼自己。从某种意义上而言，你的对手是你前进的推动力，是你成功的催化剂。

## 对自己的对手也要"投之以木桃"

《诗经·卫风》中有云："投我以木桃，报之以琼瑶。"就是说，你对我好，我对你更好。普通的朋友之间尚且如此，倘若胸怀宽广，对自己的对手也能"投以木桃"，那你的对手也一定感激涕零，视你为恩人一般。日后定会选择时机报答你，给予你帮助，让你获得更大的成功。

一位名叫卡尔的卖砖商人，由于另一位对手的竞争而陷入困难之中。对方在他的经销区域内定期走访建筑师与承包商，告诉他们：卡尔的公司不可靠，他的砖块不好，生意也即将面临歇业。

卡尔对别人解释说他并不认为对手会严重伤害到他的生意。但是这件麻烦事使他心中生出无名之火，真想"用一块砖来敲碎那人肥胖的脑袋作为发泄"。

"有一个星期天早晨，"卡尔说，"牧师讲道时的主题是：要施恩给那些故意为难你的人。我把每一个字都吸收下来。就在上个星期五，我的竞争者使我失去了一份25万块砖的订单。但是，牧师却教我们要善待我们的对手，而且他举了很多例子来证明他的理论。当天下午，我在安排下周日程表时，发现住在弗吉尼亚州的一位我的顾客，正因为盖一间办公大楼需要一批砖，而所指定的砖型号并不是我们公司制造供应的，却与我竞争对手出售的产品很类似。同时，我也确定那位满嘴胡言的竞争者完全不知道有这笔生意机会。"

这使卡尔感到为难，是要遵从牧师的忠告，告诉给对手这项生意的机会，还是按自己的意思去做，让对方永远也得不到这笔生意？

那么到底该怎样做呢？

卡尔的内心挣扎了一段时间，牧师的忠告一直在他心中。最后，也许是因为很想证实牧师是错的，他拿起电话拨到竞争对手家里。

接电话的人正是那个对手本人，当时他拿着电话，难堪得一句话也说不出来。卡尔还是礼貌地直接地告诉他有关弗吉尼亚州的那笔生意。结果，那个对手很感激卡尔。

卡尔说："我得到了惊人的结果，他不但停止散布有关我的谎言，而且还把他无法处理的一些生意转给我做。"

没有永久的敌人，也没有永久的朋友，只有永久的利益。对于昔日的对手，打击报复只能为自己埋下更多的怨恨，而善待我们的对手，不但能够感化他们，还会为我们自己的事业扫除一定的障碍。

以德报怨，善待对手。英国首相丘吉尔一生都在奉行着这句话，在用人方面更是如此。丘吉尔作为保守党的一名议员，历来非常敌视工党的政策纲领，但当他执政时却重用了工党领袖艾礼，工党也有一批人士进入了内阁。更令人称道的是，他在保守党内部，对前首相张伯伦也没有以个人恩怨去处理他们之间的关系。他不计前嫌，很好地团结了众多对手，显示了他宽阔的胸怀和高明的用人之术。

张伯伦在担任英首相期间，曾再三阻碍丘吉尔进入内阁，他们的政见非常不合，特别是在对外政策上，张伯伦和丘吉尔存在很大的分歧。后来张伯伦在对政府的信任投票中惨败，社会舆论赞成丘吉尔领导政府。出人意料的是，丘吉尔在组建政府的过程中，坚持让张伯伦担任下院领袖兼枢密院院长。这是因为他认识到保守党在下院占绝大多数席位，张伯伦是他们的领袖，在自己对他进行了多年的批评和严厉的谴责之后，取张伯伦而代之，会令保守党内许多人感到不愉快。为了国家的最高利益，丘吉尔决定留用张伯伦，以赢得这些人的支持。

后来的事实证明，丘吉尔的决策很英明。当张伯伦意识到自己的绥靖政策给国家带来巨大灾难时，他并没有利用自己在保守党的领袖地位来给昔日的对手丘吉尔找麻烦，而是以反法西斯的大局为重，竭尽全力做好自己分内之事，对丘吉尔起到了较好的配合作用。

由此可见，如果你能够以一颗宽容的心来公平对待你的对手，善待你的对手，与对手冰释前嫌，就能赢得对手的尊重和友谊，同时也为自己找到了一座强大的靠山。

# 请客要找一个"好理由"

如今办事情少不了请客吃饭，一个好的请客理由，可以冲刷人情世故的风尘气，给人情交易穿上一件漂亮的外衣。这外衣不仅你自己看着舒服，也让别人看着高兴，正可谓两全其美。

## 找一个"好理由"宴请所求之人

宴请是求人最常用的一种手段，恰当的宴请可以为求人顺利和成功提供条件、奠定基础。

刘强是刚毕业的大学生，初入职场的他和办公室里元老级的同事总有些不合拍，连科长都说他有些木讷。办公室里的同事总能找到理由请客，科长也时不时欣然前往。而刘强更加被孤立，虽然他也在寻找请客的理由，以期拉近和大家的关系。

刘强没有女朋友，生日也还有半年多的时间，他实在找不到可以宴请大家的理由，又怕落个马屁精的雅号。这天，刘强在路边的饭厅吃午餐，看到对面有个福利彩票销售点，很多人排着队在买彩票。刘强灵光一闪，顿时想到一个好办法。

从那天，刘强开始买彩票，还有意无意将买来的彩票遗忘在办公桌上。刘强买彩票的消息，在同事间不胫而走。还没等大家把这个消息炒成办公室最热门话题，刘强一天早上郑重地宣布自己获得20000元的一个奖。下班了，同事和科长被请进了饭店，酒足饭饱后，刘强从大家的眼神里看到了认可和友好的神情。

从此以后，他也渐渐融入了办公室这个大集体，上司和同事对他伸出帮助之手。就连他以后结婚分房的事，也是科长和同事鼎力相助的结果。而这一切要谢就得谢那次虚拟的"中奖"啦。

所以，宴请别人一定要找个好理由，理由找好了，才能让对方欣然赴宴，你的事情也就有希望了。

根据办事的性质、对象而采取不同的方式发出邀请。如大多数学者、专家、领导等，工作忙、时间紧，对他们最好提前相约，以便他们做好工作调整、时间安排；如对某团体的要人，公开邀请，甚至借助传播媒介，既能体现公正无私、光明磊落，又利于引起关注、促进宣传、扩大影响。

对别人发出邀请，或者采用开门见山式，例如，当你想邀请上级领导吃饭时，就可以直接说："请问是徐经理吗？我们现在在某某酒楼吃饭，过来认识几个朋友吧，我们等你来啊。"这种方式既显示出了关系的亲近，活跃了气氛，又能使求人办事变得很自然。

或者采用借花献佛式，例如："陈工！今天获奖名单公布了，我中奖了！走吧，我们去庆祝庆祝！"然后在酒宴上再提自己求他所办之事，那个时候他的酒都喝了，哪好意思不帮你？

或采用喧宾夺主式，例如："哦！你中午没有时间啊？没有关系，这样吧，下午我去订个位置，然后晚上你带上你的家人，我们一起去吃怎样啊？晚上我给你电话哦！"这样发出去的邀请，别人就很难再有借口推辞了。你也就有了接近对方，求其办事的机会。

## 宴请的注意事项

宴请不是一件简单的事情，20几岁的年轻人要想成功得体地办好宴请，需要注意以下事项：

### 1. 尊重民俗饮食惯例

中国是一个多民族国家，各民族饮食风俗习惯各异。所以，宴请别人就要尊重别人的民俗惯例，否则，不仅会引起对方不悦，也不利于办成事情。

比如：你要是请回族的朋友吃饭，就不该用猪肉等制品招待，而要用羊肉代替。

你要是请蒙古族的朋友吃饭，就不要给客人食用无盐的茶饭；吃热饭时忌讳用嘴吹气，饭后忌讳伸懒腰。

## 2. 要尊重宴请人的用餐习惯

中餐依照用餐的具体时间的不同,可以分为早餐、午餐、晚餐等三种。至于在宴请他人时,究竟应当选择早餐、午餐或晚餐,不好一概而论。不过,在绝大多数情况下,确定正式宴请的具体时间,主要遵从民俗惯例。例如,在国内外举办正式宴会,通常都要安排在晚上进行。因工作交往而安排工作餐,大都选择在午间进行。而在广东、海南、港澳地区,亲朋好友聚餐,则多爱选择"饮早茶"。

## 3. 要遵循主随客便的原则

宴请的目的是要求人办事,只要使所求之人"吃"得尽兴,那么事情也就不难办了。因此,宴请时主人不仅要从自己的客观能力出发,更要讲究主随客便,要优先考虑被邀请者,特别是主宾的实际情况,不要对这一点不闻不问。如果可能,应该先和主宾协商一下,力求两厢方便。至少,也要尽可能提供几种时间上的选择,以显示自己的诚意,并要对具体长度进行必要的控制。

宴请是针对别人进行的,就要最大化地满足别人的需求与方便,所以宴请的时机与地点就要尽可能地遵守主随客便的原则。你可以事前在电话里征求对方的意见,以便有针对性地准备。

## 4. 精心挑选宴会地点

求人者总是希望办事人有足够的积极性去办事,办事人总是希望有足够的动力去办事。因此找个合适的地方请客,是沟通和办事的前提。

宴请客人时,用餐地点的选择是非常重要的。例如饭店的远近、服务态度、食物的质量,等等。各种因素都会对宴请活动产生不同的影响。

选择地点时,可遵循以下两个原则:

第一,宴请别人时,要考虑被宴请的对象和事由,选择宴请地点。

第二,确定宴请地点时,要考虑周边环境、卫生、设施和交通状况等问题。这样,于人于己都很方便。

## 5. 注重宴会的收尾工作

有很多人认为,既然宴会已经结束,那么就可以完全放松下来,不必再顾虑什么,其实不然。宴会结束时,我们更应该做好细节性的工作。如果一时疏忽,就会使得自己之前费尽心思在宴请对象心里保持的好形象瞬间崩溃,求人办事也变得一波三折。

那么,宴会结束时应该注意哪些细节呢?

(1) 宴会结束的时间。

一般说来,当宴会主人把餐巾放在桌子上或者从餐桌旁站起身来,即表明宴会结束。只有看到这种信号以后,宾客才可以把自己的餐巾放下,站起身来。

正餐之后的酒会的告辞时间按常识而定,如果酒会不是在周末举行,那就意味着告辞时间应在晚间十一时至午夜之间。若是周末,则可更晚一些。除非客人是主人的亲密朋友,一般都不应在酒会的最后阶段还心安理得地坐在那里。

(2) 离席的先后顺序。

当宴会结束,离开餐桌时,不应把座椅拉开就走,而应把椅子再挪回原处。男士应该帮助身边的女士移开座椅,然后再把座椅放回餐桌边。要注意,有些餐厅比较拥挤,贸然起身,或使手提包、衣服等掉得满地,或是碰到人,打翻茶水、菜肴,失礼又尴尬!离席时让身份高者、年长者和女士先走,贵宾一般是第一位告辞的人。

(3) 热情话别。

当宾客离去时,宴会主人应像迎接宾客一样地站在门口与他们一一握别。当宾客成群离去时,也应送至门口,挥手互道晚安,并应致意说:非常感谢各位的光临,真谢谢你们把宴会的气氛维持得这样好。不要以时间过早挽留客人,如果是星期天晚上,你尤其不宜说:现在还早得很嘛,你绝不能这么早走,太不给我面子了!要知道多数人次晨都要起个大早的。对于迟迟还不离去的客人,他们明显地热爱这气氛,这时你可停止斟酒或停止供应糖果瓜子等,以此暗示客人该是离去的时候了。

总之,精心安排一场宴会不能有丝毫大意,必须注意到每个细节,力求尽善尽美。

# 送礼送到点子上

俗话说"礼多人不怪",但盛行的送礼之风容易引发很多负面联想,人们往往把送礼和腐败、权力联系在一起。其实,送礼也可以表达尊敬、谢意,这就要看送礼者的水平了。送礼要送到点子上,才能为你的人际交往锦上添花。

## 送礼须知点儿心理学

既然是要送礼给别人，让别人帮忙或者以备以后帮忙，当然要好好研究一下别人的心理，这样一来，你就必须要先懂点送礼心理学。心理学是一门很值得研究的学问，人们往往对它所发挥的作用惊叹不已，而将其运用到送礼之中，也同样会收到绝佳的效果。

下面是从心理学这一角度出发得出的送礼应注意的问题。

### 1．从礼物可以看出送礼者的性情爱好

庞飞在过年过节时经常会收到一些礼物，他每次都是将这些礼物与送礼者的名字记下来，为的是作为回礼的参考。

天长日久，他逐渐悟出：从对方所送的礼物上可以观察此人的性情爱好。如果对方送陈年美酒给你，其实即表示送者也对美酒有所偏好；若赠送造型典雅的茶具，则送者必是对茶具有爱好者。

每个人对礼品的选择经常在无意识中透露出自己的喜好，即便价格颇高，也会产生"这也是自己所喜爱的"这种心理，而不去在乎其价格的高低了。

然而从另一个方面讲，这也就带有一种强加于人的色彩，容易给对方一种强迫感。

因此，请记住：一味地选择自己所喜欢的礼物送给别人将失去送礼的意义，只有赠送对方所需要的，并且能真正表达自己诚意的礼物，才是真正的"送礼艺术"。

### 2．送礼的时间间隔过频过繁或间隔过长都不合适

送礼的时间间隔也很有讲究，送礼者可能手头宽裕，或求助心切，便时常大包小包地送上门去。有人以为这样大方，一定可以博得别人的好感，细想起来，其实不然。因为你以这样的频率送礼目的太强。另外，礼尚往来，人家还必须还情于你。

### 3．送别人想不到的，肯定让人喜欢

从下面的例子可以看出送别人想不到的礼品惹人喜欢非凡。

小王的女老板结婚，大家都在凑份子送礼。送点什么好呢？送钱最省事，人家又不缺钱。送花？送家具？一个太"轻"，另一个又太"重"。去请教网络的高参吧，上网一搜，还真有答案："送礼是一种各怀不同目的、人和人之间共同交流

感情的行为。同时，送礼者一般都希望收礼的人记住自己，以期待日后的关照或回报。因此，建议：送礼最好送'四不掉'的东西。即：吃不掉、用不掉、送不掉和扔不掉。"说得很对，但并不具体，小王只好双手托腮、冥思苦想，哪些东西属于"吃不掉、用不掉、送不掉和扔不掉"的范畴……工夫不负有心人，小王终于解出了这道难题。

他请了一位有美术天才的大学同学，看着自己老板的照片和录像，画了一幅肖像油画，既有老板的风韵，又比老板漂亮得多。连请同学吃饭，制作成本没超过一百元。有人说他，你这东西既不值钱，又没有实用价值，还不知老板喜不喜欢？不值得送。小王腼腆地说，初来乍到，不知深浅，只能心到佛知了。

两年之后，老板搬了三次家，小王也升职三次，薪水比同期进来的同学高了两级。在参加第三次乔迁家宴时，公司的同事们，在老板家里能看得到的当年新婚贺礼，仅有小王送的那张肖像画，并保存完好；其他人送的礼品，早已消失得无影无踪。女老板曾不止一次地当众夸奖小王会办事，小王也得到了丰厚回报。这张画，吃不掉、也用不掉，同时，老板也不会把它送人，更舍不得把自己的肖像扔进垃圾桶。被大家认为"没用"的礼品，倒比那些"有用"的礼品有用得多。

综上所述，在送礼时懂点送礼心理学，将会使你顺利地送出礼物，达成自己的心愿。

## 把礼包送给关键人物

送礼是一门艺术，要想让自己的礼物起到应有的作用，就要遵循"送礼送对人"的原则。

送礼就是为了办事，那送礼当然就要送给办事的对象，但是有时候办事对象并不止一人，或者说事情要办成功，需要多方的努力和协调。这个时候把礼送给谁呢？有必要全送吗？这的确是个大问题。在现实生活中选错了送礼对象的人不在少数，比如说把礼物送过去了，事情却没有办成——因为对方并非是起关键作用的人物，所以即便送了礼，也是徒劳的。

送礼要送给关键人物，不能送张三一点又送给李四一点，王五也收到一点，结果礼物被分割零散了，分量显得很轻，有时可能起不到利益驱动的作用。这还不算，送的对象多了，难免人多嘴杂，心机泄露，对事情有百害而无一益。

当哈默的西方石油公司来到利比亚的时候，正值利比亚政府准备进行第二轮出让租借地的谈判。政府出租的地区大部分都是原先一些大公司放弃了的利比亚租借地。根据利比亚法律，石油公司应尽快开发他们租得的租借地，如果开采不到石油，就必须把一部分租借地归还给利比亚政府。

在灼热的利比亚，同那些一举手就可以把他推翻的石油巨头们进行竞争，同时还要分析估量那些自称可以使国王言听计从的大言不惭的中间商所说的话到底有多少真实性，这对哈默来说处境很不利。但哈默就是哈默，绝对不会因此而气馁，善罢甘休不是他的作风。他明白，为能在第二轮租借地的谈判中挫败实力雄厚的竞争对手，只能巧取，不能豪夺，而唯一可行的方案就是暗中向利比亚政府申请：如果西方石油公司能得到租借地，将给予政府更多好处，同时也请利比亚政府给予西方石油公司比其他竞争对手更优惠的条件。

哈默在随后的投标上，用了与众不同的方式：他的投标书采用羊皮证件的形式，卷成一卷后用代表利比亚国旗颜色的红、绿、黑三色缎带扎束。在投标书的正文中，哈默加上一条：西方石油公司愿从尚未扣除税款的毛利中取出5%供利比亚发展农业之用。此外，投标书还允诺在库夫拉图附近的沙漠绿洲中寻找水源，而库夫拉图恰巧就是国王和王后的诞生地，国王父亲的陵墓也坐落在那里。挂在招标委员会鼻子前面的还有一根"胡萝卜"：西方石油公司将进行一项可行性研究，一旦在利比亚采出石油，该公司将同利比亚政府联合兴建一座制氨厂。

1966年3月，哈默的计划果然成功，同时得到两块租借地。其中一块四周都产油的油井，本来有17个企业投标竞争这块土地，且多是实力雄厚的知名公司，但结果个个名落孙山，唯有西方石油公司独占鳌头；另一块地也有7个企业投标，但最终还是归在了西方石油公司名下。

这第二轮谈判招标的结果使那些显赫一时的竞争者大为吃惊，不明其所以然，深深为哈默高超的谈判手段、技巧而叹服。

夺得这两块租借地后，西方石油公司凭着独特有效的经营管理，使之成为其财富的源泉。1967年4月，西方石油公司的黑色金子流到了海边，在那个令人难忘的纪念日，仅规模宏大的庆典就用去整整100万美元之巨。

投标书的设计、5%的毛利投资利国农业、在国王诞生地找水、同利国政府联合建造制氨厂，这几件礼物大大赢得了利比亚政府的好感。细细看来，投标书设计迎合了利比亚的民族自豪感，5%毛利投资利国农业解决了其经济发展的主要困难之一，在国王诞生地找水在满足国王的同时也造福于民，同利国政府联合兴建制氨厂能够同时发展利比亚的工业和农业。这几个礼物，有送给国家的，有送给国王的，还有无形中送给权贵们的，真可谓得其实、得其人啊。

20几岁的年轻人在求人办事送礼之前，一定要权衡好各位"要人"的力臂，查问好谁对这件事有裁决权，起主导作用。谁是办事的关键人物就把礼物送给谁，礼物送到了点子上，要办的事情可能也就迎刃而解了。相反，如果把礼物送给了次要人物，不仅收不到预期的效果，还有可能横生枝节，导致事情越来越难办。

## 善于利用别人的缺点，这就是你的优点

> 橘生淮南则为橘，生于淮北则为枳。同样的物种在不同的环境中长成不同的品质，同样的问题到了不同的人手里也能变成不同的武器。对别人来说最大的不足，正是你最适合发挥的地方，别人的缺点，就成了你的优点。正如《孙子兵法》所说的，"利则诱之，乱则取之"，聪明的人除了在自己的身上下工夫，也懂得在别人的身上花心思。

### 知己知彼，百战不殆

这是一个讲究方法和策略的时代，要想在竞争中打败自己的对手，我们不但要懂得自己的优势所在，用自己的优势去赢得竞争的胜利，更需要了解对方的弱点，因为只有摸清楚他们的底细，才能将他们看得清清楚楚，找到对方的软肋，我们就找到了成功的契机。

西汉宣帝时，赵广汉为京兆尹，为首都长安的父母官。

赵广汉上任时，长安的治安形势一度混乱，百姓受害的事时有发生，官匪勾结十分猖獗。面对严峻的状况，赵广汉召集心腹属下说："我上任伊始，并不熟悉此中内情，想打击犯罪，也不知从何下手，何况情况不明，乱下重手只会引起混乱，我想让你们暗中侦察，把盗贼的踪迹摸清。"

心腹属下面有难色，他们说："盗贼行踪诡秘，出入不定，即使用力也难出成效。从前官员都是有事打压，无事清闲，大人何必自讨苦吃呢？"

赵广汉表情严肃地说道："盗贼不绝，根源乃在我们不晓底细，从前官员不尽职所致。我志在剿除盗贼，自然不能和从前官员一样无为了，这是我的命令，违者必惩！"

赵广汉命人暗中详查，表面上故作轻松，没有更深的戒备，盗贼们以为赵广汉碌碌无为，于是放下心来，放胆胡为。一时之间，盗贼蜂拥而出，长安形势更坏。

朝中大臣上疏指责赵广汉失职，无比愤怒地说："京城盗贼横行，京兆尹赵广汉却放纵不管，不知他是何居心。赵广汉定与盗贼勾结，望陛下彻底肃查。"

汉宣帝也怒气冲冲地质问赵广汉说："朕深居宫中，都听说了城外盗贼横行之事，你有何交代吗？"

赵广汉叩头不止，连声说："陛下不要担心，请让臣把话说完，贼情不明，轻举妄动便会打草惊蛇，这也是臣最担心的。臣故意装作不闻不问，只是想让盗贼悉数暴露，以便臣的属下全然摸清盗贼的状况，查清他们肇事的根源，以及那些和他们勾结的差吏收取了多少贿赂。只有将这些情况都搞得明明白白，才能一网打尽他们，让他们无法抵赖。陛下放心，臣已广布人手，侦知此事，过不了多长时间，便是盗贼的末日了。"

汉宣帝听罢，不再责怪赵广汉，他不无担心地说："朕暂且相信你一次，你还是好好把握时机吧。"

不久，已经全然掌握贼情的赵广汉四面出击，每击必中，长安盗贼被肃之一空了。

赵广汉在摸清盗贼的底细之前，绝不会贸然行事，打草惊蛇。只有将一切情报了然于心，时机完全成熟，才果断出击，从而一击奏效。

把对手的底细摸透，了如指掌，始终是战胜对手的一个重要前提。一个人的实际状况是不会轻易显现的，这需要耐心细致的调查和取证才能搞清，而20几岁的年轻人往往缺乏的就是等待的耐心，很容易冲动鲁莽，在还没有观察清楚对方的时候，就匆匆下手，结果失去了最佳的成功机会。可见，年轻人在此不下大工夫是不行的，没有捷径可走。没有底牌可出的对手是最脆弱的，在他们的要害处轻轻一击，也就致命了。

不管是在职场中，还是在一项竞标的活动中，我们都要清楚对手的虚实，便会掌握他们的动态，从他们的弱点下手，我们就不会被动失利，成功也就不会擦肩而过了。

## 在对方最害怕的地方下刀

在对方最重要的地方下手,在对方最害怕的地方下刀,只要位置找得准,再顽固的对手也只得举手投降,任你摆布。

美国第六任总统亚当斯是一个令记者头痛的人物,他从来不愿轻易表露自己的观点,往往使很多记者失望而去。有位叫安妮·罗亚尔的女记者一直很想了解总统关于银行问题的看法,可屡次采访都没有结果。

后来她了解到总统有个习惯,喜欢在黎明前一两个小时起床、散步、骑马或去河边裸泳。于是她心生一计。

一天,她尾随总统来到河边,先藏身树后,待亚当斯下水以后便坐在他的衣服上喊道:"游过来,总统。"

亚当斯满脸通红,吃惊地问道:"你要干什么?"

"我是一名女记者。"她回答道,"几个月来我一直想见到你,就国家银行的问题作一次采访。可是你从来不给我这个机会,现在我正坐在你的衣服上。你不让我采访就别想得到它,是回答我的问题还是在水里待一辈子,你自己选吧。"

亚当斯本想骗走女记者,"让我上岸穿好衣服,我保证让你采访。请到树丛后面去,等我穿衣服。"

"不,绝对不行",罗亚尔急促地说,"你若上岸来抱衣服,我就要喊了,那边有三个钓鱼的。"

最后,亚当斯无可奈何地待在水里回答了她的问题。

名誉和地位是总统最致命的地方,在他的心中,好名声甚至比生命还重要。女记者巧妙地利用了这一点,轻而易举地达到了目的。

事实证明,在某人的"软肋"上痛下杀手,能获得比正面迎击好千倍的理想效果。抓住某人对某事物的珍爱心理,不惜一次又一次使用破坏性的手段,对方一定会主动让步,接受你的操纵和牵制,最终为你所用。

# 急躁是一种时代病

> 假如有一天世上没有了你会怎样？还是会继续运转。虽然这个答案让你失望，但事实就是如此。可很多人似乎觉得缺少自己世界就会停止转动，于是马不停蹄地加班熬夜，没有时间去听音乐、看书、陪家人。这是我们这个时代的病症，患上这种病的人急躁、易怒、健忘。任何事情是急不来的，地球少了你还会自转公转，为何不放慢脚步，来体会一下美妙的人生呢？

### 了解自己的生物钟，妥善安排适当的工作

每一个人都有自己的生物钟，清楚地了解生物钟后，安排合适的工作不仅仅有助于身体健康，还能提高我们的工作效率。

20几岁的年轻人不要认为自己年轻而通宵达旦，透支精力。我们必须保持有规律的生活习惯，避免生活与工作步伐的凌乱，尤其是不足的睡眠及即兴的狂欢，最易让我们精力流失，让工作效率下降。一个晚上的狂欢，可能让我们两三天精神不振。

所以，我们要养成定时就寝与定时起床的好习惯。尤其每天早上做运动，更可以保持充沛的精力，带给我们美好的一天。养成运动的习惯，又可以让我们睡得更好，辗转循环，在具有充沛精力的状况下，我们自然能保持应有的效率。

有些人习惯在白天工作，有些人则是到了夜晚精神特别好，每一个人的生理时间是不尽相同的；建议您花一个星期的时间，观察与记录自己每天的精神状况，以了解自己在一天当中哪一个时段最有精神，也就是在一天当中精神最好、工作最

起劲的时段,我们称它为"核心时间"。

我们要试着空出自己的"核心时间"用来处理重要的事,如做重要的决策、需要用头脑、伤脑筋的创意工作等。千万不要在每天最疲惫的时段,做重要的事项。

要提升工作效率,最好能养成每日下班前,安排好隔日的作息时间和工作计划,不但可以让我们安心返家休息、睡觉,同时不会在第二天,被一些杂七杂八的琐事缠身,而忽略了重要的事。了解自己的生理时钟,妥善安排适当的工作,加上规律的生活,相信必能让效率发挥到最高。

## 放慢你的脚步,过真正的生活

"慢"已变得越来越重要,空闲和宁静再次受到重视,人们必须重新学会享受自然的节奏和支配个人的时间。

有这样一个故事:

一个商人在卖一种止渴丸。
"您好。"小王子上前说。
"您好。"商人说。
"一个星期吃一颗止渴丸,那么你一个星期内就不用喝水了。"
"为什么你要卖这种药?"小王子问。
"它可以帮助人们节省很多时间,"商人说,"专家已经计算过了,一个星期吃一颗药丸,他们可以省出53分钟来。"
"那么53分钟用来做些什么呢?"
"随便他们做什么……"
"如果我有53分钟的空闲,"小王子说,"我就会悠闲地逛到清洌的泉边。"

显然加快速度终究会达到极限。回归到正确的时间限度和自然的时间节奏将会在"慢"与"快"之间实现平衡。作为适度的安排时间的学说,时间平衡在早期曾受到人们的嘲笑,而如今,它在管理领域得到越来越多的认可。

古往今来,在时间的利用上人类表现得异常谦逊,经常陷入深深的自责:永远检讨自己不够努力,以致光阴虚度。整整12个月、365个日日夜夜,都干了些什么?总觉得应该做更多的事,走更长的路,赚到更多的钱,但没有。

是谁让时间严重缩水,让我们觉得生命苦短、脚步匆匆?其实,年月日、

时分秒和以往一样长短,并无什么黑客能偷藏劫掠。只不过我们坐上国际"过山车",身不由己地高速冲撞,前俯后仰,过瘾地放肆尖叫。是的,现代人无法抵御速度的诱惑。行有高速公路,食有快餐鸡腿,说有疯狂英语,看有流星飞雨,聊的是合资语言,用的是电子邮件。过去几日甚至数月才能了结的工作,现在只需轻敲键盘,用手机拨个电话,开车跑一趟即可完成。但脚步迅捷,心情并不轻松。

我们只顾匆匆赶路,而忘记了生活的真正意义。在高速度中失去了享受的权利。

在繁忙的生活中,我们忘了停下脚步来考虑这个根本的问题,我们中的很多人都在忙着用生命去赚钱,却很少有人去规划一个值得拥有的生命。如果你也是这样,也许就会像下面这个故事中的狐狸一样——忙来忙去,到头来还是一场空。

有一只狐狸想溜进一个葡萄园里大吃一顿,但是栅栏的空隙太小,它钻不进去。在狠狠地节食了三天后,它总算能钻进去了。但是当它大吃一顿以后,却又出不来,只好在里面又饿了三天,才出得来。这只狐狸感慨地说:"忙来忙去,到头来还是一场空。"

当你一个人静下来的时候,你有没有问过自己:"每天忙来忙去,我到底在忙什么?我真正追求的是什么?"研究发现,约有93%的人不清楚自己的价值观是什么,他们不知道自己忙来忙去究竟要到哪里去,如同水面上的浮萍一样,糊里糊涂地过了一生。他们的生活可以用三个字来概括——"忙、盲、茫"。

有一幅画家的作品,画面上是繁忙的街道,高速的车流,每个人脸上都露出忙碌的表情。在这一繁忙景象之中,有一个人弯着腰,样子很失望。他在街道上逆行。这个孤独的人下面有一行字:"寻找昨天"。许多人都像这个弯腰的人一样把精力耗费了,老是想着过去犯过的错误和失去的机会,欷歔不已,又或者空想未来。这两种心境都是极浪费时间的。达克·哈巴舍尔德说过:"不要回想,也不要做未来的梦。逝去的不会回来,白日梦也无法实现。你的责任、你的奖赏和你的命运是此时此地。"

只有真实地感受生活的人才是幸福的人。有人忙忙碌碌一生,却忘了真正去活,这是人生最大的悲哀。

 # 警惕"亚健康"来袭

据国内一份涉及1179人的调查资料显示：其中66%的人有多梦、失眠、不易入睡的现象，62%的人经常喊腰酸背痛，57%的人诉说记忆力明显减退，48%的人脾气因焦虑而变得暴躁。另一项调查也证明了这一点：因过劳而引起的慢性疲劳综合征，在城市新兴行业人群中的发病率已达到10%～20%，在办公族中高达50%，如科技、新闻、广告、公务人员、演艺人员等，其中一部分是年轻人。这不能不引起我们的警惕。因此，20岁的年轻人要关注自己的健康，放慢自己的脚步，远离亚健康，为自己的生命再上一把安全锁。

## 不要过早地背上"亚健康"的包袱

现在持续而高强度的快节奏生活难免令人不堪忍受，疲劳、头痛、失眠等不适症状接踵而至，这些信号提醒你，机体已经超负荷运转，该进行调整与休息了，否则亚健康将成为你终生要背负的包袱。

刘先生已近40岁，典型的办公族，最怕夜晚来临。因为不知从什么时候开始，他成了没有睡眠的人，几乎用尽了除药物以外的所有土方洋法，也无法解决失眠问题。不仅如此，食欲下降、神经衰弱、性欲减退等症状也相继赶来凑热闹，去医院又查不出什么问题。

刚过而立之年的某出版社美术编辑王先生，虽说工作、生活都还算过得去，但地位、收入都平平。他不甘心，四处活动，做了好几个兼职，集艺术学校美术教

师、广告公司创意总监、美展中心顾问等于一身，一个星期几头跑，名声大了，腰包鼓了。正当他春风得意之际，身体向他抗议了，他用一个字来概括：累！每晚回到家里，觉得骨头都要散架了，一上床，那些莫名其妙的梦便来烦他。

刘先生与王先生的这种状况，都是由工作压力或生活压力所迫而导致的亚健康状态。这种状态正在不知不觉中威胁着我们的健康，如果你年轻时就让自己背负着亚健康的包袱，那么你将来就会像刘先生和王先生那样失去自己的健康。

因此，年轻人应该注重自己的生活节奏，不要因为年轻就通宵达旦地工作，毫无尺度地透支着健康而不自知。亚健康通常悄悄地袭来，为身体健康埋下各种隐患，让我们在"无大病"的遮掩下，机体处于紊乱状态，体质下降，最终影响正常的工作和生活。

## 放慢疾走的脚步

要想摆脱亚健康给我们带来的威胁，就要放慢脚步，过一种和谐的生活。但是很多追求成功的人都舍不得停下脚步放松自己，在他们看来，放松是对工作的一种不负责任和对时间的严重浪费。他们以为只有永不停歇才能早一点获得成功，即使已经精疲力竭、油尽灯枯，他们依然不愿停止。这的确是难能可贵，但绝不是明智之举。

乔治是一家会计事务所的职员，有一天早上，他手上握着刚从纽约事务所发来的信函，正想走下佛罗里达饭店的阳台，无疑，阳光照耀的假期已经泡汤了，接下来该是非常忙碌的工作时刻。他心头一急，只想赶快进入状态，匆忙地走着。此时，一位压低帽檐、舒服地躺在摇椅上的朋友，一眼瞧见了慌乱疾走的他，就以佐治亚州特有的南部柔软腔调喊道："先生，你想赶往哪里呀？身浴佛罗里达亮丽阳光的你，不该还是如此急躁不安。来！坐坐摇椅，咱们一起完成伟大的艺术吧！"

"究竟是什么？请你告诉我，我真的不晓得你是从事哪种艺术。"乔治不由放慢了脚步，压低声音问。

"没什么，"朋友安详无事地回答，"只是想与你共享正在消失中的艺术呀！如今大多数的人都已忘了它是什么了。"

"我是在做日光浴艺术，闲坐此处，让慈爱温情的阳光抚慰身心，一丝丝地渗透我的灵魂。请问你曾想过'太阳'吗？"

接着，他继续说道："太阳是那样暖和、优雅，悄悄地照耀着大地，它不按电铃，也不打电话，只是无声无息地亲吻着大地。想想它一小时的工作量，就远超过你我一生的工作，太阳实在是太伟大了！花开草盛树茂，大地一片欣欣向荣，干旱时降下甘霖滋润大地，使人间充满生机与和平。

"我发现每当我沉醉于日光浴中，太阳就会慢慢渗透我的身体的每一部分，抚平、安定一切，并施予无穷的能量，所以我禁不住爱上日光浴——老兄，把那邮件的事丢在脑后，在我身旁坐一下吧。"乔治依言坐下了，让温馨的太阳光芒晒暖全身，而后回到房间开始处理邮件，出人意料地，竟然一下子就完成了。

确实，也有些人是终日无所事事地暴晒于日光之下的，但这并非最好的方式。一边享受，一边冥想四方，有了这种积极的心态，不但可以帮助恢复体力，更会带来向上奋斗的力量，主动地创造事业与人生。

年轻人面对竞争日趋激烈的现代社会，有时我们需要减缓生活的步调，抚平内心的焦虑，从容不迫地面对生活和工作中的挑战，但是已经适应快节奏的生活很难打破。下面的一些建议会让你疾走的脚步慢下来，远离亚健康的威胁。

1. **学会说"不"**

当别人请求你帮他们做事情而给你造成压力时，考虑一下你是否能够做或者愿意做他们要求你做的事情。如果你不能够或不想做，就要学会有效地拒绝他人的请求。

2. **学会放弃**

汉语中有一个非常好的词，就是"舍得"。记住，是"舍"在先，"得"在后。世界上的事情总是有"舍"才有"得"，或者说"舍"了一定会"得"，而"一点都不肯舍"或"样样都想得到"必将事与愿违或一事无成。

3. **学会说"算了"**

对于一个无法改变的事实的最好办法就是接受这个事实。

4. **不要拿自己的错误来惩罚自己**

何谓好人？如果交给他做10件事，他能做对7~8件，他就是好人。显然，这句话潜藏着另外一层含义，就是好人也会做错事，好人也会犯错误。所以，好人做错了事，一点都不要紧，犯了再大的错误也不要紧，只要认真地找出原因，认真地吸取教训，改了就好。

# 工作只是我们生活的一部分

> 年轻人步入社会，就被工作主宰了人生。工作被认为是人们继续扩展自我价值的阵地，提供个人与他人建立关系的机会，是一个人的一种社会指标，也是个人与广大社会融合的过程。也就是说，工作不仅提供了个人的生计，还成为个人满足与喜悦的源泉，建立了个人自我形象与意识的条件。然而，如果工作的目的是为了让生活更美好，那为什么大多数人都过得这么不愉快，认为在工作中受折磨呢？工作对于人生幸福的贡献，并不如人们所想象的那样大。刚踏入职场的人，有一份雄心壮志是好的，但也要明白：工作固然重要，但它只是生活中的一部分。如果因工作而忽略生活中的其他东西，人生会失去很多色彩。

## 工作不是生活的全部

在快节奏的都市生活中，不论是已有孩子的双职工，还是那些拼命工作以谋求发迹的单身者，都会被这种单调、沉闷、乏味而又忙碌的生活模式搞得抑郁不欢。

如果你也跟大多数人一样生活，那么今天你最渴望的事情，也许就是在经济收入不受影响的情况下，能为自己找到更多的时间。你希望能享受一点人生的快乐。也许你已经开始考虑如何减少一些工作时间……也许你渴望的只是一种简单而稳定的生活，希望能有更多的时间可以悠然自得地和家人或朋友待在一起，当然最好再给自己留出一点空暇。如果这种生活真的是你所期盼的，一点也不奇怪。今天，有千百万人正以一种全新的视野，去思辨和确认在他们的生活中什么是最重要的。而无论他们的答案如何千差万别，为自己找到并拥有更多的时间，无疑是众人共同的心愿。

众人"日理万机"的时刻，闲者有罪。这里有一则笑话。

商业圈内有位成功人士，颇受人景仰。每隔一段时同，总有人以尊敬的口吻询问其人近况。大家不断听到他忙着做生意、忙着买进口车以及出国度假的喜讯。最近又有人问他，又在忙些什么呢？唉，住院了，正忙着看病呢。

可见，损害规则必将遭受惩戒。现在，健康的红灯已经亮起，亚健康人群不断"扩军"，忧郁症的阴影在城市悄悄游动，自杀率也在逐年增高，不断有意志和体格不够坚强的同志倒下。处于高度工作压力下的人都会有忘记吃饭或延迟吃饭的经历，这对于缓解压力是非常有害的。因为饥饿感会引起供血方面的问题，导致肠胃痛、精神紧张。因此，不要因为忙工作而废寝忘食。

再忙，也不能成为拒绝思想的借口。减速的时候，是否思考一下，忙是不是人生唯一的目标？忙的意义到底是什么？如果这两个问题想通了，忙和不忙的人都不会显得太痛苦。很多事业心很强的人对事业很投入，以致事业成为生活的全部。当事业结束时，一切也就全部结束了。

工作是船，生活是岸。如果为了工作而把生活搞得乱七八糟，那工作也就失去了意义。应把工作看做生活的一部分，而不应该因工作而忘了享受生活。

## 拼命三郎当不得

我们应该高效率地工作，但不应该成为工作上的拼命三郎。通常这样的人都是"工作狂"，经常超负荷、满载运转、不知休息、疯狂而疲惫地工作。

"工作狂"事必躬亲，大事小事都亲临现场，亲自动手，该授权的不授权，该委托别人代理的也不肯委托人去办。

"工作狂"如果是一般干部或职工，大事小事都爱打听，爱插嘴，爱插手；该管的拼命管，不该管的也要把揽着管；干得好的他干，干不好、管不了的他也要干、要管，直到把事情搅得一塌糊涂不可收拾为止。

"工作狂"貌似老黄牛，不计条件，不计报酬。他上班最早，回家最晚。以单位为家，终日忙忙碌碌，实则都是无效劳动。

"工作狂"办事效率极低，但终日手忙脚乱，屁股不沾椅子。该上午办完的事，推到下午；该下午办完的事，推到明天。工作总是推来推去，没完没了。

"工作狂"忙得连节假日都没有，他从来不知道休息。有了病，连上医院的空都没有,甚至医生开了病假条,他还要带病工作。因为他晚上要干白天拖下来的工作;星期天要干一周积累下来的工作。所以"工作狂"从不看电视、更不看电影,也不肯花时间与亲朋好友带上孩子逛逛街。

很明显,"工作狂"的工作是超负荷的。如果你知道自己正被超负荷的工作煎熬着,你需要立刻做出决定,试图减少你的工作量。这对于你来说,可能需要一定的勇气。但如果你长期处于超负荷工作中,它可能成为导致疲劳、压力和低劣业绩和原因。

做事全力以赴,让自己在努力工作时浑身充满激情和干劲,这是真正用心拼搏时最美好的境界。但是同时,我们也应该适时地放松自我,让疲惫的身心,获得完整的复原机会。人生是一场长跑,但我们没必要被它搞得疲惫不堪。你应该将原来一成不变的疲于奔命式的马拉松变成百米冲刺。

因此,我们要吸取这样的教训。不能做工作上的拼命三郎,工作之余,我们不能忽略自己的朋友和家人。

如果你过去从来没有时间去陪家人和朋友,那么你不妨从现在起,安排一段与家人和朋友共享的黄金时间,用来陪伴你的丈夫或妻子;或者用来与重要的朋友聚会。

事业只是我们生活的一部分,虽然是很重要的部分,但有些人是如此的沉溺在他们的工作中,以至于事业成为他们的全部,一旦他们退休或被炒鱿鱼的时候,他们大多数的朋友都在他们离开工作之后消失了。他们的友谊是工作上的友谊关系,当工作结束时,友谊也结束了。

每个星期都应该给每一个孩子留出一两个小时和父母亲单独相处的时间。每个月孩子都分别有和父母亲单独相处的"特定时间",慢慢地他们就会期盼这个"特定时间"的来临。而父母亲则可以利用这一段时间来了解每一个孩子的特质,并强化家庭中每个亲属之间的亲情联系。

20几岁的生活也不应该被工作全部占有,我们还要留出一定的时间来经营我们的家庭和其他的人际关系。

#  简化生活就是强化快乐

> 当我们追求时尚的时候,时尚又在追求简单了。从一朵花中看到生命的美丽、一株草中感受生命的顽强。简单的大自然,蕴涵着丰富的智慧。疯狂过后,我们发现生活并不需要高级的香水和最华丽的时装来包裹,只要简单真诚,就能体会到无边的快乐,这是上上的智慧。

## 简单的生活溢满快乐

尘世生活中有许多人所追求的舒适的物质享受、为人欣羡的社会地位、显赫的名声,等等。今日的青年人追求的"时髦"、"新潮"、"时尚"、"流行",也是一种"世味",其中的内涵说穿了,也离不开物质享受和对"上等人"社会地位的尊崇。专注于此,人就会像被鞭子抽打的陀螺,忙碌起来——或拼命打工,或投机钻营、应酬、奔波、操心……你会发现自己很难再有轻松地躺在家中床上读书的时间,也很难再有与三五朋友坐一起"侃大山"的闲暇,你忙得忽略了自己孩子的生日,你忙得没有时间陪父母叙叙家常……

菲律宾《商报》登过一篇署名陈美玲的文章,作者感慨她的一位病逝的朋友一生为物所役,终日忙于工作、应酬,竟连孩子念几年级都不知道,留下了最大的遗憾。作者写到,这位朋友为了累积更多的财富,享受更高品质的生活,他终于将健康与亲情都赔了进去。那栋尚在交付贷款的上千万元的豪宅,曾经是他最得意的成就之一,然而豪宅的气派尚未感受到,他却离开了人间。作者问:"这样汲汲营营

追求身外物的人生，到底生命感知何在，意义何在？"

这位朋友显然也是属"世味浓"的一族，如果他能把"世味"看淡一些，像陈美玲那样"住在恰到好处的房子里，没有一身沉重的经济负担，周休二日不值班的时候，还可以一家大小外出旅游，赏花品草"……这岂不是惬意的生活？

陈美玲写道："生活简单，没有负担，这是一句电视广告词，但用在人的一生当中却再贴切不过了。与其困在财富、地位与成就的迷惘里，还不如过着简单的生活，舒展身心，享受用金钱买不到的满足来得快乐。"

"只有简单着，才能从容着、快乐着。"不奢求华屋美厦，不垂涎山珍海味，不追时髦，不扮贵人相，过一种简单自然的生活，一种外在的财富也许不如人，但内心享受充实富有的生活。这是自然的生活，有劳有逸，有工作着的乐趣，也有与家人共享天伦的温馨、自由活动的闲暇。20几岁的人也应该懂得在追求物质财富的同时，要适当简化自己的生活，让自己的心有一处可安放的空间，这样才能让快乐萦绕在自己的周围。

## 简单的工作也能通往成功

在实际生活和工作中，不管是解决问题、处理事务，还是策划市场、管理企业，都不会有什么绝招。大量的工作都是一些琐碎的、繁杂的、细小事务的重复。这些事做成了、做好了，并不一定能见到什么成就；一旦做不好、做坏了，就使其他工作和其他人的工作受连累，甚至把一件大事给弄垮了。

因此，不管是对于公司，还是个人，最重要的是将重复的、简单的日常工作做精细、做专业，并恒久地坚持下去，做到位、做扎实。这样的人才能获得成功，才能享受成功的快乐。

《纽约时报》上有一篇文章讲述了这样两则故事。

有个老木匠已经60岁了，他告诉老板，说要离开建筑行业，回家与妻子儿女享受天伦之乐。老板舍不得木匠，再三挽留，木匠决心已下不为所动。老板只得答应，但问他是否可以帮忙再建一座房子，老木匠只得答应了。

在盖房过程中，大家都看得出来，老木匠的心已不在工作上了，用料也不那么严格，做出的活儿也全无往日水准，全力以赴为客户服务的精神已不复存在。老板并没有说什么，只是在房子建好后，把钥匙交给了老木匠。"这是你的房子，"老板说,"我送给你的礼物。"老木匠愣住了。同样,他的后悔与羞愧大家也都看出来了。他这一生盖了无数好房子,最后却为自己建了这样一座粗制滥造的房子,就是因为他没有把认真负责的工作精神贯彻到底。

另一个故事是:

在欧洲手工业时代,一个专打铜锣的铺子里的工匠师傅已近70岁了,还每天坚持掌锤。每到了锣心的时候,老工匠就会使足力气打下最后一锤。

原来,锣心的一锤与周边的锤法都不一样,锣心以外的每一锤都只是准备,最后的一锤才是定音的,或清脆悠扬,或雄浑洪亮,都因这一锤而定。这一锤打好了,就是好锣,要打得不轻不重,恰到好处。否则,这只锣就报废了。不论多么优质的铜材,不论剪裁的尺寸多么合理,也不论一开始打了多少锤,这都不是最重要的,重要的是最后关头的恰到好处的最后一锤,这才是一只锣制造成功的关键。

成功,就是简单的事情重复地做。要成功其实不难,只要重复简单的事情,养成习惯,"一旦你产生了一个简单而坚定的想法,只要你不停地重复它,终会使之变成现实。"这是美国通用电气前总裁杰克·韦尔奇对如何成功做出的最好回答。当你成功地坚持做好了每天简单、重复的工作后,快乐也会让你的内心充盈。

## 恰到好处的批评是"甜"的

> 恰到好处的批评是甜的,这样可以给对方一定的余地。会做工作的人,在对别人进行批评教育时,总是三言两语见好就收。不懂得此理的人,总是不肯善罢甘休,把对方批得"体无完肤",结果过犹不及,把善意的帮助导向了恶意的破坏。批评是一门艺术,既要恰到好处指出别人的弊病,展现你的高度,还要让对方接受,理解你的好意。

## 用最好的方式批评别人

在生活中,年轻人总是心直口快,看到别人做错了事情,总是喜欢当众批评他人,过后才知道让彼此陷入一种尴尬的境遇。看见别人有错误不是不能批评指正,但是一定要注意方式,比如说学会幽默迂回地批评别人。

在《资治通鉴》中有这样一个故事:

宋太祖在臣子张思先面前说过大话:"因你这次为君为国做出如此重大贡献,我决意让你官拜司徒。"

张思先左等右等总不见任命下来,可是又不好当面质询,这会让皇帝面子上不好看,也可能此事就吹了。左思右想,只能幽默一下,来个皆大欢喜。

有一天,张思先故意骑一匹奇瘦之马从太祖面前经过,并惊慌下马向皇帝请安。皇帝问道:"你这马匹为何如此之瘦?是不是你不好好喂它?"张思先答:"一天三斗。"太祖又问:"吃得这么多,为何还如此之瘦?"张答:"我答应给它一天三斗粮,可是我没给它吃那么多。"二人大笑不止。

太祖是个聪明人,马上有所领悟。第二天,就下旨任命张思先为司徒长史。

《三国演义》中也有一件有趣的事情:

曹操的儿子曹植才华横溢,文思敏捷,很受曹操的宠爱。因此曹操便想废除长子曹丕的世子地位,而改立曹植为世子。这一天,曹操叫来谋士贾诩,屏退左右向他讨个主意。

贾诩心中是不赞成改立世子的,可直截了当地否定曹操的心愿当然不行。贾诩听完曹操的述说后,一直默默不语,也没有回答曹操的询问。曹操见他半天不说话,便问道:"和你说了半天,可你却不回答我的问题,这是为什么?"贾诩慢悠悠地回答说:"臣下在想一件事,因而未能及时回答您的问题。"曹操又问:"你在想什么事?"

贾诩沉思半晌,回答道:"我在想袁绍、刘表父子的事呀!"袁绍和刘表都是东汉末年称霸一方的豪强,袁绍因为非常喜欢小儿子袁尚,便让他代替了长子袁谭做了世子。袁绍死后,袁尚、袁谭各树一帜,互相争斗,最后都被曹操一一灭掉了。刘表也很喜欢小儿子刘琮,后来便废掉了长子刘琦,让刘琮做了继承人,最后也被曹操灭掉。贾诩特意点出这两个废长立幼而最终又被曹操攻灭的人来，意在表明废长立幼终不可取，非常巧妙地表达了自己的劝谏。

曹操听了贾诩的话，当然马上明白了其中的深意，哈哈一笑，从此再也不提改立世子的事了。生活中批评也处处存在，但一定要注意方式。英国大文豪毛姆在其名著《人性枷锁》一书中说过一句经典名言："身居高位之人，即使请你批评指教，他所真正要的还是赞美。"因为这是人性所在。因此，为了达到同一目的，你要学会用含蓄幽默的方式，让对方感悟而非刺痛，这样才能皆大欢喜。

所以，20几岁的我们要懂得：批评不是赤裸裸的，一定要用最好的方式，让别人知道自己所犯的错误，恰当正确的批评才能让人欣然地接受。

## 批评他人要准备好台阶

心理学家研究表明，谁都不愿把自己的错处或隐私在公众面前曝光，一旦被曝光，就会感到难堪或恼怒。因此，在交际中，如果不是为了某种特殊需要，一般应尽量避免触及对方所避讳的敏感区，避免使对方当众出丑。必要时可委婉地暗示对方你已知道他的错处或隐私，便可对他造成一定的压力。但不可过分，只需"点到为止"。

既能使当事者体面地"下台阶"，又尽量不使在场的旁人觉察，这才是最巧妙的"台阶"。

在广州一家著名的大酒店，一位外宾在吃完最后一道茶点后，顺手把精美的景泰蓝食筷悄悄"插入"自己的西装内衣口袋里。服务小姐不露声色地迎上前去，双手捧着一个装有一双景泰蓝食筷的绸面小匣子说："我发现先生在用餐时，对我国的景泰蓝食筷颇有爱不释手之意。非常感谢你对这种精细工艺品的喜爱。为了表达我们的感激之情，经餐厅主管批准，我代表酒店，将这双图案最为精美并且经过严格消毒处理的景泰蓝食筷送给你，并按照酒店的'优惠价格'记在你的账簿上，你看好吗？"那位外宾当然明白这些话的弦外之音，在表示了谢意之后，说自己多喝了两杯"白兰地"，脑袋有点发晕，误将食筷插入内衣口袋里，并且聪明地借此下"台阶"，说："既然这种食筷不消毒就不好使用，我就'以旧换新'吧！哈哈哈。"说着取出内衣口袋里的食筷恭敬地放回餐桌上，接过服务小姐给他的小匣，不失风度地向付账处走去。

如果服务员想让这位外宾"出洋相"真是太容易了，但她没有那样做，而是委婉地暗示对方的错处。懂得说话艺术的人往往会这样不动声色地让对方摆脱窘境。

有时遇到意外情况使对方陷入尴尬境地，这时，外圆内方的人在给对方提供"台阶"的同时，往往会采取某些妥善措施，及时给对方的面子增添一些光彩，使对方更加感激不尽。

1953年，周恩来总理率中国政府代表团慰问驻旅大的前苏军。在我方举行的招待宴会上，一名前苏军中尉在翻译总理的讲话时，译错了一个地方，我方代表团的一位同志当场做了纠正。这使总理感到很意外，也使在场的前苏联驻军司令大为恼火，因为部下在这种场合发生失误使司令有些丢面子。他马上走过去，要撕下中尉的肩章和领章，宴会厅里的气氛顿时紧张起来。这时，周总理及时地为对方提供了一个"台阶"，他温和地说："两国语言要做到恰到好处的翻译是很不容易的，也可能是我讲得不够完善。"并慢慢重述了被译错了的那段话，让翻译仔细听清，并准确地翻译出来，从而缓解了紧张的气氛。总理讲完话在同前苏军将领、英雄模范干杯时，还特意同那位翻译单独干杯。前苏驻军司令和其他将领看到这一景象，在干杯时眼里都含着热泪，那位翻译也被感动得举着酒杯久久不放。

古人云："人非圣贤，孰能无过？"有过而不接受批评，只能在错误的道路上越走越远。可见，批评在工作中是非常必要的。但是，如果领导的批评言辞不当，不注意批评的技巧和方法，往往会导致一些意想不到的事情发生。因此，要想收到良好的批评效果，就需要掌握批评的技巧和方法。

下面简单介绍几种批评的方法。

### 1. 在批评别人之前先作自我批评

毛泽东在1962年的一篇发言中一方面严厉批评党内压制民主的恶劣现象，一方面也坦率地对近几年工作中的错误承担责任。他说："凡是中央犯的错误，直接的归我负责，间接的我也有份，其他同志也有责任，但是第一个负责的应当是我。"在毛泽东的带动下，其他主要的中央领导也在会上作了诚恳的自我批评，会议取得了良好的效果。这种先作自我批评的方法，能够减轻下属的心理负担和抗拒心理，使他们能够接受批评，冷静地审视自己的错误。

## 2．运用抑扬结合法

即在批评别人时，先找出对方的长处称赞一番，然后再提出批评，最后再使用一些鼓励性的话语。这种方法使人认为你的批评是公正客观的，自己既有过失，也有成绩。这样就减少了因批评所带来的抵触情绪，收到良好的批评效果。

某领导发现秘书写的总结有不妥之处。他是这样批评秘书的："小张，这份总结总的来说写得不错，思路清晰、重点突出，有几处写得很有见地，看来你下了工夫。只是有几个地方提法不妥，有些言过其实，有的地方尚缺定量分析，麻烦你再修改一下。你的文笔不错，过去几次写总结也是越修改越好，相信你这次也一定能修改出一个更好的总结来。"这样说，秘书会感到领导对自己很公正、很器重，充满期望和信任，因而会更卖力地把总结修改好。

## 3．运用明褒暗贬的方法

某位领导碰到一个全厂有名的后进青年，见面时领导主动打招呼："小唐，你好！"对方不冷不热地冒一句："不敢说好，我是厂里有名的坏蛋。"领导忙接过话头说："你一不偷，二不抢，三不搞腐化，怎么会是坏蛋呢？这种说法是错误的。你不是坏蛋，说你不可救药，不仅否定了你，也否定了教育者自己。"

这番话首先稳定对方情绪，满足对方的自尊心，同时又促进对方反思，为什么不偷不抢，名声却不好呢？这种明褒暗贬的批评法运用得当，批评成功率很高。

## 4．归谬正误法

先假定对方的观点正确，然后顺着对方的思路将此观点引向荒谬的境地，让对方自己看清观点的错误性。

有个青工考上大学后，就想抛弃原来的爱人。领导批评他时，他振振有词地说："条件变了，爱情也应当更新。"领导批评说："爱情需要更新充实，但不能是你这种更新法，照你的更新法地位改变一次，就变换一次'爱情'。那么，将来你考上研究生、博士生、当上教授……将会更换多少个爱人呢？"这个青工被说得无话可讲。这种方法对一些为自己错误和行为狡辩的人是一种很有威力的批评方法。

当然，批评的方法远不止以上四种，作为领导者只有讲究批评的方法和口才技巧，才能达到预期的目的，取得良好的效果。

## 用你的"双耳"去赢得他人的认可

> 能说会道的人最受欢迎，善于倾听的人才真正深得人心。话多难免有言过其实之嫌，或者被人形容夸夸其谈，言过其实。静心倾听就没有这些弊病，倒有兼听则明的好处。用心听，给人的印象是谦虚好学，是专心稳重，诚实可靠。所以，有时候用双耳听比说更能赢得他人的认可和赞誉。

### 倾听那些被人忽略的声音

倾听，不仅要倾听别人的声音，也要倾听平时少为人听或不为人听的声音，因为那里面也许藏有珍宝。学会倾听，发掘生活中的小秘密，这就是许多人走向成功的秘诀。

一个农场主在巡视谷仓时不慎将一只名贵的金表遗失在谷仓里，他找了好久也没有找到，便回家要自己的几个儿子都出来继续找。

儿子们听说父亲的金表丢了，心里都很着急，于是立刻来到谷仓，开始卖力地四处翻找。无奈谷仓内谷粒成山，还有成捆成捆的稻草，要想在其中找寻一块金表如同大海捞针。

儿子们一直忙到太阳下山，仍然没有找到金表，他们不是抱怨金表太小，就是抱怨谷仓太大、稻草太多，最后他们一个个都放弃了，陆续离开。这时，只有农场主的小儿子在众人离开之后仍不死心，努力地寻找。他已经整整一天没有吃饭了，希望在天黑之前能找到金表。因为父亲平时最宠爱的就是他，但总是把他看成小孩子，其实他已经14岁了，已经是小大人了，他要证明自己。天越来越黑，整个谷仓寂静无声，安静得有些让人害怕，可小儿子仍然坚持在谷仓内继续寻找。突然，他隐约听见谷仓内似乎有一个奇特的声音"滴滴"响个不停。小儿子顿时屏住呼吸，此时的谷仓更加安静，那声响清晰可闻。没错，那就是父亲丢失的金表走动的声音！小儿子循声找到了金表，最终得到父亲的赞扬和肯定。

生活的法则并不是那么烦琐，而之所以掌握它的人很少，是因为多数人认为这些法则太简单，没有动手去做。生活的小秘密犹如谷仓内的金表，早已存在于我们身边，散布于人生的每个角落，只要执著地去寻找，并且仔细倾听和观察，就能洞察其中的玄机，成为生活的主人。

辛格曼·弗洛伊德要算是近代最伟大的倾听大师了。一位曾遇到过弗洛伊德的人，描述着他倾听别人时的态度："那简直太令我震惊了，我永远都不会忘记他。他的那种特质，我从没有在别人身上看到过，我也从没有见过这么专注的人，有这么敏锐的灵魂洞察和凝视事情的能力。他的眼光是那么谦逊和温和，他的声音低沉，姿势很少。但是他对我的那份专注，他表现出的喜欢我说话的态度——即使我说得不好，还是一样，这些真的是非比寻常。端正得无法想象，别人像这样听你说话所代表的意义是什么！"静听他人的声音，并通过这种静听打开生活的玄机，既是对人世的通明，也是对人生的洞彻。

## 耳朵比嘴巴更有用

有人说，上帝创造人的时候，为什么只有一张嘴，却有两个耳朵呢？——那是为了让我们少说多听。

在美国，曾有科学家对同一批受过训练的保险推销员进行过研究。因为这批推销员受同样培训，业绩却差异很大。科学家取其中业绩最好的10%和最差的10%作对照，研究他们每次推销时自己开口讲多长时间的话。

研究结果很有意思：业绩最差的那一部分，每次推销时说的话累计为30分钟；业绩最好的10%，每次累计只有12分钟。

大家想，为什么只说12分钟的推销员业绩反而好呢？

很显然，他说得少，自然听得多。听得多，对顾客的各种情况自然了解很多，自然会采取相应措施去解决问题，结果业绩自然优秀。

成功学大师卡耐基也提醒人们，在交流的时候最好留80%的时间给对方，自己耐心倾听，而剩下的20%的时间，用来提醒或者启发对方说下去。

善于倾听对家庭、企业还有这样的好处：大家知道，日本松下电器驰名全球，它的创始人松下幸之助就特别善于倾听。他说，如果你手下的人提的意见、建议你都不听，那长此以往，他们就不愿再提了，脑子也不愿开动了。因为提了也没有用，听你的不就完了嘛！

这样公司会死气沉沉。在企业是这样，在家里也是这样。

善于倾听，还能使你有好人缘，有好人缘，办事肯定会得心应手。

善于倾听，意味着要有足够的耐心去强迫自己对别人感兴趣。如果你认为生活像剧院，自己就站在舞台上，而别人只是观众，自己正在将演技发挥得淋漓尽致，而别人也都注视着自己。如果你有这种习惯，那你会变得自高自大，以自我为中心，也永远学不会聆听，永远无法了解别人！

在办事过程中，如果你认真聆听别人说话，可以获得以下好处：

**1. 聆听可以帮助你正确地下判断**

如果你没有专心聆听对方的谈话，就无法正确地判断他的想法；不能正确地判断他的想法，就根本不能够利用他的想法创造对自己有利的状况。

**2. 聆听能使你更加理解别人**

如果你不能理解对方的谈话，你就不可能使事情很有条理地进行。而你能不能理解对方的谈话，完全取决于你有没有专心聆听对方的谈话。

**3. 通过聆听你可以影响对方**

当你聆听别人说话的时候，你可以思考出如何影响他的方法。你为对方提供说话的机会，就是让对方把说服他所必备的利器交到你的手中。但是，你必须记住，为了影响别人而聆听他人说话时，不可有先入为主的观念，而必须敞开胸怀仔细聆听才可以。

总之，在办事时，要善于积极聆听别人说话，这样才能够大大提高你的办事效率。

从现在开始，对别人多听多看，将他们当做世上独一无二的人对待，你将发现你比以往任何时候更善于与人沟通。

## 卷七

聪明的人不会在形势不利于自己的时候去硬打硬拼，那样，有可能是以卵击石、自寻死路，也有可能是两败俱伤、损失惨重。在这种时候，我们要学会放弃与对方硬拼，以求打破僵局，为自己积蓄力量赢得时机。善于把握进攻的时机，勇于放弃正面进攻，就可以改变不成功的做人做事方式，把自己提高到一个更高的层次。

懂得放弃硬拼的人能分清不同的场合，进而采取不同的策略。当自己处于弱势时，总是采取以退为进的方针，所以能避开强者的锋芒，保存自己的实力。等到有朝一日羽翼丰满时，才表明自己的主张和态度，这时候，他就是真正的强者了。

##  该糊涂时得糊涂，有百益而无一害

> "水至清则无鱼，人至察则无友。"想要挽留住朋友，除了需要你对自己严格要求之外，还需要你对别人宽大为怀，接纳别人的不足之处。严于律己，宽以待人。当别人犯了无心之错的时候，装一装糊涂，给别人一个下台的机会，既表达了诚意，也展现了胸怀，皆大欢喜。

### 揣着"明白"装"糊涂"

在人际交往中，有的事不必弄得太明白，即使心里明白，也不一定非得说出来。该糊涂时得糊涂，有百益而无一害。

魏王的异母兄弟信陵君，在当时名列"春秋四公子"之一，知名度极高，因仰慕信陵君之名而前往的门客达3000人之多。

有一天，信陵君正和魏王在宫中下棋消遣，忽然接到报告，说是北方国境升起了狼烟，可能是敌人来袭的信号。魏王一听到这个消息，立刻放下棋子，打算召集群臣共商应敌事宜。坐在一旁的信陵君则不慌不忙地阻止魏王，说道："先别着急，或许是邻国君主行围猎，我们的边境哨兵一时看错，误以为敌人来袭，所以升起烟火，以示警戒。"

过了一会儿，又有报告说，刚才升起狼烟报告敌人来袭是错误的，事实上是邻国君主在打猎。

于是魏王很惊讶地问信陵君："你怎么知道这件事情？"信陵君很得意地回

答:"我在邻国布有眼线,所以早就知道邻国君王今天会去打猎。"

从此,魏王对信陵君渐渐地疏远了。后来,信陵君受到别人的诬陷,失去了魏王的信赖,晚年沉湎于酒色,终致病死。

在下面这则故事中,隰斯弥的做法与信陵君刚好相反。

齐国一位名叫隰斯弥的官员,住宅正巧和齐国权贵田常的官邸相邻。田常为人深具野心,后来欺君叛国,挟持君王,自任宰相执掌大权。隰斯弥虽然怀疑田常居心叵测,不过依然保持常态,丝毫不露声色。

一天,隰斯弥前往田常府第进行礼节性的拜访,以表示敬意。田常接待他之后,破例带他到邸中的高楼上观赏风光。隰斯弥站在高楼上向四面眺望,东、西、北三面的景致都能够一览无遗,唯独南面视线被隰斯弥院中的大树所阻碍,于是隰斯弥明白了田常带他上高楼的用意。

隰斯弥立即回家派人砍掉那棵阻碍视线的大树。然而正当家人砍树的时候,他却又阻止了大家,并道出了其中的奥妙:"俗话说'知渊中鱼者不祥',意思就是能看透别人的秘密并不是好事。现在田常正在图谋大事,就怕别人看穿他的意图,如果我按照田常的暗示砍掉那棵树,只会让田常感觉我机智过人,对我自身的安危有害而无益。不砍树的话,他顶多对我有些埋怨,嫌我不能善解人意,但还不致招来杀身大祸,所以,我还是装作不明不白,以求保全性命。"

有时候我们不要把自己的聪明才智过多地展露,很多人不希望我们看透他们的心思。在职场中我们一定要注意即便是你读懂了上司和同事的心思,也要装作糊涂,这样才不会在竞争中被排挤出局。揣着明白装糊涂,踏踏实实做回自己的事才是上策。

## 糊涂话要适当地说

聪明的人说糊涂话是为了平息事端,减少麻烦,缓和矛盾。如果事事都做到眼里不揉沙子,那么,就可能会把事情搅得不好收场,或者使事情难以朝好的方向发展。所以,在适当的时候必须学会说糊涂话。一般来说,糊涂处世可以带来以下好处:

### 1. 以糊涂获利

装糊涂可以调动别人的兴趣,并从他们的兴趣中获得收益。

美国第九任总统威廉·亨利·哈里逊出生在一个小镇上,他小时候是个文静怕羞的孩子,人们都把他看做傻瓜,常喜欢捉弄他。他们经常把一枚5分的硬币和一枚

1角的硬币扔在他的面前,让他任意捡一个。威廉总是捡那个5分的,而且傻笑着对着行人说:"我喜欢要这一个,这一个值钱!"于是大家都嘲笑他。有一天一位好心人问他:"难道你不知道1角钱比5分值钱吗?""当然知道,"威廉慢条斯理地说,"不过,如果我捡了那个1角的,恐怕他们就再没有兴趣扔钱给我了。"

### 2. 以糊涂应变

当某种局面难以驾驭时,可以糊涂地应付过去。这样既可以保全自己的面子,也可以使对方的语言或行为失去应有的效力。

第一次世界大战后,土耳其获得独立。英国伙同法、意、俄等国,在洛桑与土耳其谈判,企图继续奴役土耳其,迫使土耳其签订不平等条约。土耳其代表伊斯美外长提出本国条件时,一下子触怒了英国外交大臣,他咆哮如雷,挥拳吼叫,恫吓加威胁。尽管其他列强助纣为虐,伊斯美作为小国代表,却装耳聋,一声不吭。等英国外交大臣喊完了,他才不慌不忙地张开右手靠在耳边,把身子移向英国代表,十分温和地说:"阁下,你刚才说什么,我还没有听清楚呢!"

假借糊涂装聋作哑,使对方的恫吓毫无价值。

### 3. 以糊涂容人

在一些细节问题上不要太较真,否则,会让人感到你心胸狭隘。有时为了表现自己的宽宏大量,糊涂话就派上了用场。

一次,宋太宗在北陪园饮酒,臣子孔守正和王荣侍奉酒宴。二臣喝得酩酊大醉,互相争吵不休,失去了臣下的礼节。内侍奏请太宗将二人抓起来送吏部去治罪,但是太宗派人送他们回家去了。

第二天,他俩酒醒了,想起昨晚酒后在皇上面前失礼,十分后怕,一齐跪在金銮殿上向皇帝请罪。宋太宗微微一笑,说:"昨晚朕也喝醉了,记不得有这些事。"

宋太宗托词说自己也醉了,不但没有丢失皇帝的体面,而且也会使这两个臣子今后自知警戒。如此装糊涂,既表现了大度,又收买了人心。

### 4. 以糊涂授恩

糊涂话有时可以用来原谅别人的过错,让别人暗暗感激终生。

唐代宗时,郭子仪在扫平"安史之乱"中战功显赫,成为复兴唐室的元勋。

因此，唐代宗十分敬重他，并且将女儿升平公主嫁给他的儿子郭暧为妻。这小两口都自恃有老子作后台，互相不服软，因此免不了口角。

有一天，小两口因为一点小事拌起嘴来，郭暧觉得妻子根本不把他这个丈夫放在眼里，愤懑不平地说："你有什么了不起的，就仗着你老子是皇上！实话告诉你吧，你父亲的江山是我父亲打败了安禄山才保全的，我父亲因为不稀罕皇帝的宝座，所以才没当这个皇帝。"在封建社会，皇帝唯我独尊，任何挑战其威信的话，就可能引来杀身之祸。升平公主听到郭暧敢出此狂言，感到一下子找到了出气的机会和把柄，立刻奔回宫中，向唐代宗汇报了丈夫刚才这番图谋造反的话。她满以为，父皇会因此重惩郭暧，替她出口气。

唐代宗听完女儿的汇报，不动声色地说："你是个孩子，有许多事你还不懂得。我告诉你吧，你丈夫说的都是实情。天下是你公公郭子仪保全下来的，如果你公公想当皇帝，早就当上了，天下也早就不是咱李家所有了。"并且对女儿劝慰一番，叫女儿不要抓住丈夫的一句话，乱扣"谋反"的大帽子，小两口要和和气气地过日子。在父皇的耐心劝解下，公主消了气，主动回到了郭家。

这件事很快被郭子仪听到了，可把他吓坏了。他觉得，小两口吵架不要紧，可儿子口出狂言，这着实叫他恼火万分。郭子仪即刻令人把郭暧捆绑起来，并迅速到宫中面见皇上，要求皇上严厉治罪。唐代宗却和颜悦色，一点也没有怪罪的意思，还劝慰说："小两口吵嘴，咱们当老人的不要太认真了。不是有句俗话吗？'不痴不聋，不为家翁。'儿女们在闺房里讲的话，怎好当起真来？咱们做老人的听了，就把自己当成聋子和傻子，装成没听见就行了。"听到老亲家这番合情合理的话，郭子仪的心就像一块石头落了地，顿时感到轻松了，眼见得一场大祸平息下来。

不过，虽然如此，为了教训郭暧的胡说八道，回到家后，郭子仪仍然将儿子重打了几十杖。

小两口关起门来吵嘴，在气头上可能什么激烈的言辞都会冒出来。如果句句较真，就将家无宁日。唐代宗便是用"老人应当装聋作哑"来对待小夫妻吵嘴，不因女婿讲了一句近似谋反的话而无限上纲，化灾祸为欢乐，使小两口重归于好。有些事情，你非要去较真，就会愈加麻烦，相反你若装痴作聋，来他个"难得糊涂"，也许倒会有满意的结果。

### 5. 以糊涂解围

在交际活动中，交际的双方或局外人由于彼此不甚了解，常常会做出一些让

对方迷惑不解的举动，导致尴尬、紧张场面的出现。为了缓解此种局面，我们可以采用故意曲解的策略，假装不明白尴尬举动的真实含义，而给出有利于局势好转的理解，进而一步步将局面朝有利的方向引导过去。

苏联领导人戈尔巴乔夫偕夫人赖莎访美，在赴白宫出席里根的送别宴会途中，他突然在闹市下车，和站在路旁的美国行人握手问好。苏联保安人员急忙冲下车，围上前去，并喝令站在戈尔巴乔夫身旁的美国人赶快把手从裤袋里伸出来（怕他们袋内藏有武器）。行人一时不知所措，但站在戈尔巴乔夫身后的赖莎十分机智，赶快打圆场，向被责问的美国人解释说："他们的意思是要你们把手伸出来，跟我丈夫握手。"

这种随机应变、顺水推舟的圆场话，维护了苏联领导人与美国人的友好感情。顿时，周围的美国人都伸出手来同戈尔巴乔夫等人握手致意。这样，尴尬的局面不但顺利缓解，而且有力地推进了前苏联领导人与美国民众的友好感情。

## 招惹邪恶的人如同染上瘟疫

> 世界是纷繁的，人心也是复杂的。我们身边有很多善良的人，他们的关心和爱护给我们带来温暖，让我们沉浸在一片美好之中。但是也有一些居心叵测的不善之徒，他们为了维护自己的利益或者名誉，总是会损人利己。把自己的幸福和快乐建立在他人痛苦的基础上。20几岁的年轻人要懂得保护自己，远离这些不善之徒，才能让自己生活得更加快乐。

### 警惕那些居心不良的人

大千世界，鱼龙混杂，不管你是否愿意相信，世上确实除了好人，还有一些居心叵测的人。他们就像是布设在你身边的定时炸弹，随时都会置你于险境，而不

管你是否承认，这些居心不良的人总是比好人更容易达到目的，因为破坏一件事比做好一件事容易得多。你把一匙酒倒进一桶污水，你得到的是一桶污水；你把一匙污水倒进一桶酒，你得到的还是一桶污水。所以，20几岁的年轻人，当你全力以赴成就事业时，警惕这些居心不良的人应是你时时谨记在心的戒律。

"明枪易躲，暗箭难防"，如果能够知晓哪些是居心不良的邪恶之人，我们就好防备了。但是他们的特征并不明显，有时候他们往往还有着君子的"画皮"。不过还是可以从他们的行为中分辨出来。居心叵测的人往往有以下特点：

喜欢挑拨离间。为了某种目的，他们可以用离间法挑拨你和别人的感情，制造你们的不合，好从中牟取私利。

喜欢造谣生事。他们的造谣生事都另有目的，并不是以造谣生事为乐。

喜欢阳奉阴违。这种行为代表了他们的行事风格，因此对你也可能表里不一，这也是小人行径的一种。

喜欢"墙头草，随风倒"。谁得势就依附谁，谁失势就抛弃谁。

喜欢拍马屁奉承。这种人虽不一定是坏人，但很容易在上司面前抱怨、邀功。

喜欢踩着别人的鲜血前进。也就是利用别人为其开路，而是否会损害他人利益他们是不在乎的。

喜欢找替死鬼。明明自己有错却死不承认，硬要找个人来背罪。

喜欢落井下石。只要有人摔跤，他们会追上来再补一脚。

仔细观察身边的众人，如果某些人身上有这些特点，你就要暗暗警惕了，因为这就是最让人不齿的有着不良居心的人。他们会成为我们前进路上的绊脚石。

## 冷静应对别人的恶意栽赃

晋文公在位的时候，曾遇到过一起陷害案。

一天，一个侍从在御膳间端了一盘烤肉，恭恭敬敬送到晋文公面前请其就餐。晋文公拿起餐刀正准备切肉尝鲜，忽然发现肉上黏着不少头发。他立即放下手中的小刀，命人去找膳吏。

那个膳吏看到传召的侍从脸色不好，一路上不停地捉摸这次晋王召见的原因。究竟是刚送去的烤肉火功不够，还是烧烤时用料不当，口味欠佳呢？

他哪知道一见晋文公就遭到一阵责骂。晋王气势汹汹地说道："你是存心想噎死我吗？为什么在烤肉上放这么多头发？"膳吏一听，原来发生了一件自己没有料到的祸事。虽然他明知道这件事里面有鬼，但在君王的气头上是不能辩白的。否则如果把握不好，很容易招致横祸。因此，膳吏急忙跪拜叩头，口中却似是而非、旁敲侧击地说道："请君王息怒，奴才真是该死。烤肉上缠着头发，我有三条罪责。我用最好的磨石把刀磨得比利剑还快，它能切肉如泥，可就是切不断毛发，这是我的第一大罪过。我在用木棍去穿肉块的时候，竟然没有发现肉上有一根毛发，这是我的第二大罪过。我守着炭火通红、烈焰灸人的炉子把肉烤得油光可鉴、吱吱有声、香味扑鼻，然而就是烤不焦、烧不掉肉上的毛发，这是我的第三大罪过。不过我还想补充一句，您是一位明察秋毫的贤明君主，您能不能把堂下的臣仆观察一遍，看看其中是否有恨我的人呢？"

晋文公觉得膳吏所言话外有音，所以对案情产生了怀疑。他立即召集属下进行追问，结果不出所料，真的找出了那个想陷害膳吏的坏人。晋文公下令杀了那个人。

20几岁的我们遇到别人恶意栽赃的时候，一定要保持一颗冷静的心。用科学的思维方法做出正确的判断，才能在错综复杂的矛盾面前，揭开事实的真相，拆穿居心叵测之人恶意的诬陷和诽谤，避免被人蒙骗，给自己带来祸患。

## 当众自嘲，不会折损你的风度

自嘲是一种人生态度，它带有强烈的个性化色彩，是一种很重要的交际方略。拿自己来开玩笑，不会毁坏你在他人心中的形象，还能使人觉得亲近，使自己显得风趣机智、平易近人，是一种能够征服人心的变通方法。因此20几岁的年轻人，要懂得自嘲的艺术，它会帮助你化解困境，还有助于调节心理上的不平衡。

### 自嘲是化解窘态的利器

一次，里根总统在白宫钢琴演奏会上讲话时，夫人南希一不小心连人带椅跌落到台下地毯上,观众发出惊叫,但是南希却灵活地爬起来,在200多名宾客的热烈掌声中回到自己的座位上。正在讲话的里根看到夫人并没有受伤,便插入一句俏皮话:"亲爱的,我告诉过你,只有在我没有获得掌声的时候,你才应该这样表演。"

无独有偶,艾森豪威尔也是一个颇善于自嘲的人。

1944年秋,艾森豪威尔亲临前线给第29步兵师的数百名官兵训话。当时,他站在一个泥泞的小山坡上讲话,讲完后转身走向吉普车时突然滑倒。士兵们不禁捧腹大笑,原来肃静严整的队伍炸开了锅。面对突发情况,部队指挥官们十分尴尬,以为艾森豪威尔要发脾气了。岂料,他却毫不介意地爬起来,幽默地说:"从士兵们的笑声看来,可以肯定地说,我与士兵的多次接触中,这次是最成功的了。"

自嘲可以巧妙地把陷自己于不利的因素,用一种荒诞的逻辑歪曲成有利因素,将自己从困境中解脱出来。

著名主持人杨澜在主持一台文艺晚会时,忽然摔倒在台阶下面,顿时观众哗然。只见杨澜不慌不忙地站起身,微笑着对大家说:"怎么样?我这个狮子滚绣球节目还不错吧?只是不太熟练。台下节目不太好,但台上的节目更精彩……"

就这样,杨澜把自己的摔倒顺水推舟解释为台下的节目"狮子滚绣球",并很快把观众的注意力转移到台上,随机应变,妙语解困,赢得观众热烈的掌声。

置身于难堪境地时,如果过分掩饰自己的失态,反而会欲盖弥彰,弄巧成拙,使自己越发尴尬。而以漫不经心、自我解嘲的口吻说几句取悦于人的话,却可以活跃气氛,消除尴尬,还显得自己心胸豁达。

自嘲可以使人们在笑的同时,把之前发生的窘事忘得一干二净。所以,自嘲的巧用,既可以使自己平添风采,又能在幽默、风趣、令人愉悦的情况下,取得皆大欢喜的效果。

## 用自嘲平衡失落的心理

人的一生,谁身上都难免会有缺点,谁都难免遇上尴尬的处境,也都难免会有失误。有的人喜欢遮遮掩掩,有的人喜欢辩解。其实越是遮遮掩掩,心理越是失衡;越是辩解,就会越辩越丑,越描越黑,最佳的办法是学会嘲笑自己。

自嘲是造物主赏给人类的一种心理平衡法。伊索寓言里的那只狐狸用尽了各

种方法,拼命地想得到葡萄架上的那串葡萄,可是最后还是失败了,于是只好转身一边走一边安慰自己:"那串葡萄一定是酸的。"

这只聪明的狐狸得不到那串葡萄,心里不免有些失望和不满,但它却用"那串葡萄一定是酸的"来解嘲,使失望和不满化解,使失衡的心理得到了平衡。

美国著名演说家罗伯特头秃得很厉害,在他头顶上很难找到几根头发。在他过60岁生日那天,有许多朋友来给他庆贺生日,妻子悄悄地劝他戴顶帽子。罗伯特却大声说:"我的夫人劝我今天戴顶帽子,可是你们不知道秃头有多好,我是第一个知道下雨的人!"这句嘲笑自己的话,一下子使聚会的气氛变得轻松起来。

某国一位领导人最爱讲一个有关他本人的笑话:"有一位总统拥有100个情妇,其中一个染有艾滋病,但很不幸,他分不出是哪一个。另一位总统有100个保镖,其中一个是恐怖分子,但很不幸,他不知是哪一个。"接着他嘲笑自己改革经济所做的努力,"而我有100个经济专家,其中有一个是很聪明的,但很不幸,我却不晓得是哪一个。"这位领导人趁着别人还来不及说长道短、评东论西时,于谈笑调侃中将自己在经济改革中的失误,轻轻松松地说出来,帮助自己摆脱了尴尬难堪的局面。

自嘲作为生活的一种艺术,是20几岁的年轻人需要的。因为它具有调整自己的功能。它不但能给人增添快乐,减少烦恼,还能帮助人更清楚地认识真实的自己,战胜自卑的心态,应付周围众说纷纭的评价带来的压力,摆脱心中种种失落和不平衡,从而获得精神上的满足和成功。

## 等待只会让爱跑掉

"后来,终于在眼泪中明白,有些人一旦错过就不再。"刘若英的歌唱出了很多错过爱的人的心声。亲情也好,爱情也罢,都是一去不回的。当你错过了爱的时光,就再也找不回来了。不要把爱隐藏在心中,表达爱,它就能成为你生命中的一部分。

## 等待爱情不一定是最好的选择

等待有多苦,等待有多累,等待有多傻。我们享受的究竟是恋爱本身,还是等待过程的复杂滋味?不可否认,有些时候我们会迷恋上过程而不是结果。有人会喜欢暗恋的感觉而不是真正地爱上谁,就如同有人喜欢到达旅游目的地前的兴奋与期待甚过于游玩本身。仔细想想选择等待的背后究竟是些什么,是自虐,是自恋,还是自卑?我们是不是看重自身比看重爱情更多?

男孩暗恋女孩,女孩喜欢男孩。

男孩没有勇气,有爱难表;女孩碍于羞涩,有情难诉。

一天,两天。一年,两年。

男孩女孩在周围人眼里,俨然是一对恋人。男孩女孩心里更清楚:他们是被冥冥中早已注定的缘分连在一起的,他们原本就是恋人,只不过都在静心等待对方的爱情表白。

女孩闭口不提爱男孩,因为她是女孩。男孩迟早要说爱女孩,因为他是男孩。

女孩生日那天,男孩特意定做了一个精美的音乐盒送给她。女孩清甜的脸上泛起一片绯红。她接过盒子,逃回屋子里急切地打开,里面流出了优美的音乐。

女孩一脸困惑,因为她没有找到男孩的爱情表白。

当音乐第二次奏出,女孩关掉音乐盒,泪盈于睫,哭了一夜。

原来,男孩不爱女孩。因为盒子里没有他对她的爱情表白。

女孩开始躲避男孩,男孩也在疏远女孩。

以后,男孩随父母迁到北方。女孩依旧留在南方。

后来,他们再没见过面。

再后来,男孩娶了另一个女孩,女孩嫁给了另一个男孩。

有那么一天,已为人妻的女孩收拾屋子时,不经意间翻出那个音乐盒。看到盒子,便触动了她的心事。再一次打开,里面又响起那段熟悉的音乐。

望着盒子,她摇摇头:他怎么会不爱我呢?

当音乐第二次结束,盒子里突然传出了男孩的声音:I love you! 如果你也爱我,请告诉我……

她愕然。大颗的泪珠绝望地落到地板上。她知道,此时的爱情表白已经迟了许久……

你情愿为她守候一盏灯，可她是否能看到这盏灯的光亮是为她而不熄？"山有木兮木有枝，心悦君兮君不知"，你的苦苦等待换来的也许会是她的拥抱，也许会是感动的叹息，也许会是不屑的鄙夷。你在等待中建立的只能是对她的美好幻想，空中楼阁般的思念使你看不清梦中情人的真面目。选择了等待不一定就是选择了爱。对于爱，等待不一定是最好的选择。

爱情不是等来的。爱情需要机缘，但被动地等待会使你不敢接受或不能确定它就是你要的爱；爱情需要勇敢，只有大胆的表白与激情的迸发才能寻找到爱的出口；爱情需要创造，死守阵地会把你拘囿于自己的胡思乱想中得不到真爱；爱情需要洗礼，些许的瑕疵与尘埃都会迷住双眼搞得我们晕头转向，爱情需要行动，不要相信丘比特的箭会射向人间。等待，一定不是最好的选择！

## "孝"是稍纵即逝的眷恋

孝是中华民族的传统美德，也是一个人的良知，我们需要懂得孝敬父母是来不及等待的。很多人为自己没有机会侍奉父母而引以为终身的遗憾。

老舍先生在《我的母亲》一文中写道："生命是母亲给的，我之所以能长大成人，是母亲用血汗灌养的。我之所以能成为一个不十分坏的人，是母亲感化的。我的性格、习惯，是母亲传给我的。她一世未曾享过一天福，临终前吃的还是粗粮。唉，还说什么呢？心痛！心痛！"

季羡林先生在《我的母亲》一文中写道："我永久的悔就是：不该离开故乡，离开母亲。"季先生的家在鲁西北一个极端贫困的村庄，他的家更是贫中之贫。离开家几年，成为清华学子的他，突然接到母亲去世的噩耗，赶回家乡。"看到母亲的棺材，伏在土坑上，一直哭到天明。"季羡林先生在文章中写道："我后悔，我真后悔，我千不该，万不该离开了母亲。"

萧乾先生在回忆母亲时说："就在我领到第一个月工资的那一天，妈妈含着我用自己劳动挣来的钱买的一点儿果汁，就与世长辞了。我哭天喊地，她想睁开眼皮再看我一眼，但她连那点儿力气也没有了。"

诺贝尔物理学奖获得者崔琦在接受杨澜采访时，杨澜问："如果当初您不到美国读书的话，会怎样呢？"她本以为崔琦会这样回答："如果当初我不到美国读书，那我很可能现在还在河南农村种地。"但崔琦说的是："如果我那时不出国，我的父亲就不会在三年困难时期饿死！"说着，他伤心地流下了眼泪。

当我们理所应当享受着父母给予我们的一切舒适条件时，是否应当思考一下这样一个问题:我们应该如何善待自己的父母?

当代女作家毕淑敏在《孝心无价》中说:"我相信每一个赤诚忠厚的孩子,都曾在心底向父母许下'孝'的宏愿,相信来日方长,相信水到渠成,相信自己必有功成名就、衣锦还乡的那一天,可以从容尽孝。可惜人们忘了,忘了时间的残酷,忘了人生的短暂,忘了世上有永远无法报答的恩情,忘了生命本身有不堪一击的脆弱。"

父母为我们付出的东西太多了,他们也曾经和我们一样充满激情,拥有很多的机会,但是为了抚养儿女,他们甘愿做一个普普通通的人,甘愿把更多的机会留给孩子。这样的牺牲,值得我们每一个人牢记在心中。但是,很多人明明知道父母的爱,却不懂得回报这种爱。

孔子说,孝中最困难的事情就是和颜悦色地和父母说话。其实就是在说明,孩子很难放下自己的想法去聆听家长的心声。其实,这种聆听、尊重和关爱,就是孝的本质。不要把好听的话留到明天说,今天就对父母微笑吧,让彼此都生活在幸福当中。

# 婚姻不仅是两人的事

> 感情来了,仿佛世界就只剩下你们两个人。但婚姻比感情要复杂得多,它不是"你侬我侬"就可以一帆风顺的。婚姻说到底也是一种社会活动,因为两个原本不相关联的个体结合在一起,随之而来的还有两个原本毫无关系的家族。想要撇开各自原本的家庭,只专心"小两口"的生活,既不现实,也不能长久。

## 不能无视父母"门当户对"的建议

一提"门当户对",很多年轻人很容易想起在旧社会中所谓双方家庭的社会地位和经济地位状况相当的"门当户对",这给天下多少有情人造成了不幸,也造成了许多恋爱的悲剧。这是不合理的社会制度下的产物,实际上"门当户对并不是一种保守的观念，在今天仍有一定的意义"。它是保证美满婚姻的一个基本条件。

小文和小凯是大学同学，两个人在学校时谈起了恋爱，而且难分难舍。但毕业后，双方的父母却不同意，因为小文家境较好，从小娇生惯养，而小凯则家境贫寒，家庭负担较重。但两人还是坚持结了婚，可是婚后的琐碎生活让他们的爱情受到了严峻的考验。他们虽然有很多相同之处，可以一起分享快乐和忧愁，但是，他们有更多不为人知的不同。比如挤牙膏的方式，一个从底部，一个从中间，为此吵了很多次。虽然听起来有些鸡毛蒜皮，但这样的不和谐多了以后，两人终于意识到，是幼年的生活背景造成了他们不同的生活习惯。

他们开始发现婚姻生活的美满需要习性相近，不同的习性只会让一方包容或者隐忍，或者双方都不再互相迁就。相同的性情使两个人滋生了爱慕和吸引，而相同的生活习惯和思维方式才是两个人不分开的保证。小文和小凯在生活方式和思维方式上的不同注定了他们只有以分手告终。

今天，我们提的门当户对是：双方家庭的为人处世方式、双方家庭的文化素养和家教家风要相近。而前两者决定着一个家庭的家教要求，长期的家教又会形成家风。家风会培养形成家庭成员的基本素质及人生价值观。而素质的优劣、人生价值观的不同，反映在对人对己以及对事态度的不同。爱人之间的相处，也总离不开对人对己对事的态度，感情融洽与否，婚姻美满与否，寻根究底，确实存在门当户对的问题。

"百年伉俪是前缘，天意巧周全"，大抵什么层次的人，上天便给他配什么层次的伴侣，使两性之间的关系得以保持整体稳定。现代社会，露西爱上杰克只是好莱坞电影工业一手炮制的童话。正因为是人间难得几回见的童话，《泰坦尼克号》的爱情故事才赚得了无数男女的眼泪。

所以当我们在选择婚姻时，我们不能无视父母"门当户对"的意见或者建议。父母经历了生活的磨砺，才沉淀出更多的人生经验，他们把眼光投到了现实中具体的层面，而不是风花雪月的虚无浪漫。在需要物质和精神两种食粮来让人快乐的今天，我们更愿意选择门当户对，两个人既需要有相同的生活习惯，还需要共同进步，而这恰恰是一桩幸福婚姻的体现。坚持爱情可以超越一切，而无视"门当户对"的劝告，必将为日后的婚姻生活埋下苦果。

## 婆媳矛盾本不是不容调和的

袁女士正为一件事情烦恼。据她说，她婆婆心眼儿十分小，脾气相当大，动不动就爱训斥人。刚结婚时，她们经常吵架，有时一生气，她就收拾行李回娘家住，任凭老公屡次催她回家，她也不想回去。现在生了宝宝，她觉得老跟婆婆这样"对抗"下去也不是办法，一家人不好好地过日子，却因为一些不大不小的事情大动肝火，真是不值得。而且，宝宝慢慢长大，家庭气氛的紧张，哪怕是偶尔的不好，对宝宝的成长来说，也是很糟糕的。这让她陷入了沉思之中。

处理好婆媳关系是幸福婚姻的一部分。尽管婆媳关系是很难处理的，但并不是不能改变。如果你想要一种很融洽的关系。我们就要先了解婆媳矛盾的原因。一般情况下，最常见的矛盾有如下几种。

一是争同一个男人的"宠爱"。现在20几岁的男孩都是独生子，母亲一把屎一把尿地把儿子养大，现在儿子娶了妻子，往往就把更多的注意力放在了妻子身上，有些母亲就会觉得心理不平衡。更不用说，有些母亲因为离婚或丧偶，一个人含辛茹苦地把儿子抚养成人，她们这辈子的精力几乎花在儿子身上，也把一切希望都寄托在儿子的孝顺上。一旦看见儿子跟娶进家门的妻子甜甜蜜蜜，母亲就会感觉这个与自己本来毫不相干的人夺走了自己的儿子，不管是下意识的，还是不知不觉的，她就会用语言和行动来表达对儿媳妇的不满。而儿媳妇面对婆婆的"挑战"，当然也会怒火中烧，久而久之，两人就会结下难解的怨恨。

二是代沟。婆媳是两代人，年龄相差比较大，她们年轻时受的教育差别也很大，生活阅历也明显不同，因此两人的人生观、价值观大相径庭。有些婆婆文化程度比较高，能保持年轻的心态，"与时俱进"，不过，即使要叫这些"前卫"的婆婆们完全看得惯今天年轻人的每一种行为，也是苛求她们了；更不用说，那些受到几十年艰苦条件的制约，没有什么文化，甚至目不识丁的婆婆们了，她们的思想自然要保守、落后得多。当一个受过现代高等教育的儿媳妇进了家门以后，婆媳两人对待生活中各种具体问题的态度必然相差甚远，矛盾自然就产生了。

三是性格、习惯相差太大。婆媳生活在一起还好，要是一家子全住在一套房子里，那日常生活中发生的摩擦就更多了。在吃、睡、穿、养育小宝宝方面，婆媳的意见有时就会相差。有些婆媳来自不同的地区，她们都有各自从小养成的习惯，一个喜欢吃咸，一个喜欢吃甜，一个不吃这个，一个不吃那个，各自对对方的习惯

越看越不顺眼；有些婆婆喜静，不欢迎客人来访，但儿媳妇却恰恰相反，她们非常喜欢一大帮女友来做客，一起庆祝周末。即使婆媳不住在一起，小气一点儿的婆婆也还是会有意见。所谓"清官难断家务事"，像这样小小的家庭矛盾也可能酿成大问题。

婆媳关系的好坏对家庭生活有着重大的影响，它直接关系到整个家庭的稳定。在家庭中，婆婆和媳妇对丈夫来说，都是非常重要的人物，缺一不可。你不可能用"鱼和熊掌不可兼得"来要求丈夫去做出选择，但作为当事人的婆婆和媳妇则不然，她们都希望丈夫或儿子向着自己。同时，它还会影响夫妻的感情。婆媳关系和睦，能增进夫妻感情，儿孙满堂，其乐融融；反之，婆媳关系不好，就会给夫妻感情抹上一层阴影，会使家庭经常处于一种"冷战"状态。

年轻人要知道婆媳矛盾是一个令许多家庭头痛的难题，但是当你清楚了婆媳之间发生矛盾的原因，本着互相信任、互相尊重、互相爱护、互相关心、互相宽容忍让的态度，加上家庭其他成员齐心协力促使其向良性的方面转化，婆婆与媳妇之间一定会产生出真诚的爱，一定能够和睦相处。

## 父母才是最好的职业

> 20几岁，步入了婚姻的年轻人，绝大部分正在准备或者已经为人父母了，这是人生中重要的一个阶段，也是决定你生活质量的关键时间。初为人父、人母的你需要生活上的帮助，同时也需要发展自己的事业。这时候，工作与家庭孰重孰轻，如何安排自己的角色，需要我们慎重地思考。

### 失败的家庭带来失败的人生

都说孩子是上天赐予的礼物，但真正为人父母，领教了"魔童们"的功夫之后，好多父母想把这个"礼物"退回去——教育子女实在是太难了。

的确，每一个孩子都是不同的，适用于这个孩子的方法，在那个孩子那里也许就不管用了。昨天还有效果的办法,今天就不买账了。有时被他吵得头昏眼花还要陪他玩,有时一点小发烧感冒的,让全家亲戚都得担心上好几天。但正如我们常说的,一分耕耘一分收获,越是付出得多,越是收获得多,想一想,还有什么能比为自己的家庭、为社会培养出一个合格的、甚至是优秀的公民更值得骄傲的呢?

但很多成年人还是将自己的价值定位在了个人的职业发展上,尤其是父亲。20几岁的父亲,处于正准备在事业上大干一场的年龄。他们面临着很多机会,这时家里的孩子往往就扔给妻子来管,只要好吃好喝、关键时刻拿出父亲的威严,他们就完事儿了。

但是人生的成败难道就在事业这一条标杆上来衡量?婚姻是否幸福、家庭是否和睦、孩子是否成才、人际关系是否融洽,这些也应该是衡量人生的重要指标。

有的人说,他不擅长讲家教方面的道理,也不想跟孩子"废话",只想自己做出点样子来,让孩子看到榜样,跟着学习。这话是不错,父母的事业成功是会令孩子感到骄傲,但问题是,当这个父(母)亲他(她)根本不在乎时,他(她)事业的成败对孩子的影响力又有多少。不管怎样,父(母)亲的角色要求家长和孩子相互关爱,如果各忙各的,何必住在一个屋檐下?

所以奉劝那些光想要通过"实干"来教育孩子的父(母)亲:你不是一个人在生活,孩子是你生命的一部分。如果孩子是不幸福的、不健康的,那你的人生又怎能完整呢?

## 家庭与事业,也能兼而得之

"难道,我生了一个孩子,就意味着一切其他生活的终结吗?"很多人这样问自己。

当然不是,而且要说,等你决定成为父母的时候,你其他一切的生活都要做得更好。家教与工作并非鱼与熊掌,它们并非不可兼得。

两次获得诺贝尔奖的居里夫人是著名的科学家,同时也是一位成功的母亲。在丈夫去世以后,政府提出帮忙抚养他们的两个女儿,但年轻的居里夫人谢绝了。她说:"我还年轻,能挣钱维持我和我女儿们的生活。"

在养育女儿的过程中,居里夫人没有以科研之名推脱自己身为母亲的责任,她像做实验一样每天记载着小女儿的体重、吃的食物和乳齿的生长情况。"伊蕾娜长了第七颗牙,在下面左边。不用人扶,她可以站立半分钟。三天以来我们给她在河

里洗澡,她哭,但是今天,她不哭了,并且在水里拍手玩水……"在一本食谱书的空白处她写道:"我用八磅果子和等量的冰糖,煮沸十分钟,然后用细筛过滤。这样得到四罐很好的果冻,不透明,可是凝结得很好。"

居里夫人第二次获得诺贝尔奖时,特地带上了女儿伊蕾娜,让她与自己分享这份荣耀。在第一次世界大战爆发以后,居里夫人征求孩子们的意见,是否将保障她们生活的财产捐给国家,两个女儿都欣然同意了,随后,她们又加入到战地救护的队伍当中。

作为"镭"的发现者,居里夫人的伟大不言而喻;但作为一个年轻的母亲,她的表现更加让人敬佩。她没有因为工作而抛弃孩子,也没有因为丧夫而抛弃快乐,她用一位母亲应该拥有的亲切温和的方式,培养了又一位诺贝尔奖得主——她的小女儿伊蕾娜。

在我们的生活中,也有很多培养了优秀子女的家长,将自己的教子经验写成书本来和大家分享,其中有一本的作者是蔡笑晚先生,他的六个子女中五个博士一个硕士,用他的话最能表达一个优秀家长的骄傲——我的职业是父亲!

# 婚姻总是有缺陷的

有很多恋人在没成婚时卿卿我我,婚后却反目成仇,曾经山盟海誓的爱情被婚姻磨去了最后的光泽,终于向生活妥协,以分手告终。当20几岁的你或沉醉于对婚姻的憧憬,或正经历着婚姻的苦痛。无论如何你都要明白,婚姻对很多不善经营的人来说确实是爱情的坟墓,但是只要我们能够明白,缺陷是婚姻的组成部分,坦然地应对婚姻中的不圆满,用心过好你和另一半的每一天,你和爱人的感情就会在这种可贵的经营下日久弥深。

## 婚姻是爱情和理智的综合产物

有个女孩子，从小就喜欢吃西红柿炒蛋。这个菜做起来很简单：切一个西红柿，打两个鸡蛋，再放一勺糖。

有时候，女孩痴痴地想：将来陪我吃西红柿炒蛋的人会是谁呢？

她希望他不是军人，也不是医生。他应该是一个高高瘦瘦的青年，有一头浓密的黑发和一双深深的、足以让人陷进去的眼睛。

后来的日子里，女孩遇到了好几个符合理想条件的人，但相处短暂的时间之后，结局总是分离。

一年又一年，女孩渐渐有些着急和失望了。

又一个春天，在郊游的时候，她意外地认识了一个男子——他是一名军医，人高高瘦瘦的，头发稀少，还戴着一副眼镜。

相识一周之后，他陪着女孩去补那颗坏了很久的牙。走在路上，他紧紧握住她的手，靠近她耳边轻轻说："等补好后，我就可以吻你了。"

每当他值班时，在黄昏时刻，女孩必然要穿上心爱的长裙，怀里抱一个保温饭盒，穿过长长的充满消毒液气味的走廊，到外科诊室给他送饭。那天，打开饭盒，看见西红柿炒蛋，他惊喜地叫了起来，吃了几口，却忍不住问她："怎么是甜的？难道你做西红柿炒蛋不放盐吗？"

偶尔，他也笑着对女孩说："你和我想象中的女朋友完全不一样嘛，只有文凭还对。可是你经常写错单词，念大学时肯定整天打瞌睡……"

女孩温柔地摸摸男友微秃的头，忍不住也笑了……

女孩终于嫁给了军医。日子很平静，也很幸福。他们经常做两个人都爱吃的西红柿炒蛋，只不过他做的时候加糖，她做的时候一定放盐。

想象中的爱情只是理想，生活中的婚姻却是现实，如果你用理想的眼光来衡量现实，那么必然要在现实中碰壁。同样，如果你像要求爱情一样来要求你的婚姻，等待你的必然是失败。爱情是一种燃烧的激情，而婚姻是一种平静的心绪，它离不开爱情，但它又不完全是爱情，它是爱情和理智的综合产物。

## 必要的时候，要弯曲一下

"这个世界上没有完美的人，你不是完美的，我不是完美的，但重要的是我们能否完美地走在一起。"正由于每个人都不是完美的，婚姻中才会出现各式各样的摩擦，面对这些琐碎的，然而一不经意就会毁掉婚姻的不完美，彼此之间应该学会弯曲一下，向对方先作出让步，这样才能让两个本不完美的人拥有一段完美的婚姻。

加拿大的魁北克有一条南北走向的山谷。山谷没有什么特别之处，唯一引人注意的是，它的西坡长满松、柏、女贞等树，而东坡只有雪松。

这一奇异景观是个谜，许多地质学家一再对其进行研究，都一直没有令人满意的结论。但最后揭开这个谜的，竟是一对寻常的夫妇。

那是1983年的冬天，这对夫妇的婚姻正濒于破裂的边缘。为了重新找回昔日的爱情，他们打算做一次浪漫之旅，如果能找回就继续生活，如果不能就友好分手。他们来到这个山谷的时候，下起了大雪。他们支起帐篷，望着漫天飞舞的大雪，发现由于特殊的风向，东坡的雪总比西坡的雪来得大，来得密。不一会儿，雪松上就落了厚厚的一层雪。不过当雪积到一定的程度，雪松那富有弹性的枝丫就会向下弯曲，直到雪从枝上滑落。这样反复地积，反复地弯，反复地落，雪松完好无损。可其他的树因没有这个本领，树枝被压断了。西坡由于雪小，总有些树挺了过来，所以西坡除了雪松，还有柏和女贞之类的树。

帐篷中的妻子发现了这一景观，对丈夫说："东坡肯定也长过其他的树，只是不会弯曲因此才被大雪摧毁了。"

丈夫点头称是。少顷，两人像突然明白了什么似的，紧紧拥抱在一起。

对于婚姻的压力，在承受不了的时候，学会弯曲一下，像雪松一样让一步，这样就不会被压垮。弯曲不是倒下和毁灭，它是婚姻的一种艺术。不要去苛求对方是完美的，因为你也不是完美的，向他（她）低一下头，你们的婚姻就会自有一番风景。

## 相爱就是给彼此自由

《圣经》中神对男人和女人说："你们要共进早餐，但不要在同一碗中分享；你们共享欢乐，但不要在同一杯中啜饮。像一把琴上的两根弦，你们是分开的也是分不开的；像一座神殿的两根柱子，你们是独立的也是不能独立的。"

在婚姻中两个人的关系是有韧性的，拉得开，但又扯不断。谁也不束缚谁，但到头来谁也离不开谁，这才是和谐的婚姻。

夫妻之间产生争执的主要原因，是他们把婚姻当成一把雕刻刀，时时刻刻都想用这把刀按照自己的要求去雕塑对方。为了达到这个理想，在婚姻生活中，当然就希望对方改变以往的习惯和言行，以符合自己心中的理想形象。但是有谁愿意被雕塑成一个失去自我的人呢？于是"个性不合"、"志向不同"就成了雕刻刀产生的作用，离婚就成了幸福的出路。

每个人都是"艺术品"，而不是"半成品"，人人都期望被欣赏，而不愿意被雕塑。所以，不要把婚姻当成一把雕刻刀，妄想把对方雕塑成你想要的模样；婚姻是一种艺术眼光，要懂得从什么角度欣赏对方，而不是去束缚他，彼此之间的空间太小，谁都会感到不安。

不知生活中的丈夫是否注意到，你们的妻子是否因为忙于家务而没有对你所做的事情表示出兴趣呢？你是否是一个传统观念很强的人，要求你的妻子必须喜欢你所做的事情？你可能喜欢足球，可她却不喜欢，你却要求她坐下来陪着你。

没有人要求男人也喜欢针线活儿或者其他女人喜欢的东西。那么，难道你的另一半就应该失去自己的人格和个性，成为你的影子？

在现实的婚姻当中，如果男人和女人想互相扶助，就必须保留各自的个性。

完全依附于丈夫的妻子并不是好妻子，就像为了取悦于妻子而改变自己的丈夫不是好丈夫一样，要知道，夫妻二人真诚相爱却兴趣不同是完全可能的。所以，谁也不能把对方纳入自己的视线中，要求他（她）想己所想，做己所做。

丈夫和妻子毕竟是两个不同的角色，他们有共同之处，但他们是两个人而不是一个人，只有保持各自的个性，才能过上美满的生活。

婚姻由两个不同的个体组成，他们必须和谐地生活在一起，为对方的生活添加幸福与快乐。

婚姻生活应该是二重奏，而不是独奏。

婚姻生活需要技巧，需要经营，给彼此留一个自由的空间，婚姻的容量就会加大。婚姻需要的是两个人的互补，而不是完全的相同，时时刻刻以自己的要求去捆绑对方，婚姻就不再是一种和谐，而是重负。给另一半一个心灵的空间，你会发现你们之间不是走得更远了，而是更近了，不要去要求你们思想、行动上的绝对分不开。而要学会在分开中实现分不开，弦绷得太紧，总有一天会断掉，更何况你们

本来就是两根不同的弦,给他(她)一个自己发声的空间,不仅是出于对对方的尊重,还是婚姻中的一种境界,一种不可或缺的美。

##  做父母不妨"懒"一点儿

> 对孩子付出多少爱才足够?很多年轻的父母觉得付出再多也不够。尤其是在中国的独生子女家庭,孩子似乎就是一切。很多父母已经丧失了父母的角色,而沦为孩子的"保姆"。其实,有的时候稍微"狠心"一点,孩子才能自己学到更多。溺爱的孩子是永远长不大的。

### 不做事事代劳的父母

有一位父亲领着四岁半的儿子去游玩,遇到一个土坑,儿子非要下去玩。当儿子玩得高兴时,爸爸偷偷躲到不远处的地方,不让儿子看见。儿子玩够了,要上来,开始喊爸爸。爸爸却一声不吭,装作没听见。儿子开始直呼其名,他还是不理。于是,儿子连哭带骂:"坏爸爸,大坏蛋!呜呜……"可无论怎样叫喊哭骂都不见爸爸露面,儿子只好自己想办法。他发现土坑里有一个小阶梯,便手脚并用地爬出了土坑。当他发现爸爸就在不远处蹲着时,便惊喜地扑上去,高兴地举着小拳头自豪地说:"我是自己爬上来的!没有爸爸,我自己也能爬上来!"

孩子小的时候,对父母、长辈有所"依赖"是自然的,也是正常的表现。随着年龄的增长、自理能力的增强,年轻的父母就不要事事代劳,渐渐帮助他们改掉依赖的习惯。

帮助孩子改掉依赖的习惯,做父母的应该从自身做起,严格要求自己,不能什么事情都代替孩子做。因为孩子本身就是一个独立的个体。

孩子也有独立的人格、尊严和决定自己未来的权利,家长不能把自己一生未竟的理想和抱负强加在孩子身上。

每个孩子都有自身的特性。有的家长不顾孩子的天性和意愿，以过来人自居，越俎代庖地为孩子画下一生明确的路线，让孩子按照自己制定的目标和路线去努力。而有些年轻的家长让孩子完全脱离集体这个大环境，在与世隔绝的状态下按自己的方式教育孩子，给孩子的心理造成难以消除的阴影，使其性格扭曲，孩子成了满足自己心理愿望的工具。这样的做法看起来似乎是为了孩子的将来，实际上不利于孩子责任意识的养成和培养，也是父母极为自私和残酷的体现。

鲁迅先生曾说："子女是即我非我的人，但既已分立，也便是人类中的人。因为即我，所以更应该尽教育的义务，教给他们自立的能力，帮助他们改掉依赖的品行，锻炼他们的责任意识；因为非我，所以也应同时解放，全部为他们自己所有，成为一个独立的人。"鲁迅先生的话正表达了这样一种现代儿童观——子女，是我的孩子，又不完全等同于我，他从母体出来后，已与母体分开，成了人类中的一个独立的人。因为还是我的孩子，作为父母就有教育他的义务，而这种教育主要是教给他自立的能力，而不是任何事情都帮助他们处理，因为他不等同于我，所以要解放孩子，使他们完全成为独立的人。

孩子告别依赖，一个重要的表现是独立地生活。要独立生活，就要做到自己的事情自己负责。孩子在面对生活中的各项事情时，只有明确了自己的责任，并勇于承担自己的责任，才能成为真正独立的人。那么，年轻的父母怎样做才能让孩子摆脱依赖，走向独立从而成为一个有责任意识的人呢？

第一，帮助孩子走出依赖心理，因为依赖心理不仅使人丧失独立生活的能力，还会使人缺乏责任感，造成人格缺陷。因此，必须让他们学会依靠自己。

第二，在社会生活中多实践、多锻炼。让他们学会独立地生活、学习，自主地处理生活、学习中的各种问题。

## 摔倒了让孩子自己爬起来

俗语说："一生依赖他人的人，只能算半个人。"人，要靠自己活着，而且只能靠自己活着。在人生的不同阶段，应尽力达到应有的水平，拥有与之相适应的自立精神。缺乏独立自主个性和自立能力的人，连自己都管不了，还谈何发展？

美国总统约翰·肯尼迪的父亲从小就注意对儿子独立性格的培养。有一次他赶着马车带儿子出去游玩，在一个拐弯处，因为马车速度很快，猛地把小肯尼迪甩了出去。当马车停住时，儿子以为父亲会下来把他扶起来，父亲却坐在车上悠闲地掏出烟吸起来。

儿子叫道:"爸爸快来扶我。"

"你摔疼了吗?"

"是的,我自己感觉已站不起来了。"儿子带着哭腔说。

"那也要坚持站起来,重新爬上马车。"儿子挣扎着自己站了起来,摇摇晃晃地走近马车,艰难地爬了上去。

父亲摇动着鞭子问:"知道为什么让你这么做吗?"儿子摇了摇头。

父亲接着说:"人生就是这样,跌倒、爬起来、奔跑、再跌倒、再爬起来、再奔跑。在任何时候都要全靠自己,没人会去扶你的。"

年轻的父母要以肯尼迪的父母为榜样来教育自己的孩子。从小就应该让自己的孩子明白:一个人的成功,主要取决于他自己。尽管有时候能获得外界的扶助、有所依靠,但是不要养成依赖的心理,如果一个人总是依靠他人,将永远也坚强不起来,永远也不会有独创力。试想一下,如果每次遇到一个稍微有点难度的数学题,孩子都不愿意动脑子自己思考,而是急忙跑去问老师或者同学,这样他的数学成绩又怎么会得到大幅度的提高呢?

对于成大事者,拒绝依赖他人是对自己能力的一大考验。依附于别人是把命运交给别人,而失去做大事的主动权。摆脱一份依赖,就多了一份自主,也就向自由的生活前进了一些,向成功的目标靠近了一步。

孩子如果将自己的发展依赖于别人的定位,而失去自己的人生目的,没有自我实现的欲求,就不可能做出一番事业。人的生命,要靠自己去雕琢,一个人的价值只有通过自己的努力才能够得到证明。年轻的父母从小就应该让孩子清楚地认识自己,凭借自己的努力去取得一定的成绩。

肯尼迪的父亲十分明白这一点。从肯尼迪还很小的时候,他就已经注重对他的培养,如经常带着他参加一些大型社交活动,让他学会如何与客人打招呼、道别,如何与不同身份的客人交谈,诸如此类。有一次一位客人这么问肯尼迪的父亲:"他还这么小,您这么要求他,是不是太难为他了?"

不料肯尼迪的父亲立刻回答:"哦,我这是在训练他当总统呢!"果然,后来肯尼迪不负众望地当选为美国总统。

所以,年轻的父母一定不要溺爱自己的孩子,事事代劳只会遏制孩子的发展,要给他们成长的空间和机会,培养他们独立生活的能力,这才是我们要树立的正确的教育观念。

# 不做一名内心贫穷的人

> 拥有了金钱和成功就能获得快乐和幸福吗？一项权威的调查表明，在年薪100万内的人群中，钱越多越能感觉到幸福，而在年薪100万以上的人群，就会越来越难感觉到幸福。《南方周末》曾对60位国内的顶尖富豪的精神世界做了一次调查，发现70%的人都感觉到了精神空虚和不安。所以，年轻的人们在追逐财富和事业的时候，同时要懂得滋养自己的精神世界，不能让自己成为一个有钱的"贫穷者"。

## 金钱不是唯一能满足心灵的东西

金钱并不是唯一能够满足心灵的东西，虽然它能为心灵的满足提供手段和工具，但在现实生活中，你却不能只顾享受金钱而不去享受生活。享受金钱只能让自己早日堕落，而享受生活却能够使自己不断品尝幸福。醉心于积累金钱则会使自己被恶魔无情缠绕，于是自己的生活主题只剩下"金钱"二字，整天为金钱所困惑，为金钱而难受，为金钱而痛苦，生活便会沦为围绕一张钞票而上演的闹剧。享受生活的人则不在于自己有多少金钱，多可以过，少一样可以过，问题是自己处处能够感悟到幸福。享受金钱数增长的人最后会被金钱妖魔化，而没有好的下场。享受生活的人会感觉人生是无限美好的，于是越活越有味道。

在美国石油大王洛克菲勒创业初期，人们都夸他是个好青年。但当黄金像火山流出岩浆似的流进他的口袋里时，他变得贪婪、冷酷。深受其害的宾夕法尼亚州油田附近的居民对他深恶痛绝。有的受害者做出他的木偶像，亲手将"他"处以绞指

之刑,或乱针扎"死"。无数充满憎恶和诅咒的威胁信涌进他的办公室。

由于洛克菲勒为金钱操劳过度,身体变得极度糟糕。医师们终于向他宣告一个可怕的事实,以他目前身体的现状,他只能活到50岁;并建议他必须改变拼命赚钱的生活状态,他必须在金钱、烦恼、生命的三重门中选择其一。这时,离死不远的他才开始醒悟到是贪婪的魔鬼控制了他的身心,他听从了医师的劝告,退休回家,开始学打高尔夫球,上剧院去看喜剧,还常常跟邻居闲聊,经过一段时间的反省,他开始考虑如何将庞大的财富捐给别人。

于是,他在1901年,设立了"洛克菲勒医药研究所";1903年,成立了"教育普及会";1913年,设立了"洛克菲勒基金会";1918年,成立了"洛克菲勒夫人纪念基金会"。他后半生不再做钱财的奴隶,喜爱滑冰、骑自行车与打高尔夫球。到了90岁,依旧身心健康,耳聪目明,日子过得很愉快。

他逝世于1937年,享年98岁。他死时,只剩下一张标准石油公司的股票,因为那是第一号,其他的产业都在生前捐掉或分赠给继承者了。

对待金钱必须要拿得起放得下,20几岁的年轻人要知道,赚钱是为了活着,但活着决不是为了赚钱。假如人活着只把追逐金钱作为唯一的目标和宗旨,那人将是一种可怜的动物,人将会被自己所制造出来的这种工具捆绑起来,被生活所遗弃。

有些人谈到富有,认为单纯指的就是拥有钱财。实际上,金钱本身并不代表富有,懂得用金钱去换真正有价值的事物时才意味着拥有了真正的财富。

人之所以工作,是为了在人生的各个领域中,生活得更有意义,并充分发挥自己的潜能。我们必须领悟:财富是无所不在的。金钱、土地、股票、债券是财富,但是水、空气、太阳、山、树木、花草、爱与帮助也是财富。凡是大自然所赋予人类的一切均为财富,若能充分享受这些恩惠,才是一个内心充盈的人,才是一个最富有的人。

## 感恩让内心充盈

现代社会优越、忙碌的生活往往让年轻人忽略了一个细节——感恩。父母给了我们生命,国家给了我们和平,别人给了我们帮助……这些你都在心里感激过吗?时常怀一颗感恩的心,才能丰富我们的心灵,才能体味到人生的幸福。

与特雷莎修女相处了近30年的一位修女讲述了她眼中的特雷莎:

一次，当我做完弥撒，和特雷莎院长谈到人世间诸多的困难挫折时，她对我说："其实，世上的艰难困苦又何尝不俯拾皆是，但如果我们视其为上天恩赐的礼物，那么人们周围便会减少几许悲观，平添些许快乐……"

不久以后，我和特雷莎院长乘飞机去纽约。飞机起飞前发生了故障，被迫停飞。当时，我感到失望和沮丧，但想起了特雷莎院长曾说过的话，便这样对她说道："院长，我们今天得到了一份'小礼物'——我们得待在这儿等四个小时，你不能按计划赶回修道院了。"

特雷莎修女听完我的话，微笑着看了看我，然后便安然地坐下来，拿出一本书，静静地读了起来。

从那以后，每当我在生活中遇到磨难与挫折时，便会用这样的话语来表达——"今天我们又得到了一份礼物"、"嘿，这可真是个特殊的大礼物"……而这些话竟然有着神奇的效果，往往就在不经意间，困顿难释的心境变得开朗，莫名的烦恼也消失不见，连微笑也会悄悄爬上人们的脸颊……

感恩是一种积极的生活态度。美国犹太教哲学家赫舍尔说："世界是这样的，面对着它，人意识到自己受惠于人，而不是主人身份；世界是这样的，你在感知到世界的存在时，必须作出回答，同时也必须承担责任。"

在多元化、快节奏、激烈变化的生命中，当我们面临越来越多的不快和磨难时，如果我们都能够像特蕾莎修女所讲的那样，真诚地感谢生活，把它们当成生命的一份礼物，将磨难当做命运的祝福，那么我们的人生就会减少很多不必要的烦恼，将会生活得更加澄澈明亮。

拥有一颗感恩的心，你就会发现某天你的弱点也会变成你的优点，你的平凡是你最大的美丽，无数次结果上的失败也不是那么让人难以接受，过程才是生活赋予的最重要的真谛。

生活中有许多需要我们感恩的事情被我们忽略了，是什么遮住了我们的眼睛？是你的愤怒吗？你咒骂生活，咒骂它的不公平，咒骂它的善变，因此愤怒蒙住了你的眼睛，但你却忽略了它还给了你另一些与众不同的东西，快点让自己冷静下来，让感恩之心居住进你的心房吧，这样你就会有新的发现与收获。

对生活怀有一颗感恩之心的人，即使遇上再大的困难，也能快乐地面对。相反，时时充满抱怨的人，是感受不到生活的滋润的。人自从有了自己的生命，便沉浸在恩惠的海洋里。一个人真正明白了这个道理，就会感恩大自然的福佑，感恩父母的养育，感恩社会的安定，感恩食之香甜，感恩衣之温暖，感恩花之灿烂……

拥有一颗感恩之心，我们不仅要感谢生活，还要回报生活。助人为乐是生活最基本的原则，它同时也是能双赢的行动，凡是做这笔生意的人都得到了最珍贵的财富——快乐。助人为乐的人从别人那里赢得了快乐，同时也给别人带去了快乐。从此，快乐便在每个人的心里生了根，发了芽，酿成了爱的果实，生活便充满了爱，生命便充满了快乐。

# 学一学"阿Q精神"

"阿Q精神"就是精神胜利法，它出自我们所熟悉的鲁迅先生的小说《阿Q正传》。在鲁迅笔下，阿Q做人的原则，是在"儿子骂老子，儿子打老子"的口头禅中检阅自己的生活。这种精神就是自欺欺人以求自慰。几十年来，人们对这种精神大加挞伐，实际上，如果不涉及重大是非问题和尊严问题，阿Q的"精神胜利法"还是可圈可点的。比如，它可以教导人们适应自己的处境，不钻牛角尖，乐观地去生活。

从心理学的角度来看，阿Q的精神胜利法实际上是一种"心理自我调节"，一个善于调整自己心理的人，一定是一个健康的人，一个和谐的人。

## 吃不到的葡萄一定是酸的

如果有一串葡萄你无论如何都吃不到，那么理直气壮地把它想象成酸的吧。葡萄已经吃不到了，如果再失去快乐，那是多么不值得啊！既然我们最需要的是快乐，那么对于人生中我们永远都得不到的东西，抱持一种"吃不到葡萄说葡萄酸"的心态也堪称是保持内心平衡的积极法门。有了积极乐观的心态，快乐就不会去往别处，它只能留在我们身边。

塞尔玛陪伴丈夫驻扎在一个满是沙漠的陆军基地里。丈夫奉命到沙漠里去学习，她一个人留在陆军的小铁皮房子里，天气热得受不了——在仙人掌的阴影下也有43℃。她没有人可以聊天——身边只有墨西哥人和印第安人，而他们不会说英语。她非常难过，于是就写信给父母，说要丢开一切回家去。她父亲的回信只有一句话，这一句话却永远留在她的内心，完全改变了她的生活：

两个人从牢中的铁窗望出去，一个看到泥土，一个却看到了星星。

塞尔玛一再读这封信，觉得非常惭愧。她决定要在沙漠中找到星星。

塞尔玛开始和当地人交朋友，他们的反应使她非常惊奇，她对他们的纺织、陶器表示兴趣，他们就把最喜欢但舍不得卖给观光客人的纺织品和陶器送给了她。塞尔玛研究那些引人入迷的仙人掌和各种沙漠植物、动物，又学习有关土拨鼠的知识。她观看沙漠日落，还寻找海螺壳，这些海螺壳是几万年前，这里还是海洋时留下来的，原来难以忍受的环境竟成了令人兴奋、流连忘返的奇景。塞尔玛觉得自己已不再难过，而是每天都在快乐中度过。

是什么使这位女士变得快乐了呢？

沙漠没有改变，印第安人也没有改变，但是这位女士的心理改变了，心态改变了。一念之差，使她把原先认为恶劣的环境变为一生中最有意义冒险的沃土。她为发现新世界而兴奋不已，并为此写了一本书，以《快乐的城堡》为书名出版了。她终于从环境的"牢房"里看出去，找到了星星。

人的一生总会遇到各种各样的不幸，关键是看你用什么样的心态去面对，只要保持积极乐观的心态，你就会在各种不幸中找到幸福，找到属于自己的快乐。

## 想快乐，就一定能快乐

法国雕塑家罗丹说过："对于我们的眼睛，不是缺少美，而是缺少发现。"生活里有许许多多的美好事物，许许多多的快乐，关键在于我们能不能发现。而要发现它，关键在自己。

有一个人，日子过得烦闷而无趣，他要去找那些快乐的人，问问快乐的秘诀。他想，国王尊贵而富足，一定很快乐。他见到了国王，国王却说："我一天要面对那么多事，我还要时时操心地位是否牢固，我晚上觉都睡不安稳，哪有快乐可言？"他又想，流浪汉一天无忧无虑的，一定很快乐。但流浪汉说："我连今天晚上到哪儿睡觉都没着落，我哪会快乐？"

这个人搞不懂了，世界上真没有快乐的人了吗？该上哪里能找到快乐的秘诀？这时一个老者告诉他，国王也可以快乐，只要他不被权力和金钱迷住了心灵；流浪汉也可以快乐，只要他不被贫困压倒。快乐不快乐，就在你自己，关键是你以什么角度看待问题。

有一位受癌症折磨的女青年，曾写下诗句：

你改变不了环境，但你可以改变自己；
你改变不了事实，但你可以改变态度；
你改变不了过去，但你可以改变现在；
你不能控制他人，但你可以掌握自己；
你不能预知明天，但你可以把握今天；
你不能样样顺利，但你可以事事尽心；
你不能延伸生命的长度，但你可以决定生命的宽度；
你不能左右天气，但你可以改变心情；
你不能选择容貌，但你可以展现笑容。

正是这种对生活的认识，使她能坦然地面对死神的威胁，认真而快乐地生活。我们来看一下银行职员巴辛的故事，他的心情也总是很好。

当有人问他近况如何时，他总会回答："我快乐无比。"

如果哪位同事心情不好，他就会告诉对方怎么去看事物好的一面。他说："每天早上，我一醒来就对自己说，巴辛，你今天有两种选择，你可以选择心情愉快，也可以选择心情不好，我选择心情愉快。每次有坏事情发生，我可以选择成为一个受害者，也可以选择从中学些东西，我选择后者。人生就是选择，你要学会选择如何去面对各种处境。归根结底，如何面对人生是你自己的选择。"

有一天，银行遭遇了三个持枪歹徒的抢劫。歹徒朝在场的巴辛开了枪。

幸运的是发现较早，巴辛被送进了急诊室。经过18个小时的抢救和几个星期的精心治疗，巴辛出院了，只是仍有小部分弹片留在他体内。

六个月后，他的一位朋友见到了他。朋友问他近况如何，他说："我快乐无比。想不想看看我的伤疤？"朋友看了伤疤，然后问当时他想了些什么。巴辛答道："当我躺在地上时，我对自己说有两个选择：一是死，一是活。我选择了活。医护人员都很好，他们告诉我，我会好的。但在他们把我推进急诊室后，我从他们的眼神中读到了'他是个死人'。我知道我需要采取一些行动。"

"你采取了什么行动？"朋友问。

巴辛说："有个护士大声问我对什么东西过敏。我马上答'有的'。这时，所有的医生、护士都停下来等我说下去。我深深吸了一口气，然后大声吼道：'子弹！'在一片大笑声中，我又说道：'请把我当活人来医，而不是死人。'"

在任何时候，你都可以改变你对事物的认知和自己的心情，只要你愿意选择积极乐观的想法，你就可以成为快乐的主人。

 有一种得到叫放弃

> 有一种占领叫撤退，有一种得到叫放弃。人生在世，每一个选择的背后都是一种放弃，放弃对权力的追逐，就能得到宁静；放弃对金钱的过度占有欲望，得到的是快乐。生活的经验告诉我们，有时候放得下比拿得起更重要，当你放下眼前利益时，你得到了长远的富足；当你放弃与人较一时高低，培养自己的能力时，将会得到最后的胜利。

### 只有放弃才会有另外的一种获得

生活就是这样，很多时候鱼和熊掌不能兼得。这就要求我们要懂得舍弃，因为有"舍"才会有"得"，美国大财团洛克菲勒家族用实际行动给我们诠释了这一智慧。

第二次世界大战的硝烟刚刚散尽时，以美英法为首的战胜国首脑们几经磋商，决定在美国纽约成立一个协调处理世界事务的联合国。一切准备就绪之后，大家才蓦然发现，这个全球至高无上、最具权威的世界性组织，竟没有立足之地。

买一块地皮？刚刚成立的联合国机构还身无分文。让世界各国筹资？牌子刚刚挂起，就要向世界各国搞经济摊派，负面影响太大。况且刚刚经历了大战的浩劫，各国

政府都财库空虚，许多国家财政赤字居高不下，在寸土寸金的纽约筹资买下一块地皮，并不是一件容易的事情。联合国对此一筹莫展。

听到这一消息后，美国著名的家族财团洛克菲勒家族经商议，果断出资870万美元，在纽约买下一块地皮，将这块地皮无条件地赠予了这个刚刚挂牌的国际性组织——联合国。同时，洛克菲勒家族亦将毗连这块地皮的大面积地皮全部买下。

对洛克菲勒家族的这一出人意料之举，当时许多美国大财团都吃惊不已。870万美元，对于战后经济委靡的美国和全世界，都是一笔不小的数目，而洛克菲勒家族却将它拱手赠出，并且什么条件也没有。这条消息传出后，美国许多财团主和地产商都纷纷嘲笑说："这简直是蠢人之举！"并纷纷断言："这样经营不要10年，著名的洛克菲勒家族财团，便会沦落为著名的洛克菲勒家族贫民集团！"

但出人意料的是，联合国大楼刚刚建成完工，毗邻地价便立刻开始飙升，相当于捐赠款数十倍、近百倍的巨额财富源源不断地涌进了洛克菲勒家族财团。这种结局，令那些曾经讥讽和嘲笑过洛克菲勒家族捐赠之举的财团和商人们目瞪口呆。

这是典型的"因舍而得"的例子。如果洛克菲勒家族没有做出"舍"的举动，勇于牺牲和放弃眼前的利益，就不可能有"得"的结果。放弃和得到永远是辩证统一的。然而，现实中许多人却执著于"得"，常常忘记了"舍"。要知道，什么都想得到的人，最终可能会为物所累，导致一无所获。

生活就是如此，如果你不可能什么都得到，那么就应该学会舍弃，生活有时候会迫使你交出权力，不得不放走机会。然而我们要知道，舍弃并不意味着失去，因为只有舍弃才是另一种获得。

## 真正的强者懂得放弃以卵击石的硬拼

一位搏击高手参加锦标赛，自以为稳操胜券，一定可以夺得冠军。出乎他们意料，在最后的决赛中，他遇到一个实力相当的对手，双方竭尽全力出招攻击。当双方打到中途，搏击高手突然意识到，自己竟然找不到对方招式中的破绽，而对方的攻击却往往能够突破自己防守中的漏洞，有选择地打中自己。

比赛的结果可想而知，搏击高手惨败在对手手下，也失去了冠军的奖杯。

他愤愤不平地找到自己的师父，一招一式地将对方和他搏击的过程再次演练给师父看，并请求师父帮他找出对方招式中的破绽。他下定决心根据这些破绽，苦练出足以攻克对方防线的新招，决心在下次比赛时，打倒对方，重新夺回冠军的奖杯。

师父听后没有回答，只是在地上画了一道线，要他在不能擦掉这道线的情况下，设法让这条线变短。

搏击高手百思不得其解，认为不可能有办法做到师父的要求，最后，他无可奈何地放弃了思考，转向师父请教。

师父在原先那道线的旁边，又画了一道更长的线。两者相比较，原先的那道线，看来变短了许多。

师父开口道："许多事情与比赛竞技一样，重点不在于如何攻击对方的弱点，而正如地上的长短线一样，如果你不能在要求的情况下使这条线变短，你就要懂得放弃从这条线上做文章，寻找另一条更长的线。只有你自己变得更强，而对方还是如原先的那道线一样，才能让对方看起来变得较短了。如何使自己更强，才是你需要苦练的根本。"

搏击手恍然大悟。

我们生活中的事情也如搏击，要懂得用脑，既学会选择，又要懂得放弃，不跟对方硬拼，以己之强攻其弱，这样你才会取胜。

聪明的人不会在形势不利于自己的时候硬打硬拼，那样，就是以卵击石、自寻死路；也有可能是两败俱伤、损失惨重。在这种时候，我们要学会放弃与对方硬拼，以求打破僵局，为自己积蓄力量赢得时机。善于把握进攻的时机，勇于放弃正面进攻，就可以改变不成功的做人做事方式，把自己提升到一个更高的层次。

懂得放弃硬拼的人能分清不同的场合，进而采取不同的策略。当自己处于弱势时，能采取以退为进的方针，避开强者的锋芒，保存自己的实力。等到有朝一日羽翼丰满时，才表明自己的主张和态度，这时候，他就是真正的强者了。

20几岁的年轻人在人生的道路上会遇到很多障碍和坎坷，都需要我们去征服，懂得适时放弃硬拼，在自身实力上下工夫，使自己变得更强、更成熟。

# 得意失意皆不可忘形

> 患得患失是20几岁年轻人的通病，他们过分在意得失起伏。其实，人的一生，或多或少，总是难免有浮沉，不会永远如旭日东升，也不会永远痛苦潦倒。面对人生的起伏，真正的高手是那些能以平常心牢牢驾驭人生这匹烈马的人。拥有这颗心的人能够"像一个凡人那样活着，像一个诗人那样体验，像一个哲人那样思考"。

## 平常心是灵魂成熟的果实

生活就像座城，城里的人想逃出来，城外的人想冲进去。身居繁华都市的人，往往追求悠闲平静的田园生活；身在林深竹海的乡人，却向往灯红酒绿的都市生活。

其实，平静是福，真正生活在喧嚣吵闹都市中的人们，可能更懂得平静的弥足珍贵。与平静的生活相比，追逐名利的生活是多么不值得一提。平静的生活是在真理的海洋中，在波涛之下，不受风暴的侵扰，保持永恒的安宁。

心灵的平静是智慧美丽的珍宝，它来自于长期、耐心的自我控制。心灵的安宁意味着一种成熟的经历以及对于事物规律的不同寻常的了解。

许多人整日被自己的欲望所驱使，好像胸中燃烧着熊熊烈火一样。一旦受到挫折，一旦得不到满足，便好似掉入寒冷的冰窖中一般。生命如此大喜大悲，哪里有平静可言？人们因为毫无节制的狂热而骚动不安，因为不加控制欲望而浮沉波动。只有明智之人，才能够控制和引导自己的思想与行为，才能够控制心灵需经历的风风雨雨。

是的，环境影响心态。快节奏的生活，无节制的对环境的污染和破坏，以及令人难以承受的噪声等都让人难以平静，环境的搅拌机随时都在把人们心中的平静撕个粉碎，让人遭受浮躁、烦恼之苦。然而，生命的本身是宁静的，只有内心不为外物所惑，不为环境所扰，才能做到像陶渊明那样身在闹市而无车马之喧，正所谓"心远地自偏"。

平常心是一种心态，是生命盛开的鲜花，是灵魂成熟的果实。平常心，在于修身养性，平静便无处不在。只要有一颗看淡荣辱之心，追求自然者，便能心胸开阔，不被诱惑，坦荡自然。

## 在宠辱不惊中获得真正的自由

平常心贵在平常，波澜不惊，生死不畏，于无声处听惊雷。因为胸括万殊，生活永不枯燥。

利不能诱，邪不可干，心能昭日月。一身正气，两袖清风，做堂堂正正的人。上不负天，下无愧人，桓颓其奈我何？旦夕祸福，知天达命，不违自然。有情有义，侠骨柔肠，远离颠倒梦想。悲悯众生，利益众人，却能明哲保身。从最平常的事物中，发现至真至美。决不用别人的错误，来惩罚自己。我不病，谁能病我？即使差距不大，仍然百倍努力。做了好不得好报，亦不懊恼。天要下雨，娘要嫁人，随他去吧。小人常常得志，不以为奇；君子坦荡荡，小人常戚戚，得意能几时？无端欺我，是他有病，我无恙也。知苦不苦，识甜愈甜，是中有真意也。

干少得多，心亏难补；干多得少，才有贡献。

平常心是一种超脱眼前得失的清静心、光明心。贫贱不能移，富贵不能淫，威武不能屈。安贫乐富，富亦有道。下岗失业，死地后生。从失意处觅希望，从万全处见危机。猝然临之而不惊，无故加之而不怒。常思人之美，不以一眚掩大德；常思己之过，医好心病心生乐。即使"学富五车"，"才华横溢"，也不冒充"百事通"，不替后人做定论。即使有大功德，大"神通"，也不"飘飘欲仙"，以为"得道"，以为"成佛"。即使得了大奖，中了头彩，心潮也不怎么"澎湃"、鼓噪。得到一点"性光"，看见些许景象，也不沾沾自喜，四处张扬。即使癌魔来袭，顽疾加身，也不怨天尤人，仍在顽强拼搏。特异功能，实不"特异"，天下之大，无奇不有，掌握真理，包容宇宙，却惧怕几个小小异能？

平常心，实不平常。事事平常，事事也不平常。

无论处于何种环境下，都能拥有平常心，那一定是个了不起的人，就如孔子

所赞美的,不是个圣人,也是个贤人。只要我们努力,是能够以平常心去对待纷杂的世事和漫长的人生,至少也能够做到以平常心跨越人生的障碍。

与其说平常心是一种心态,不如说是一种静美的人生哲学。一切大智慧、一切摆脱烦恼的秘径原本不在大风大浪中,也不在沧桑变迁间,只在日常生活里。回归真我后方才明白"历经千山万水,原来只隔条溪"。

## 适合自己的才是最好的

> 世事如棋,人生需要选择和放弃的东西太多,关键是明白选择什么,放弃什么,衡量的天平不是高,不是大,不是全,不是美,而是适合。合脚的鞋才能让你健步如飞,合心的生活才能让你幸福一生。
>
> 年轻人都希望做出正确的选择——即使不是最好的,至少也是比较好的。选择好的,是人之常情,但不幸福的富翁和不美满的金童玉女告诉我们,最好的不一定是最合适的,你要选择一个承受能力之内的温情小屋、一个可以和自己相依相伴的终身伴侣,这样的人生才是美丽的人生。

### 适合自己的就是最好的

很多年轻人喜欢羡慕别人,认为别人从事的工作都是好的,认为别人读的专业是不错的,于是放弃自己所做的事去追求别人所做的。这是一大悲哀,他们不知道适合自己的才是最好的。

一个人去砍柴,带了把大斧头。他想:斧头大,砍下的柴肯定多。然而他砍了几下就觉得胳膊又酸又痛,斧头太重了,反而影响了自己砍柴的速度,一天下来也没有多少收获。第二天又换了把小的,觉得轻便的斧头肯定省力,能多砍些回来,但小斧头重量又不够,连砍三五下也砍不下一根木柴,今天和昨天没什么两样。第三天,他又换了把不大也不小的,结果砍了很多的柴。

砍柴人明白了，适合自己的斧头才是最好的。

狗熊和黄鼠狼聊天，互相抱怨自己的房子。熊说："我的房子太小了，刚刚放得下我，一起身还会碰头，睡觉的时候翻身都会蹭着身子。"黄鼠狼说："我的房子太大了，寒风不断地吹进来，还常爬进来一些小虫咬我。""那么咱们换换吧。"熊来到了黄鼠狼的家，天哪！他的房子才能容下自己的一只手掌，熊在房子外面冻了一夜。黄鼠狼住进了熊的家，这儿比自己的家还要大一百倍！这么大的房子，晚上要是有天敌闯进来把自己叼走怎么办？他也没敢住，在树枝上趴了一夜。第二天他们又见面了，熊觉得还是自己的家好，黄鼠狼也愿意搬回来住。

适合别人的，未必也适合自己。
年轻人在人生的过程中经常会遇到很多选择，选择如同穿鞋，大小合适最重要。人都有好大喜功的心理，却往往做了许多完全没有必要的事。买电脑追求功能全、配置高，花了不少钱，许多功能其实根本用不上，白白浪费了，有人只花一半钱，却一样用得很好，因为他们知道够用就行。

几个人在岸边垂钓，旁边几名游客在欣赏海景。只见一名垂钓者竿子一扬，钓上了一条大鱼，足有三尺长，落在岸上后，仍跳跃不止。可是钓者却用脚踩着大鱼，解下鱼嘴内的钓钩，顺手将鱼丢进海里。周围围观的人响起一阵惊呼，这么大的鱼还不能令他满意，可见垂钓者雄心之大。就在众人屏息以待之际，钓者钓竿又是一扬，这次钓上的是一条两尺长的鱼，钓者仍是不看一眼，顺手扔进海里。第三次，钓者的钓竿再次扬起，只见钓线末端钩着一条不到一尺长的小鱼。围观众人以为这条鱼也肯定会被放回，不料钓者却将鱼解下，小心地放回自己的鱼篓中。游客百思不得其解，就问钓者为何舍大而取小。想不到钓者的回答是："噢，因为我家里最大的盘子只不过有一尺长，太大的鱼钓回去，盘子也装不下。"

年轻人谈恋爱也一样，都想找漂亮、气质好、人品好、家庭出身好的恋人，但交往了一段时间却发现，条件好的情侣未必是自己的最佳选择，而最后能和自己走到一起的还是彼此情投意合、有共同语言、脾气性格相符合的。所以说，20几岁的年轻人在做选择的时候，一定要考虑自己的实际情况，不要盲目追求完美，也不必追求最好，最好未必是最合适的，但最适合自己的一定是最好的。

## 以适合自己的方式生活

人们常说:"婚姻就像穿鞋子,合不合适只有脚知道。"生活也是如此,生活得舒服不舒服也只有自己知道,我们要知道我们是为自己生活的,不是活给别人看的,所以只要选择适合自己的方式生活就好,没必要受别人的影响而改变自己。

《伊索寓言》中有一个关于乡下老鼠和城市老鼠的故事:

城市老鼠和乡下老鼠是好朋友。

有一天,乡下老鼠写了一封信给城市老鼠,信上这么写着:"城市老鼠兄,有空请到我家来玩,在这里,可享受乡间的美景和新鲜的空气,过着悠闲的生活,不知意下如何?"

城市老鼠接到信后,高兴得不得了,立刻动身前往乡下。到那里后,乡下老鼠拿出很多大麦和小麦,放在城市老鼠面前。城市老鼠不以为然地说:"你怎么能够老是过这种清贫的生活呢?住在这里,除了不缺食物,什么也没有,多么乏味呀!还是到我家玩吧,我会好好招待你的。"

乡下老鼠于是就跟着城市老鼠进城去。

乡下老鼠看到那么豪华、干净的房子,非常羡慕。想到自己在乡下从早到晚,都在农田上奔跑,以大麦和小麦为食物,冬天还要不停地在那寒冷的雪地上搜集粮食,夏天更是累得满身大汗,和城市老鼠比起来,自己实在太不幸了。

聊了一会儿,它们就爬到餐桌上开始享受美味的食物。突然,"砰"的一声,门开了,有人走了进来。它们吓了一跳,飞也似的躲进墙角的洞里。

乡下老鼠吓得忘了饥饿,想了一会儿,戴起帽子,对城市老鼠说:"乡下平静的生活,还是比较适合我。这里虽然有豪华的房子和美味的食物,但每天都紧张兮兮的,倒不如回乡下吃麦子来得快活。"说罢,乡下老鼠就离开城市回乡下去了。

这则寓言使我们看到,不同个性、习惯的老鼠,喜欢不同的生活方式。即使它们都曾经对不同的世界感到好奇、有趣,但是,它们最后还是都回归到自己所熟悉的世界里。生活中,你是否也曾对别人的生活抱有无限的羡慕,而忘记了自己的可贵。这让人想起"邯郸学步"的可笑,模仿和一味地追随他人,最终连自己也会丢失。每个人都有自己的生活方式,适合自己的才是最好的,切莫去做削足适履的事情。

按照适合自己的方式生活，可以为我们的人生带来无尽的快乐。人生是一条单行线，生活不是试跑，也不是正式比赛前的准备活动，生活就是生活。20几岁的年轻人要为自己选择一条适合自己生活的方式，这样按照自己的方式生活，才能拥有喜悦，享受自己生命的快乐，这样的人生才是真实而幸福的人生。

# 每个人都拥有幸福，这种幸福就是现在

> 大部分的人都没有活在"今天"——不是在追忆或懊悔"从前"，就是在向往或担忧"以后"。其实，昨天是一张过期的船票，再三回首仍无济于事，明天是一个美丽的承诺，抵不过人生的变幻无常，然而，在我们的心被过去和未来占满的同时，人生中最宝贵的"此刻"却悄悄溜走了，"活在今天"这个观念并不非常深奥，却很少有人做到。

## 现在和"眼前人"是上帝给你的惊喜

从前有个男孩子住在山脚下的一幢大房子里。他喜欢动物、跑车与音乐。他爬树、游泳、踢球，喜欢漂亮女孩子。他过着幸福的生活，只是经常有人要搭他的车。

一天，男孩子对上帝说："我想了很久，我知道自己长大后需要什么。"

"你需要什么？"上帝问。

"我要住在一幢前面有门廊的大房子里，门前有两尊圣伯纳德的雕像，并有一个带后门的花园。我要娶一个高挑而美丽的女子为妻，她性情温和，长着一头黑黑的长发，有一双蓝色的眼睛，会弹吉他，有着清亮的嗓音。"

"我要有三个强壮的男孩，我们可以一起踢球。他们长大后，一个当科学家，一个做参议员，而最小的一个将是橄榄球队的四分卫。我要成为航海、登山的冒险家，并在途中救助他人。我要有一辆红色的法拉利汽车，而且永远不需要搭送别人。"

"听起来真是个美妙的梦想，"上帝说，"希望你的梦想能够实现。"

后来，有一天踢球时，男孩磕坏了膝盖。从此，他再也不能登山、爬树，更不用说去航海了。因此他学了商业经营管理，而后经营医疗设备。

他娶了一位温柔美丽的女孩，长着黑黑的长发，但她却不高，眼睛也不是蓝色的，而是褐色的；她不会弹吉他，甚至不会唱歌，却做得一手好菜，画得一手好花鸟画。

因为要照顾生意，他住在市中心的高楼大厦里，从那儿可以看到蓝蓝的大海和闪烁的灯光。

他的屋门前没有圣伯纳德的雕像，但他却养着一只长毛猫。

他有三个美丽的女儿，坐在轮椅中的小女儿是最可爱的一个。三个女儿都非常爱她们的父亲。她们虽不能陪父亲踢球，但有时她们会一起去公园玩飞盘，而小女儿就坐在旁边的树下弹吉他，唱着动听而久萦于心的歌曲。

他过着富足、舒适的生活，但他却没有红色法拉利。有时他还要取送货物——甚至有些货物并不是他的。

一天早上醒来，他记起了多年前自己的梦想。"我很难过"，他对周围的人不停地诉说，抱怨他的梦想没能实现。他越说越难过，简直认为现在的这一切都是上帝同他开的玩笑。妻子、朋友们的劝说他一句也听不进去。

最后，他终于悲伤地病倒了住进了医院。一天夜里，所有人都回了家，病房中只留下护士。

他对上帝说："还记得我是个小男孩时，对你讲述过我的梦想吗？"

"那是个可爱的梦想。"上帝说。

"你为什么不让我实现我的梦想？"他问。

"你已经实现了，"上帝说，"只是我想让你惊喜一下，给了一些你没有想到的东西。我想你该注意到我给你的东西：一位温柔美丽的妻子，一份好工作，一处舒适的住所，三个可爱的女儿——这是个最佳的组合。"

"是的，"他打断了上帝的话，"但我以为你会把我真正希望得到的东西给我。"

"我也以为你会把我真正希望得到的东西给我。"上帝说；

"你希望得到什么？"他问。他从没想到上帝也会希望得到东西。

"我希望你能因为我给你的东西而快乐。"上帝说。

他在黑暗中静想了一夜。他决定要有一个新的梦想，他要让自己梦想的东西恰恰就是他已拥有的东西。

后来他康复出院，幸福地住在47层的公寓中，欣赏着孩子们悦耳的声音、妻子深褐色的眼睛以及精美的花鸟画。晚上他注视着大海,心满意足地看着明明灭灭的万家灯火。

其实我们每个人都拥有幸福,这种幸福就是现在。乐观的人会把这些看做是上帝的另一种恩赐,怀着感恩的心情去享受现实,而悲观者则会把手中的幸福随意丢弃。很多人只懂得为错过的太阳流泪,却眼睁睁地看着群星从眼前消失,最后,一切都成云烟,一切都成虚无……

### 扫地的时候扫地,睡觉的时候睡觉

有一天晚上,伟大的所罗门王做了一个梦。在梦里,有一位智者告诉了他一句至理名言,这句至理名言涵盖了人类的所有智慧,能使他得意的时候保持平常心,不会忘乎所以;失意的时候百折不挠,始终保持快乐平和的状态。

但是,所罗门王醒来之后却怎么也想不起来那句至理名言。于是,所罗门王找来了最有智慧的几位老臣,向他们讲了那个梦,要求他们把那句至理名言想出来,并拿出一枚大钻戒,说:"如果想出来那句至理名言,就把它刻在戒面上。我要把这枚戒指天天带在手指上。"

一个星期过后,几位老臣兴奋地前来送还钻戒,戒面已刻上了一句可以让他胜不骄、败不馁而且永远保持快乐的至理名言:"只活在今天!"

活在今天非常重要,因为只有此时才是你真正拥有的。除了此时此刻,你别无他物。活在今天,就是要承认你没有处于过去或未来的某个时刻。就是今天!信不信由你,你一生只有今天这一天。

掌握此刻对于享受人生是很重要的,生活品质的优劣要看你能不能完全投入活动之中,只有如此,你才会从所做的事当中得到充分的快意与满足。不管你正在下棋还是和朋友说话,或是观看落日,掌握此刻真是美好。将创意投注于现在,会产生一种明快亲切的感觉,并且感到与世界之间的真正和谐。

一个学禅的弟子问他的老师:"师父,什么是禅?"师父回答道:"禅是扫地的时候扫地,吃饭的时候吃饭,睡觉的时候睡觉。"弟子说:"师父,这太简单了。""没错,"师父说:"可是很少有人做得到。"

大部分的人很少处于眼前的时刻,这很不幸,因为他们错失了生活的许多美好。

有些人浸泡在幸福蜜罐里,却老是追问幸福在哪里?他们撇开眼前的幸福,徒劳地为镜中花、水中月奔波劳碌,临了一无所获,再回首时那些曾经是眼前的幸福也失踪了。在我们的一生中,总是有很多的幻想在诱惑着我们,有些幻想可能穷尽一生也不能实现。这些水中花镜中月可望而不可即,却有那么多的人为此而奔波辛劳,终身追逐那件梦的衣裳。事实上即使在梦中播下再多种子,也得不到一丝丰收的喜悦;而在现实的田野上哪怕只播下一粒种子,也会有收获的希望。落尽繁花,洗尽铅华,只有现在属于我们,只有现在会带给我们一切。

# 后 记

一本著作的完成需要许多人的默默贡献,闪耀的是集体的智慧。其中铭刻着许多艰辛的付出,凝结着许多辛勤的劳动和汗水。

本书在策划和写作过程中,得到了许多同行的关怀与帮助,及许多老师和作者的大力支持,在此向以下参与本书写作的人员致以诚挚的谢意:许长荣、齐艳杰、上官紫微、史慧莉、闫晗、常娟、武敬敏、王艳明、欧俊、黄晓林、李文静、王杰、周珊、张保文、张艳芬、杨英、杨艳丽、于海英、李伟军、何瑞欣、焦亮、廖春红、慈艳丽、黄薇、付玮婷、姜波、张云、白雪、江瑞芹、丁敏翔、闫瑞娟、杨云鹏、王本钢、张丽君、成苗苗、钟双玲、廖鹏、崔贵兵、常苓、徐端、张彩彩、许鸿琴、何艳丽、李娟、梁好婷等。

本书在写作过程中,借鉴和参考了大量的文献和作品,从中得到了不少启悟,也汲取了其中的智慧菁华,谨向各位专家、学者表示崇高的敬意——因为有了大家的努力,才有了本书的诞生。凡被本书选用的材料,我们都将按出版法有关规定向原作者支付稿酬,但因为有的作者通信地址不详,尚未取得联系。敬请您见到本书后及时函告您的详细信息,我们会尽快办理相关事宜。